수학 좀 한다면

디딤돌 초등수학 기본+유형 3-2

펴낸날 [개정판 1쇄] 2023년 12월 10일 [개정판 2쇄] 2024년 7월 15일 **| 펴낸이** 이기열 **| 펴낸곳** (주)디딤돌 교육 **| 주소** (03972) 서울특별시 마포구 월드컵북로 122 청원선와이즈타워 **| 대표전화** 02-3142-9000 **| 구입문의** 02-322-8451 **| 내용문의** 02-323-9166 **| 팩시밀리** 02-338-3231 **| 홈페이지** www.didimdol.co.kr **| 등록번호** 제10-718호 **| 구입한 후에는 철회되지 않으며 잘못 인쇄된 책은 바꾸어 드립니다. 이 책에 실린 모든 삽화 및 편집 형태에 대한 저작권은 (주)디딤돌 교육에 있으므로 무단으로 복사 복제할 수 없습니다. Copyright ⓒ Didimdol Co. [2402790]

내 실력에 딱!
최상위로 가는 '맞춤 학습 플랜'

STEP 1 On-line

나에게 맞는 공부법은?
맞춤 학습 가이드를 만나요.

교재 선택부터 공부법까지! 디딤돌에서 제공하는 시기별 맞춤 학습 가이드를 통해 아이에게 맞는 학습 계획을 세워 주세요. (학습 가이드는 디딤돌 학부모카페 '맘이가'를 통해 상시 공지합니다. cafe.naver.com/didimdolmom)

STEP 2 Book

맞춤 학습 스케줄표
계획에 따라 공부해요.

교재에 첨부된 '맞춤 학습 스케줄표'에 맞춰 공부 목표를 달성합니다.

STEP 3 On-line

이럴 땐 이렇게!
'맞춤 Q&A'로 해결해요.

궁금하거나 모르는 문제가 있다면, '맘이가' 카페를 통해 질문을 남겨 주세요. 디딤돌 수학쌤 및 선배맘님들이 친절히 답변해 드립니다.

STEP 4 Book

다음에는 뭐 풀지?
다음 교재를 추천받아요.

학습 결과에 따라 후속 학습에 사용할 교재를 제시해 드립니다. (교재 마지막 페이지 수록)

★ 디딤돌 플래너 만나러 가기

디딤돌 초등수학 기본 + 유형 3-2

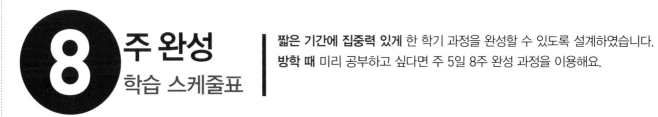

8 주 완성
학습 스케줄표

짧은 기간에 집중력 있게 한 학기 과정을 완성할 수 있도록 설계하였습니다.
방학 때 미리 공부하고 싶다면 주 5일 8주 완성 과정을 이용해요.

공부한 날짜를 쓰고 하루 분량 학습을 마친 후, 부모님께 확인 check ☑를 받으세요.

① 곱셈

1주

월 일	월 일	월 일	월 일	월 일	**2주** 월 일	월 일
6~11쪽	12~19쪽	20~22쪽	23~25쪽	26~28쪽	29~32쪽	33~35쪽

② 나눗셈

3주

월 일	월 일	월 일	월 일	월 일	**4주** 월 일	월 일
50~55쪽	56~58쪽	59~62쪽	63~65쪽	66~68쪽	70~75쪽	76~82쪽

③ 원　　　　　　　④ 분수

5주

월 일	월 일	월 일	월 일	월 일	**6주** 월 일	월 일
92~94쪽	96~99쪽	100~103쪽	104~108쪽	109~111쪽	112~114쪽	115~117쪽

⑤ 들이와 무게

7주

월 일	월 일	월 일	월 일	월 일	**8주** 월 일	월 일
134~139쪽	140~142쪽	143~146쪽	147~149쪽	150~152쪽	154~159쪽	160~164쪽

MEMO

효과적인 수학 공부 비법

시켜서 억지로 X   내가 스스로 O

억지로 하는 일과 즐겁게 하는 일은 결과가 달라요.
목표를 가지고 스스로 즐기면 능률이 배가 돼요.

가끔 한꺼번에 X   매일매일 꾸준히 O

급하게 쌓은 실력은 무너지기 쉬워요.
조금씩이라도 매일매일 단단하게 실력을 쌓아가요.

정답을 몰래 X   개념을 꼼꼼히 O

모든 문제는 개념을 바탕으로 출제돼요.
쉽게 풀리지 않을 땐, 개념을 펼쳐 봐요.

채점하면 끝 X   틀린 문제는 다시 O

왜 틀렸는지 알아야 다시 틀리지 않겠죠?
틀린 문제와 어림짐작으로 맞힌 문제는 꼭 다시 풀어 봐요.

디딤돌 초등수학 기본＋유형 3-2

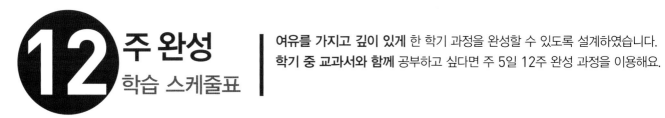

12주 완성
학습 스케줄표

여유를 가지고 깊이 있게 한 학기 과정을 완성할 수 있도록 설계하였습니다.
학기 중 교과서와 함께 공부하고 싶다면 주 5일 12주 완성 과정을 이용해요.

공부한 날짜를 쓰고 하루 분량 학습을 마친 후, 부모님께 확인 check ☑를 받으세요.

---

1 곱셈

1주					2주	
월 일	월 일	월 일	월 일	월 일	월 일	월 일
6~9쪽	10~13쪽	14~17쪽	18~19쪽	20~22쪽	23~25쪽	26~28쪽

---

1 곱셈   **2 나눗셈**

3주					4주	
월 일	월 일	월 일	월 일	월 일	월 일	월 일
36~38쪽	40~43쪽	44~47쪽	48~49쪽	50~52쪽	53~55쪽	56~58쪽

---

2 나눗셈   **3 원**

5주					6주	
월 일	월 일	월 일	월 일	월 일	월 일	월 일
66~68쪽	70~73쪽	74~75쪽	76~79쪽	80~82쪽	83~84쪽	85~86쪽

---

4 분수

7주					8주	
월 일	월 일	월 일	월 일	월 일	월 일	월 일
96~99쪽	100~103쪽	104~105쪽	106~107쪽	108~109쪽	110~111쪽	112~113쪽

---

5 들이와 무게

9주					10주	
월 일	월 일	월 일	월 일	월 일	월 일	월 일
122~125쪽	126~129쪽	130~133쪽	134~135쪽	136~137쪽	138~139쪽	140~142쪽

---

5 들이와 무게   **6 자료의 정리**

11주					12주	
월 일	월 일	월 일	월 일	월 일	월 일	월 일
150~152쪽	154~155쪽	156~159쪽	160~161쪽	162~164쪽	165~166쪽	167~168쪽

효과적인 수학 공부 비법

시켜서 억지로 X 내가 스스로 O

억지로 하는 일과 즐겁게 하는 일은 결과가 달라요.
목표를 가지고 스스로 즐기면 능률이 배가 돼요.

가끔 한꺼번에 X 매일매일 꾸준히 O

급하게 쌓은 실력은 무너지기 쉬워요.
조금씩이라도 매일매일 단단하게 실력을 쌓아가요.

정답을 몰래 X 개념을 꼼꼼히 O

정답

개념

모든 문제는 개념을 바탕으로 출제돼요.
쉽게 풀리지 않을 땐, 개념을 펼쳐 봐요.

채점하면 끝 X 틀린 문제는 다시 O

① 2 3 4 50

① 2

왜 틀렸는지 알아야 다시 틀리지 않겠죠?
틀린 문제와 어림짐작으로 맞힌 문제는 꼭 다시 풀어 봐요.

수학 좀 한다면

초등수학
기본＋유형

상위권으로 가는 유형반복 학습서

3
2

이 책의 **구성과 특징**

1 단계

교과서 **핵심 개념**을 자세히 살펴보고

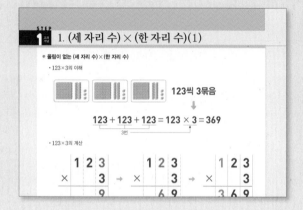

필수 문제를 반복 연습합니다.

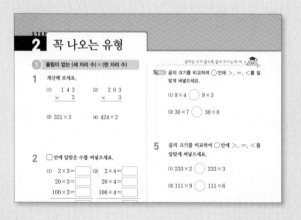

2 단계

문제를 이해하고 실수를 줄이는 연습을 통해

3 단계

문제해결력과 사고력을
높일 수 있습니다.

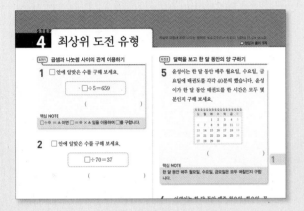

4 단계

수시평가를
완벽하게 대비합니다.

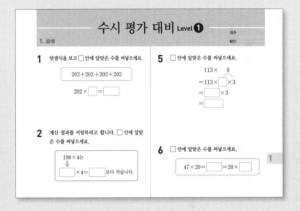

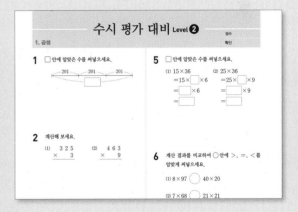

이 책의 **차례**

1 곱셈

이번 단원에서
꼭 짚어야 할
핵심 개념을 알아보자.

핵심 1 **(세 자리 수)×(한 자리 수)**

$$
\begin{array}{cccc}
 & 2 & 7 & 5 \\
\times & & & 6 \\
\hline
 & & 3 & 0 \\
 & 4 & 2 & 0 \\
1 & 2 & 0 & 0 \\
\hline
\end{array}
$$

$\leftarrow 5 \times 6$
$\leftarrow 70 \times 6$
$\leftarrow 200 \times 6$

핵심 2 **(몇십)×(몇십)**

4×7을 계산하고, 곱의 뒤에 0을 ☐개 더 붙여 준다.

$$40 \times 70 = 28\ \boxed{}$$

$4 \times 7 = 28$

핵심 3 **(몇십몇)×(몇십)**

(몇십몇)×(몇십)은 (몇십몇)×(몇)의 10배 이다.

$13 \times 3 = 39 \ \Rightarrow \ 13 \times 30 = 13 \times 3 \times 10$
$= 39 \times 10$
$= \boxed{}$

핵심 4 **(몇)×(몇십몇)**

〈세로로 계산하기〉

$$
\begin{array}{ccc}
 & & 6 \\
\times & 2 & 7 \\
\hline
 & 4 & 2 \\
1 & 2 & 0 \\
\hline
\end{array}
$$

$\leftarrow 6 \times 7$
$\leftarrow 6 \times 20 \Rightarrow$

$$
\begin{array}{ccc}
 & & 6 \\
\times & 2 & 7 \\
\hline
\end{array}
$$

핵심 5 **(몇십몇)×(몇십몇)**

$$
\begin{array}{cccc}
 & & 4 & 5 \\
\times & & 2 & 3 \\
\hline
 & 1 & 3 & 5 \\
 & 9 & 0 & 0 \\
\hline
\end{array}
$$

$\leftarrow 45 \times 3$
$\leftarrow 45 \times 20$

답 1. 1650 2. 2 / 00 3. 390 4. 162, 162 5. 1035

1. (세 자리 수) × (한 자리 수)(1)

● **올림이 없는 (세 자리 수) × (한 자리 수)**

· 123 × 3의 이해

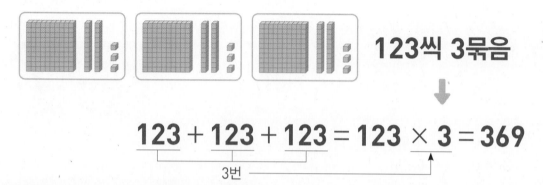

123씩 3묶음

⬇

$123 + 123 + 123 = 123 \times 3 = 369$

3번

· 123 × 3의 계산

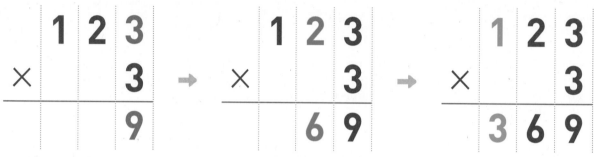

· 일의 자리 계산:
3 × 3 = 9이므로 일의
자리에 9를 씁니다.

· 십의 자리 계산:
2 × 3 = 6이므로 십의
자리에 6을 씁니다.

· 백의 자리 계산:
1 × 3 = 3이므로 백의
자리에 3을 씁니다.

개념 자세히 보기

● **123 × 3을 여러 가지 방법으로 계산할 수 있어요!**

① 세로로 계산하기

일의 자리부터 계산:

```
  1 2 3
×     3
─────────
      9  ←  3 × 3
    6 0  ← 20 × 3
  3 0 0  ← 100 × 3
─────────
  3 6 9
```

백의 자리부터 계산:

```
  1 2 3
×     3
─────────
  3 0 0  ← 100 × 3
    6 0  ← 20 × 3
      9  ←  3 × 3
─────────
  3 6 9
```

② 수를 가르기 하여 계산하기

$$
\begin{array}{r}
23 \times 3 = 69 \\
100 \times 3 = 300 \\
\hline
123 \times 3 = 369
\end{array}
$$

$$
\begin{array}{r}
120 \times 3 = 360 \\
3 \times 3 = 9 \\
\hline
123 \times 3 = 369
\end{array}
$$

① 수 모형을 보고 243×2는 얼마인지 알아보세요.

십 모형이 3개, 일 모형이 6개이므로 $12 \times 3 = 30 + 6 = 36$ 입니다.

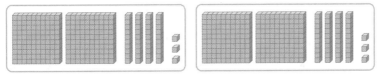

• 백 모형의 개수를 곱셈식으로 나타내면 $2 \times \boxed{} = \boxed{}$ (개)입니다.

• 십 모형의 개수를 곱셈식으로 나타내면 $4 \times \boxed{} = \boxed{}$ (개)입니다.

• 일 모형의 개수를 곱셈식으로 나타내면 $3 \times \boxed{} = \boxed{}$ (개)입니다.

• 백 모형이 $\boxed{}$ 개, 십 모형이 $\boxed{}$ 개, 일 모형이 $\boxed{}$ 개이므로

$243 \times 2 = \boxed{}$ 입니다.

② 계산해 보세요.

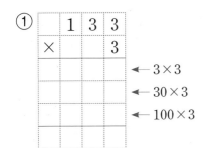

①
	1	3	3
×			3

← 3×3
← 30×3
← 100×3

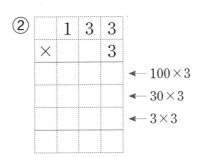

②
	1	3	3
×			3

← 100×3
← 30×3
← 3×3

어때요? 계산 순서가 달라지면 결과가 달라지나요?

③ ☐ 안에 알맞은 수를 써넣으세요.

		4	2	3
×				2
				☐

➡

		4	2	3
×				2
			☐	☐

➡

		4	2	3
×				2
		☐	☐	☐

④ ☐ 안에 알맞은 수를 써넣으세요.

$121 = 100 + 20 + 1$

① $100 \times 4 = \boxed{}$

$20 \times 4 = \boxed{}$

$1 \times 4 = \boxed{}$

$121 \times 4 = \boxed{}$

② $200 \times 3 = \boxed{}$

$30 \times 3 = \boxed{}$

$1 \times 3 = \boxed{}$

$231 \times 3 = \boxed{}$

2. (세 자리 수) × (한 자리 수)(2)

● 일의 자리에서 올림이 있는 (세 자리 수) × (한 자리 수)

・216 × 2의 이해

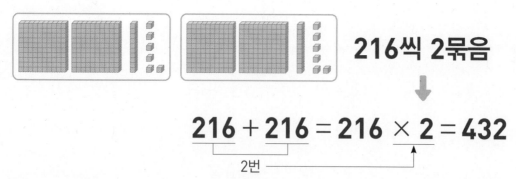

216씩 2묶음
↓
216 + 216 = 216 × 2 = 432
2번

・216 × 2의 계산

$$\begin{array}{r} \overset{1}{} \\ 2\ 1\ 6 \\ \times 2 \\ \hline 2 \end{array} \rightarrow \begin{array}{r} \overset{1}{} \\ 2\ 1\ 6 \\ \times 2 \\ \hline 3\ 2 \end{array} \rightarrow \begin{array}{r} \overset{1}{} \\ 2\ 1\ 6 \\ \times 2 \\ \hline 4\ 3\ 2 \end{array}$$

・일의 자리 계산:
$6 \times 2 = 12$이므로 10은 십의 자리로 올림하고, 일의 자리에 2를 씁니다.

・십의 자리 계산:
$1 \times 2 = 2$와 일의 자리에서 올림한 수 1을 더하여 $1 + 2 = 3$을 십의 자리에 씁니다.

・백의 자리 계산:
$2 \times 2 = 4$이므로 백의 자리에 4를 씁니다.

개념 자세히 보기

● 216 × 2를 여러 가지 방법으로 계산할 수 있어요!

① 세로로 계산하기

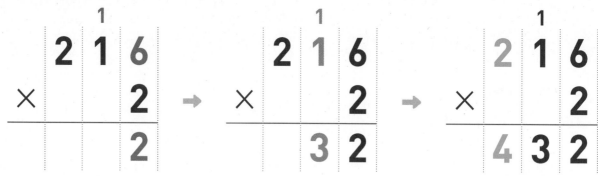

일의 자리부터 계산:

$$\begin{array}{r} 2\ 1\ 6 \\ \times 2 \\ \hline 1\ 2 \leftarrow 6 \times 2 \\ 2\ 0 \leftarrow 10 \times 2 \\ 4\ 0\ 0 \leftarrow 200 \times 2 \\ \hline 4\ 3\ 2 \end{array}$$

백의 자리부터 계산:

$$\begin{array}{r} 2\ 1\ 6 \\ \times 2 \\ \hline 4\ 0\ 0 \leftarrow 200 \times 2 \\ 2\ 0 \leftarrow 10 \times 2 \\ 1\ 2 \leftarrow 6 \times 2 \\ \hline 4\ 3\ 2 \end{array}$$

② 수를 가르기 하여 계산하기

$$\begin{array}{r} 16 \times 2 = 32 \\ 200 \times 2 = 400 \\ \hline 216 \times 2 = 432 \end{array}$$

$$\begin{array}{r} 210 \times 2 = 420 \\ 6 \times 2 = 12 \\ \hline 216 \times 2 = 432 \end{array}$$

● 정답과 풀이 1쪽

① 수 모형을 보고 224×3은 얼마인지 알아보세요.

3학년 1학기 때 배웠어요

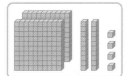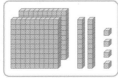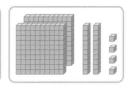

십 모형이 3개, 일 모형이 18개

$$10 \times 3 = 30$$
$$+ \quad 6 \times 3 = 18$$
$$16 \times 3 = 48$$

• 백 모형의 개수를 곱셈식으로 나타내면 2 × ☐ = ☐ (개)입니다.

• 십 모형의 개수를 곱셈식으로 나타내면 2 × ☐ = ☐ (개)입니다.

• 일 모형의 개수를 곱셈식으로 나타내면 4 × ☐ = ☐ (개)입니다.

• 백 모형이 ☐ 개, 십 모형이 ☐ 개, 일 모형이 ☐ 개이므로

224×3 = ☐ 입니다.

② 계산해 보세요.

①

	1	1	8
×			3
				← 8×3
				← 10×3
				← 100×3

②

	1	1	8
×			3
				← 100×3
				← 10×3
				← 8×3

①은 일의 자리부터, ②는 백의 자리부터 계산해요.

③ ☐ 안에 알맞은 수를 써넣으세요.

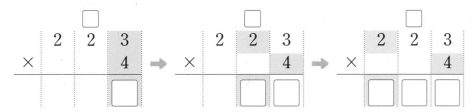

올림한 수를 더하는 것도 잊지 마세요!

④ ☐ 안에 알맞은 수를 써넣으세요.

① 400×2 = ☐

　20×2 = ☐

　　9×2 = ☐

429×2 = ☐

② 200×3 = ☐

　20×3 = ☐

　　8×3 = ☐

228×3 = ☐

3. (세 자리 수)×(한 자리 수)(3)

● **십의 자리에서 올림이 있는 (세 자리 수)×(한 자리 수)**

· 152×3의 계산

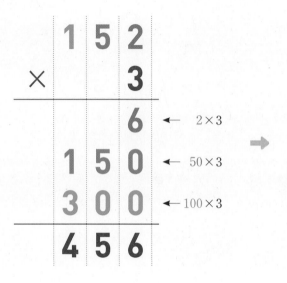

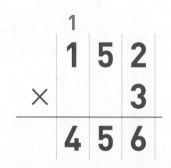

십의 자리 계산에서 올림한 수를 백의 자리 위에 작게 쓰고, 백의 자리 계산에서 더합니다.

● **올림이 여러 번 있는 (세 자리 수)×(한 자리 수)**

· 581×4의 계산

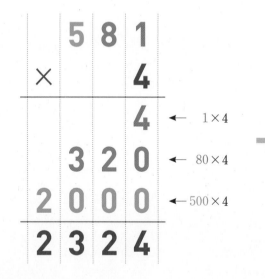

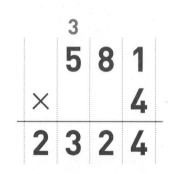

백의 자리 계산에서 올림한 수는 계산 결과의 천의 자리에 바로 씁니다.

개념 다르게 보기

· 152×3을 어림해 보아요!

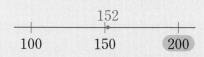

152를 몇백으로 어림하면 200이므로 152×3은 200×3=600보다 작습니다.

· 581×4를 어림해 보아요!

581을 몇백으로 어림하면 600이므로 581×4는 600×4=2400보다 작습니다.

→ 정답과 풀이 1쪽

1 수 모형을 보고 243×3은 얼마인지 알아보세요.

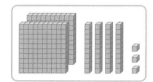 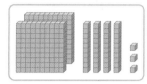 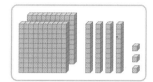

• 백 모형의 개수를 곱셈식으로 나타내면 2× ▢ = ▢ (개)입니다.

• 십 모형의 개수를 곱셈식으로 나타내면 4× ▢ = ▢ (개)입니다.

• 일 모형의 개수를 곱셈식으로 나타내면 3× ▢ = ▢ (개)입니다.

• 백 모형이 ▢ 개, 십 모형이 ▢ 개, 일 모형이 ▢ 개이므로

243×3= ▢ 입니다.

십 모형 10개 백 모형 1개

2 ▢ 안에 알맞은 수를 써넣으세요.

①
```
    1 6 [2]          1 [6] 2           [1] 6 2
×       3    →   ×       3    →   ×       3
    [ ]            [ ][ ]           [ ][ ][ ]
```

②
```
    4 3 [2]          4 [3] 2           [4] 3 2
×       4    →   ×       4    →   ×       4
    [ ]            [ ][ ]           [ ][ ][ ]
```

백의 자리에서 올림한 수는 계산 결과의 천의 자리에 바로 쓰면 돼요!

3 보기 와 같이 계산해 보세요.

보기
```
      7 5 2
  ×       3
          6
      1 5 0
    2 1 0 0
    2 2 5 6
```

①
```
    2 6 3
×       3
```

②
```
    5 4 1
×       8
```

4. (몇십)×(몇십), (몇십몇)×(몇십)

● **(몇십)×(몇십)**

・ 40×20의 계산

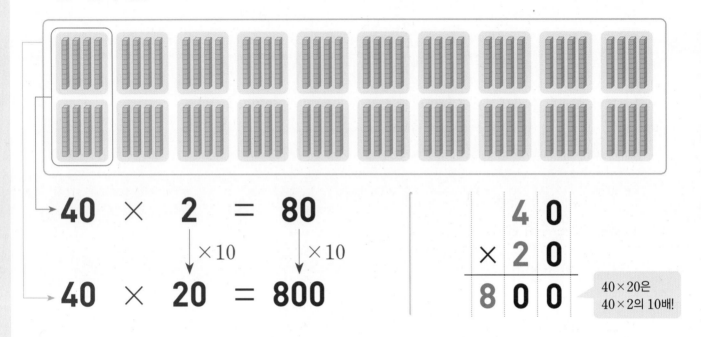

$$40 \times 2 = 80$$
$$\downarrow \times 10 \qquad \downarrow \times 10$$
$$40 \times 20 = 800$$

$$\begin{array}{r} 4\,0 \\ \times\ 2\,0 \\ \hline 8\,0\,0 \end{array}$$

40×20은
40×2의 10배!

● **(몇십몇)×(몇십)**

・ 13×20의 계산

$$13 \times 2 = 26$$
$$\downarrow \times 10 \qquad \downarrow \times 10$$
$$13 \times 20 = 260$$

$$\begin{array}{r} 1\,3 \\ \times\ 2\,0 \\ \hline 2\,6\,0 \end{array}$$

13×20은
13×2의 10배!

개념 다르게 보기

● (몇십)×(몇십)의 계산은 (몇)×(몇)의 계산 결과에 0을 2개 붙여요!

$4 \times 2 = 8 \Rightarrow 40 \times 20 = 800$

주의 $5 \times 2 = 10 \Rightarrow 50 \times 20 = 100(\times)$
$50 \times 20 = 1000(\bigcirc)$

● (몇십몇)×(몇십)의 계산은 (몇십몇)×(몇)의 계산 결과에 0을 1개 붙여요!

$13 \times 2 = 26 \Rightarrow 13 \times 20 = 260$

주의 $12 \times 5 = 60 \Rightarrow 12 \times 50 = 60(\times)$
$12 \times 50 = 600(\bigcirc)$

● 정답과 풀이 2쪽

1 ☐ 안에 알맞은 수를 써넣으세요.

① 12×10×3=☐

② 12×3×10=☐

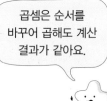
곱셈은 순서를 바꾸어 곱해도 계산 결과가 같아요.

2 ☐ 안에 알맞은 수를 써넣으세요.

① 50 × 6 = ☐
　10배　　10배
50 × 60 = ☐

② 35 × 7 = ☐
　10배　　10배
35 × 70 = ☐

(몇십)×(몇십)은 (몇십)×(몇)의 10배!

3 ☐ 안에 알맞은 수를 써넣으세요.

① 30×80=3×8×☐=☐

② 27×60=27×6×☐=☐

(몇십)×(몇십)은 (몇)×(몇)의 100배!

4 계산해 보세요.

①
```
    5 0
  × 3 0
```

②
```
    3 4
  × 4 0
```

5. (몇) × (몇십몇)

● **(몇) × (몇십몇)**

・9×13의 이해

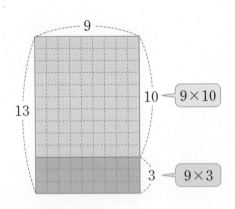

・노란색 모눈의 수: $9 \times 10 = 90$ (개)
・초록색 모눈의 수: $9 \times 3 = 27$ (개)

➡ $9 \times 13 = 9 \times 10 + 9 \times 3$
$ = 90 + 27 = 117$

・9×13의 계산

$$\begin{array}{r} 9 \\ \times\ 1\ 3 \\ \hline 2\ 7 \quad \leftarrow 9 \times 3 \\ 9\ 0 \quad \leftarrow 9 \times 10 \\ \hline 1\ 1\ 7 \end{array}$$

$$\begin{array}{r} {}^{2} \\ 9 \\ \times\ 1\ 3 \\ \hline 7 \end{array} \quad \rightarrow \quad \begin{array}{r} {}^{2} \\ 9 \\ \times\ 1\ 3 \\ \hline 1\ 1\ 7 \end{array}$$

・일의 자리 계산:
$9 \times 3 = 27$이므로 20은 십의 자리로 올림하고, 일의 자리에 7을 씁니다.

・십의 자리 계산:
$9 \times 1 = 9$에 올림한 수 2를 더하면 11이므로 백의 자리에 1, 십의 자리에 1을 씁니다.

개념 자세히 보기

● **9×13을 여러 가지 방법으로 계산할 수 있어요!**

① 수를 가르기 하여 계산하기

$9 \times 10 = 90$	$9 \times 9 = 81$	$9 \times 6 = 54$	$9 \times 5 = 45$
$9 \times 3 = 27$	$9 \times 4 = 36$	$9 \times 7 = 63$	$9 \times 8 = 72$
$9 \times 13 = 117$	$9 \times 13 = 117$	$9 \times 13 = 117$	$9 \times 13 = 117$

② 순서를 바꾸어 계산하기

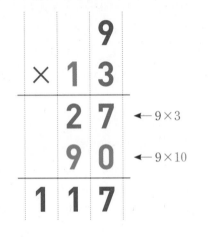 ➡ $9 \times 13 = 13 \times 9$이므로 $9 \times 13 = 117$입니다.

① 색칠된 모눈의 수를 곱셈식으로 써넣고 6×14는 얼마인지 알아보세요.

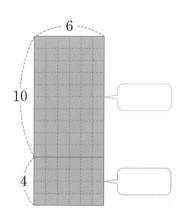

- 파란색 모눈의 수: $6 \times 10 =$ ☐ (개)
- 초록색 모눈의 수: $6 \times 4 =$ ☐ (개)

➡ $6 \times 14 =$ ☐ $+$ ☐ $=$ ☐

■×(몇십몇)은
■×(몇십)과
■×(몇)의 합으로
구해요.

② 계산해 보세요.

①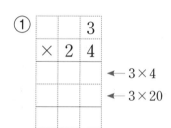
    $\leftarrow 3 \times 4$
    $\leftarrow 3 \times 20$

②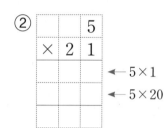
    $\leftarrow 5 \times 1$
    $\leftarrow 5 \times 20$

3×24는 3×4와
3×20의 곱을 더해서
구해요.

③ 4×45와 45×4의 계산 결과를 비교하여 알맞은 말에 ○표 하세요.

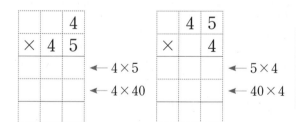
$\leftarrow 4 \times 5$
$\leftarrow 4 \times 40$
$\leftarrow 5 \times 4$
$\leftarrow 40 \times 4$

4×45와 45×4의
계산 결과는
(같습니다 , 다릅니다).

곱하는 두 수의 순서를
바꾸어 곱하면 계산
결과가 바뀌나요?

④ ☐ 안에 알맞은 수를 써넣으세요.

① $6 \times 9 =$ ☐
   $6 \times 9 =$ ☐
   ─────
   $6 \times 18 =$ ☐

② $6 \times 8 =$ ☐
   $6 \times 10 =$ ☐
   ─────
   $6 \times 18 =$ ☐

6×18에서
곱하는 수 18을
$9+9$, $8+10$으로
가르기 해서 곱해요.

6. (몇십몇) × (몇십몇)

● **(몇십몇) × (몇십몇)**

・36 × 12의 이해

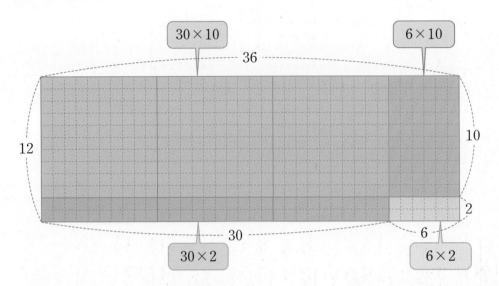

- 분홍색 모눈의 수: $30 \times 10 = 300$ (개)
- 초록색 모눈의 수: $30 \times 2 = 60$ (개)
- 파란색 모눈의 수: $6 \times 10 = 60$ (개)
- 노란색 모눈의 수: $6 \times 2 = 12$ (개)

➡ $36 \times 12 = 300 + 60 + 60 + 12 = 432$

・36 × 12의 계산

$$
\begin{array}{r} 3\,6 \\ \times\ 1\,2 \\ \hline \end{array}
\ \rightarrow\
\begin{array}{r} {}^{1}\\ 3\,6 \\ \times\ 1\,2 \\ \hline 7\,2 \end{array}
\ \rightarrow\
\begin{array}{r} 3\,6 \\ \times\ 1\,2 \\ \hline 7\,2 \\ 3\,6\,0 \end{array}
\ \rightarrow\
\begin{array}{r} 3\,6 \\ \times\ 1\,2 \\ \hline 7\,2 \\ 3\,6\,0 \\ \hline 4\,3\,2 \end{array}
$$

←36 × 2
←36 × 10

개념 자세히 보기

● 곱하는 수를 (몇) × (몇)으로 가르기 하여 계산할 수 있어요!

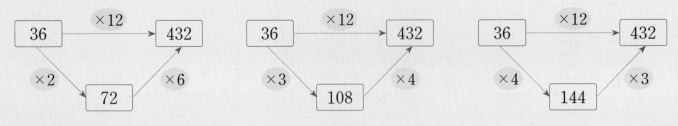

○ 정답과 풀이 2쪽

1 색칠된 모눈의 수를 곱셈식으로 써넣고 27×12는 얼마인지 알아보세요.

전체 모눈의 수는 분홍색, 파란색, 초록색, 노란색 모눈의 수의 합으로 구해요.

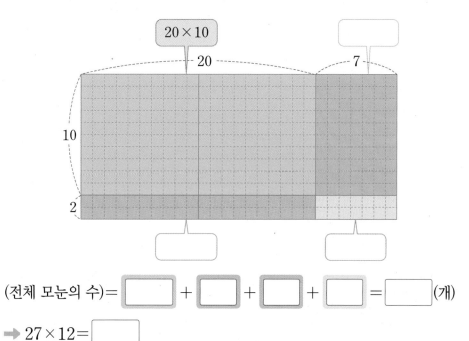

20×10

(전체 모눈의 수)= ☐ + ☐ + ☐ + ☐ = ☐ (개)

➡ $27 \times 12 =$ ☐

2 ☐ 안에 알맞은 수를 써넣으세요.

```
    1 3          1 3          1 3
  × 4 5      ×   4 5      ×   4 5
            ☐ ☐          ☐ ☐
                        ☐ ☐ ☐
                        ☐ ☐ ☐
```

3 ☐ 안에 알맞은 수를 써넣으세요.

①
```
    2 3
  × 3 4
         ← 23×4
         ← 23×30
```

②
```
      6 7
  ×   4 2
           ← 67×2
           ← 67×40
```

4 ☐ 안에 알맞은 수를 써넣으세요.

곱하는 수 36을 $36=4 \times 9$, $36=6 \times 6$ 으로 가르기 하여 곱할 수 있어요.

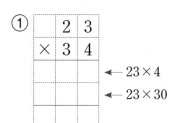

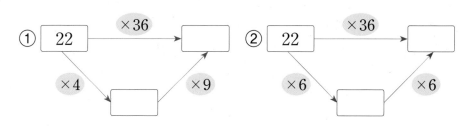

① 22 ─ ×36 → ☐
   22 ─ ×4 → ☐ ─ ×9 → ☐

② 22 ─ ×36 → ☐
   22 ─ ×6 → ☐ ─ ×6 → ☐

7. 곱셈의 활용

STEP **1**

① 구하려는 것
② 주어진 조건
찾기

STEP **2**

③ 필요한 계산식
세우기

복숭아가 한 상자에 28개씩 들어 있습니다. 14상자에는 복숭아가 모두 몇 개 들어 있는지

     ② 주어진 조건   ② 주어진 조건   ① 구하려는 것
알아보세요.

① 구하려는 것: $\boxed{14}$ 상자에 들어 있는 $\boxed{복숭아}$ 의 수

② 주어진 조건: 한 상자에 들어 있는 $\boxed{복숭아}$ 의 수, $\boxed{상자}$ 의 수

③ 필요한 계산식: $\boxed{28}$ × $\boxed{14}$

복숭아의 수?

STEP **3**

④ 문제 해결하기

④ 문제 해결하기: 14상자에 들어 있는 복숭아는 모두

$\boxed{28}$ × $\boxed{14}$ = $\boxed{392}$ (개)입니다.

STEP **1**

① 구하려는 것
② 주어진 조건
찾기

STEP **2**

③ 필요한 계산식
세우기

민주네 학교 3학년 전체 학생 수는 162명입니다. 3학년 전체 학생에게 초콜릿을 5개씩 나

           ② 주어진 조건   ② 주어진 조건
누어 주려고 합니다. 필요한 초콜릿은 모두 몇 개인지 알아보세요.

         ① 구하려는 것

① 구하려는 것: 3학년 전체 학생에게 나누어 주기 위해 필요한 $\boxed{초콜릿}$ 의 수

② 주어진 조건: 3학년 전체 $\boxed{학생}$ 수, 한 명에게 줄 $\boxed{초콜릿}$ 의 수

③ 필요한 계산식: $\boxed{162}$ × $\boxed{5}$

필요한 초콜릿의 수?

STEP **3**

④ 문제 해결하기

④ 문제 해결하기: 필요한 초콜릿은 모두 $\boxed{162}$ × $\boxed{5}$ = $\boxed{810}$ (개)입니다.

1 사과가 한 상자에 21개씩 들어 있습니다. 15상자에는 사과가 모두 몇 개 들어 있는지 구하려고 합니다. ☐ 안에 알맞은 수나 말을 써넣으세요.

전체 사과의 수는 한 상자에 들어 있는 사과의 수에 상자의 수를 곱해서 구해요.

① 구하려는 것: ☐ 상자에 들어 있는 ☐ 의 수

② 주어진 조건: 한 상자에 들어 있는 ☐ 의 수, ☐ 의 수

③ 필요한 계산식: ☐ × ☐

④ 문제 해결하기: 15상자에 들어 있는 사과는 모두

☐ × ☐ = ☐ (개)입니다.

2 장미가 한 다발에 24송이씩 22다발 있습니다. 장미는 모두 몇 송이인지 구하려고 합니다. ☐ 안에 알맞은 수나 말을 써넣으세요.

전체 장미의 수는 한 다발에 들어 있는 장미의 수에 다발의 수를 곱해서 구해요.

① 구하려는 것: ☐ 다발에 들어 있는 ☐ 의 수

② 주어진 조건: 한 다발에 들어 있는 ☐ 의 수, 장미 ☐ 의 수

③ 필요한 계산식: ☐ × ☐

④ 문제 해결하기: 22다발에 들어 있는 장미는 모두

☐ × ☐ = ☐ (송이)입니다.

3 성수네 학교 3학년 학생은 305명입니다. 한 명에게 연필을 8자루씩 주려면 필요한 연필은 모두 몇 자루일까요?

식 ☐ × 8 = ☐   답

1 올림이 없는 (세 자리 수)×(한 자리 수)

1 계산해 보세요.

(1)
$$\begin{array}{r} 1\ 4\ 3 \\ \times \quad\quad 2 \\ \hline \end{array}$$

(2)
$$\begin{array}{r} 2\ 0\ 3 \\ \times \quad\quad 3 \\ \hline \end{array}$$

(3) 321×3

(4) 424×2

2 ☐ 안에 알맞은 수를 써넣으세요.

(1)
$2 \times 3 =$ ☐
$20 \times 3 =$ ☐
$100 \times 3 =$ ☐
$\overline{122 \times 3 =}$ ☐

(2)
$2 \times 4 =$ ☐
$20 \times 4 =$ ☐
$100 \times 4 =$ ☐
$\overline{122 \times 4 =}$ ☐

3 수직선을 보고 ☐ 안에 알맞은 수를 써넣으세요.

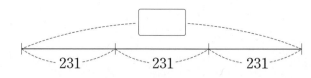

231   231   231

새 교과 반영

4 ☐ 안에 공통으로 들어가는 수를 구해 보세요.

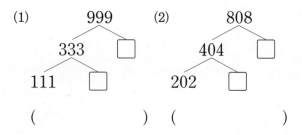

(1)
999
333 ☐
111 ☐

(2)
808
404 ☐
202 ☐

(   )   (   )

곱하는 수가 클수록 곱의 크기는 더 커.

준비 곱의 크기를 비교하여 ◯ 안에 >, =, <를 알맞게 써넣으세요.

(1) 9×4 ◯ 9×3

(2) 30×7 ◯ 30×8

5 곱의 크기를 비교하여 ◯ 안에 >, =, <를 알맞게 써넣으세요.

(1) 233×2 ◯ 233×3

(2) 111×9 ◯ 111×6

6 서울에서 부산까지 운행하는 고속 열차는 1시간에 302 km만큼 이동한다고 합니다. 3시간 동안 이동할 수 있는 거리는 몇 km일까요?

식 _____

답 _____

☺ 내가 만드는 문제

7 3장의 수 카드를 한 번씩만 사용하여 곱셈식을 만들려고 합니다. ☐ 안에 숫자를 써넣어 곱셈식을 완성하고 계산 결과를 구해 보세요.

4 1 3 ➡ ☐☐☐ ×2

(   )

② 일의 자리에서 올림이 있는 (세 자리 수) × (한 자리 수)

8 계산해 보세요.

(1)
$$
\begin{array}{r}
2\ 1\ 3 \\
\times \qquad 4 \\
\hline
\end{array}
$$

(2)
$$
\begin{array}{r}
1\ 0\ 8 \\
\times \qquad 5 \\
\hline
\end{array}
$$

(3) 116×6

(4) 317×3

올림이 없도록 곱하는 수를 가르기 해.

준비 ☐ 안에 알맞은 수를 써넣으세요.

(1) $3 \times 2 = $ ☐
$3 \times 3 = $ ☐
$3 \times 5 = $ ☐

(2) $20 \times 3 = $ ☐
$20 \times 4 = $ ☐
$20 \times 7 = $ ☐

9 ☐ 안에 알맞은 수를 써넣으세요.

(1) $103 \times 2 = $ ☐
$103 \times 3 = $ ☐
$103 \times 5 = $ ☐

(2) $112 \times 3 = $ ☐
$112 \times 4 = $ ☐
$112 \times 7 = $ ☐

새 교과 반영

10 보기 와 같이 빈칸에 알맞은 수를 써넣으세요.

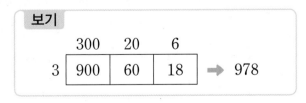

보기				
	300	20	6	
3	900	60	18	➡ 978

	200	10	4	
4				➡

서술형

11 잘못 계산한 부분을 찾아 이유를 쓰고 바르게 계산해 보세요.

$$
\begin{array}{r}
4\ 3\ 7 \\
\times \qquad 2 \\
\hline
8\ 6\ 4 \\
\end{array}
$$
➡
☐

이유 _____

_____

12 덧셈식을 곱셈식으로 나타내고 계산해 보세요.

$$219 + 219 + 219 + 219$$

곱셈식 _____

13 오늘 환율로 스웨덴 동전 1크로나는 우리나라 돈으로 137원일 때 2크로나는 우리나라 돈으로 얼마일까요?

식 _____

답 _____

14 보기 에서 두 수를 골라 주어진 식을 완성해 보세요.

보기				
4	102	2	204	8

☐☐☐ × ☐ = 816

3 올림이 여러 번 있는 (세 자리 수) × (한 자리 수)

15 계산해 보세요.

(1)
```
    2 8 4
  ×     2
```

(2)
```
    4 7 3
  ×     3
```

(3) 621 × 5

(4) 542 × 8

16 계산 결과를 어림하여 구하려고 합니다. ☐ 안에 알맞은 수를 써넣고, 알맞은 말에 ○표 하세요.

594 × 3은

↓

☐ × 3 = ☐ 보다

(작습니다 , 큽니다).

17 ☐ 안에 알맞은 수를 써넣으세요.

(1)
224 × 6

= 224 × ☐ × 3

= ☐ × 3

= ☐

(2)
323 × 9

= 323 × ☐ × 3

= ☐ × 3

= ☐

새 교과 반영
18 조건 을 보고 ☐ 안에 알맞은 수를 써넣으세요.

조건
♥ : 4배
★ : 6배
♦ : 8배

142 ➡ ♥ ➡ 568

325 ➡ ♥ ➡ ☐

413 ➡ ★ ➡ ☐

267 ➡ ♦ ➡ ☐

곱셈은 같은 수를 여러 번 더하는 거야.

준비 ☐ 안에 알맞은 수를 써넣으세요.

$40 + 40 + 40 + 40 = 40 × ☐$

$= 40 × ☐ + 40$

$= 40 × ☐ + 40 + 40$

19 ☐ 안에 알맞은 수를 써넣으세요.

(1) $231 × 6 = 231 × 5 + ☐$

(2) $231 × 4 = 231 × 5 - ☐$

20 지구는 하루에 한 바퀴씩 스스로 도는 *자전을 합니다. 1초에 450 m씩 움직일 때, 지구가 7초 동안 움직이는 거리는 몇 m인지 구해 보세요.

*자전: 지구가 스스로 고정된 축을 중심으로 회전하는 현상

( )

😊 내가 만드는 문제
21 원하는 색깔의 한 가지 쌓기나무만 이용하여 주어진 모양과 똑같이 쌓으려고 합니다. 쌓은 쌓기나무의 무게를 구해 보세요.

(단, 보이지 않는 쌓기나무는 없습니다.)

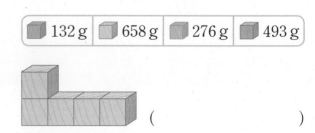

| 132 g | 658 g | 276 g | 493 g |

( )

4 (몇십)×(몇십), (몇십몇)×(몇십)

22 계산해 보세요.

(1)
$$\begin{array}{r} 5\ 0 \\ \times\quad 4\ 0 \\ \hline \end{array}$$

(2)
$$\begin{array}{r} 1\ 4 \\ \times\quad 4\ 0 \\ \hline \end{array}$$

(3) 60×70

(4) 19×20

23 ☐ 안에 알맞은 수를 써넣으세요.

- $20 \times 40 =$ ☐
- $20 \times 60 =$ ☐

  $20 \times 40 =$ ☐ $20 \times 20 =$ ☐

  $20 \times 80 =$ ☐ $20 \times 80 =$ ☐

곱셈과 나눗셈의 관계를 생각해 봐.

준비 ☐ 안에 알맞은 수를 써넣으세요.

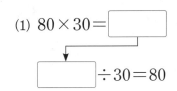

$3 \times 6 =$ ☐

☐ $\div 6 = 3$

24 ☐ 안에 알맞은 수를 써넣으세요.

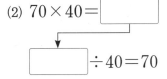

(1) $80 \times 30 =$ ☐

☐ $\div 30 = 80$

(2) $70 \times 40 =$ ☐

☐ $\div 40 = 70$

25 ☐ 안에 알맞은 수를 써넣으세요.

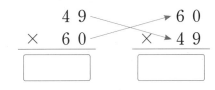

☐   ☐

새 교과 반영

26 규칙에 따라 빈칸에 알맞은 수를 써넣으세요.

25	750	30
56		40
79		50

27 계산 결과가 같은 것끼리 이어 보세요.

15×40	45×80	35×60
•	•	•

•	•	•
30×70	40×90	20×30

서술형
28 1분은 60초이고 1시간은 60분입니다. 1시간은 몇 초인지 풀이 과정을 쓰고 답을 구해 보세요.

풀이 _____

_____

_____

답 _____

29 계산해 보세요.

(1)
```
      3
×  2 6
```

(2)
```
      5
×  3 7
```

(3) 4×69

(4) 7×84

30 빈 곳에 알맞은 수를 써넣으세요.

(1)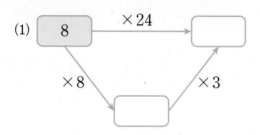

(2)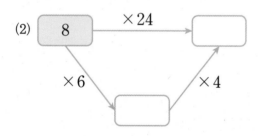

31 ☐ 안에 알맞은 수를 써넣으세요.

(1)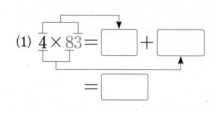

(2)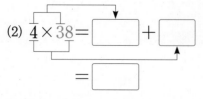

😊 내가 만드는 문제

32 일주일 동안 원하는 운동을 한 가지 선택해서 매일 꾸준히 운동하려고 합니다. 운동을 정하고, 일주일 동안 운동한 전체 횟수를 구해 보세요.

하루에 해야 하는 운동 횟수

윗몸 말아 올리기 13회 / 아령 들기 28회 / 줄넘기 44회 / 훌라후프 돌리기 52회

(   ), (   )

서술형
33 딸기는 비타민 C가 많이 함유되어 있어서 하루에 6개를 먹으면 비타민 C 하루 권장량을 모두 섭취할 수 있습니다. 3, 4월 두 달 동안 비타민 C의 하루 권장량을 모두 딸기로 섭취한다면 몇 개의 딸기를 먹어야 하는지 풀이 과정을 쓰고 답을 구해 보세요.

풀이
....
....
....

답 ....

새 교과 반영
34 같은 모양은 같은 수를 나타냅니다. 모양에 알맞은 수를 구해 보세요.

(1) ★＋★＋★＋★＝64

★＝(   )

(2) ●＋●＋●＋●＋●＝125

●＝(   )

6 올림이 한 번 또는 여러 번 있는 (몇십몇)×(몇십몇)

35 계산해 보세요.

(1)
```
    6 8
×   1 3
```

(2)
```
    3 6
×   5 4
```

(3) 59×17

(4) 47×28

36 □ 안에 알맞은 수를 써넣으세요.

· 84×30= [ ]   · 80×39= [ ]

84× 9= [ ]   4×39= [ ]

84×39= [ ]   84×39= [ ]

순서를 다르게 묶어 곱해도 결과는 같아.

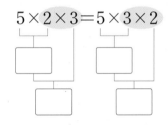

준비 □ 안에 알맞은 수를 써넣으세요.

$5 \times 2 \times 3 = 5 \times 3 \times 2$

37 □ 안에 알맞은 수를 써넣으세요.

(1) $15 \times 4 \times 8 = 15 \times 8 \times 4 \rightarrow 15 \times 32$

(2) $52 \times 5 \times 9 = 52 \times 9 \times 5 \rightarrow 52 \times 45$

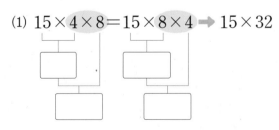

38 그림을 보고 물음에 답하세요.

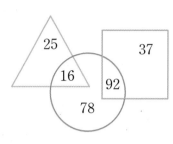

(1) 삼각형 안에 있는 수의 곱을 구해 보세요.

(   )

(2) 사각형 안에 있는 수의 곱을 구해 보세요.

(   )

39 □ 안에 알맞은 수를 써넣고 계산 결과를 비교하여 ○ 안에 >, =, <를 알맞게 써넣으세요.

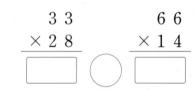

```
  3 3          6 6
× 2 8        × 1 4
```

[ ] ○ [ ]

40 재채기는 순간적으로 숨을 뿜어내는 행동으로 숨의 빠르기가 1초에 89 m 만큼 이동한다고 합니다. 재채기를 할 때 내뱉는 숨이 14초 동안 이동한 거리는 몇 m일까요?

식 _____

답 _____

😊 내가 만드는 문제

41 □ 안에 알맞은 수를 써넣으세요.

$42 \times 16 = 42 \times$ [ ] $+$ [ ]

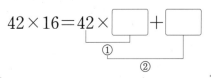

① ②

⚡ **수를 가르기 하여 계산**

1 □ 안에 알맞은 수를 써넣으세요.

$$122 \times 2 = \boxed{}$$
$$122 \times 3 = \boxed{}$$
$$\overline{122 \times 5 = \boxed{}}$$

2 □ 안에 알맞은 수를 써넣으세요.

$$102 \times 3 = \boxed{}$$
$$102 \times 4 = \boxed{}$$
$$\overline{102 \times \boxed{} = \boxed{}}$$

3 □ 안에 알맞은 수를 써넣으세요.

$$223 \times 5 = \boxed{223 \times 3} + \boxed{223 \times 2}$$
$$= \boxed{} + \boxed{}$$
$$= \boxed{}$$

⚡ **곱셈에서 0의 개수**

4 □ 안에 알맞은 수를 써넣으세요.

$$40 \times 50 = \boxed{}$$
$$80 \times 50 = \boxed{}$$

5 □ 안에 알맞은 수를 써넣으세요.

$$45 \times 20 = \boxed{}$$
$$45 \times 40 = \boxed{}$$

6 □ 안에 알맞은 수를 써넣으세요.

$$75 \times 40 = \boxed{}$$
$$50 \times 60 = \boxed{}$$

⚡ 잘못된 계산

⚡ 곱셈의 원리   1. 곱셈

7 잘못 계산한 부분을 찾아 바르게 계산해 보세요.

$$\begin{array}{r} 5\ 3\ 9 \\ \times\quad 3 \\ \hline 1\ 5\ 9\ 7 \end{array}$$ ➡

10 ☐ 안에 알맞은 수를 써넣으세요.

$$243 \times 4 = \underline{243 + 243 + 243} + 243$$
$$= 243 \times \boxed{} + 243$$

8 잘못 계산한 부분을 찾아 바르게 계산해 보세요.

$$\begin{array}{r} 4\ 2\ 7 \\ \times\quad 6 \\ \hline 2\ 4\ 2\ 2 \end{array}$$ ➡

11 ☐ 안에 알맞은 수를 써넣으세요.

$$38 \times 12 = 38 \times 11 + \boxed{}$$
$$= 38 \times 10 + \boxed{}$$

9 잘못 계산한 부분을 찾아 바르게 계산해 보세요.

$$\begin{array}{r} 2\ 0\ 6 \\ \times\quad 9 \\ \hline 2\ 3\ 4 \end{array}$$ ➡

12 ☐ 안에 알맞은 수를 써넣으세요.

$$7 \times 53 = 7 \times 50 + \boxed{}$$
$$= 7 \times \boxed{} + 35$$

모르는 수가 있는 계산

13 □ 안에 알맞은 수를 써넣으세요.

$$13 \times 60 = 39 \times \boxed{}$$

14 □ 안에 알맞은 수를 써넣으세요.

$$24 \times 32 = 48 \times \boxed{}$$
$$= 12 \times \boxed{}$$

15 □ 안에 알맞은 수를 써넣으세요.

$$8 \times 75 = 24 \times \boxed{}$$
$$= 40 \times \boxed{}$$

날짜를 활용한 계산

16 민현이는 2주일 동안 매일 20분씩 축구를 했습니다. 민현이가 2주일 동안 축구를 한 시간은 모두 몇 분일까요?

(   )

17 유리는 3주일 동안 매일 38쪽씩 역사책을 읽었습니다. 유리가 3주일 동안 읽은 역사책은 모두 몇 쪽일까요?

(   )

18 윤호는 9월 한 달 동안 매일 56개씩 종이학을 접었습니다. 윤호가 9월 한 달 동안 접은 종이학은 모두 몇 개일까요?

(   )

19 세영이는 10월 한 달 동안 매일 45분씩 독서를 했습니다. 세영이가 10월 한 달 동안 독서를 한 시간은 모두 몇 분일까요?

(   )

도전1 곱셈과 나눗셈 사이의 관계 이용하기

1 ☐ 안에 알맞은 수를 구해 보세요.

$$\square \div 5 = 659$$

( )

핵심 NOTE
☐÷● = ▲이면 ☐ = ●×▲임을 이용하여 ☐를 구합니다.

2 ☐ 안에 알맞은 수를 구해 보세요.

$$\square \div 70 = 37$$

( )

3 어떤 수를 9로 나누었더니 몫이 43이 되었습니다. 어떤 수를 구해 보세요.

( )

4 어떤 수를 64로 나누었더니 몫이 82가 되었습니다. 어떤 수를 구해 보세요.

( )

도전2 달력을 보고 한 달 동안의 양 구하기

5 윤성이는 한 달 동안 매주 월요일, 수요일, 금요일에 태권도를 각각 40분씩 했습니다. 윤성이가 한 달 동안 태권도를 한 시간은 모두 몇 분인지 구해 보세요.

일	월	화	수	목	금	토
		1	2	3	4	5
6	7	8	9	10	11	12
13	14	15	16	17	18	19
20	21	22	23	24	25	26
27	28	29	30			

( )

핵심 NOTE
한 달 동안 매주 월요일, 수요일, 금요일은 모두 며칠인지 구합니다.

6 아영이는 한 달 동안 매주 월요일, 화요일, 목요일에 한자를 각각 18개씩 외웠을 때, 외운 한자는 모두 몇 개인지 구해 보세요.

일	월	화	수	목	금	토
	1	2	3	4	5	6
7	8	9	10	11	12	13
14	15	16	17	18	19	20
21	22	23	24	25	26	27
28	29	30				

( )

7 성아는 한 달 동안 매주 수요일, 토요일, 일요일에 과학책을 각각 35쪽씩 읽었을 때, 읽은 과학책은 모두 몇 쪽인지 구해 보세요.

일	월	화	수	목	금	토
				1	2	3
4	5	6	7	8	9	10
11	12	13	14	15	16	17
18	19	20	21	22	23	24
25	26	27	28	29	30	31

( )

☐ 안에 들어갈 수 있는 수 구하기

8 1부터 9까지의 수 중에서 ☐ 안에 들어갈 수 있는 수를 모두 구해 보세요.

$$24 \times \boxed{}0 > 1800$$

(   )

핵심 NOTE
☐ 안에 적당한 수를 넣어 곱을 어림하여 알맞은 수를 구합니다.

9 1부터 9까지의 수 중에서 ☐ 안에 들어갈 수 있는 가장 큰 수를 구해 보세요.

$$125 \times \boxed{} < 36 \times 19$$

(   )

10 1부터 9까지의 수 중에서 ☐ 안에 들어갈 수 있는 수를 모두 구해 보세요.

$$3000 < 77 \times \boxed{}0 < 5000$$

(   )

☐ 안에 알맞은 수 넣기

11 ☐ 안에 알맞은 수를 써넣으세요.

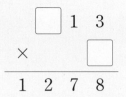

핵심 NOTE
올림이 있는 계산임을 생각하여 먼저 알 수 있는 자리의 숫자부터 구해 봅니다.

12 ☐ 안에 알맞은 수를 써넣으세요.

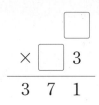

도전 최상위

13 ☐ 안에 알맞은 수를 써넣으세요.

```
      ☐ 4
 ×   2 ☐
 ─────────
   5 1 2
 1 2 ☐ 0
 ─────────
 1 ☐ 9 2
```

도전5 **색칠한 칸의 개수 구하기**

14 색칠한 칸의 개수를 구해 보세요.

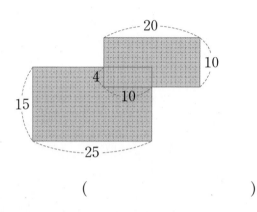

( )

핵심 NOTE
겹치는 연두색 부분은 한 번 빼주어야 합니다.

도전 최상위
15 색칠한 칸의 개수를 구해 보세요.

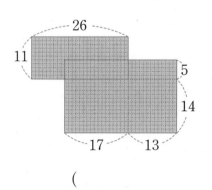

( )

16 색칠한 칸의 개수를 구해 보세요.

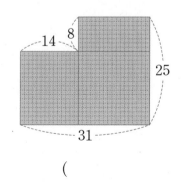

( )

도전6 **통나무를 자르는 데 걸리는 시간 구하기**

17 통나무를 한 번 자르는 데 20분이 걸립니다. 11도막으로 자르는 데 걸리는 시간은 몇 시간 몇 분일까요?

( )

핵심 NOTE
• 통나무 ●도막 ➡ (● −1)번 자르기
• 통나무 (● −1)번 자르는 데 걸리는 시간
  = (통나무를 한 번 자르는 데 걸리는 시간)×(● −1)번

18 통나무를 한 번 자르는 데 16분이 걸립니다. 20도막으로 자르는 데 걸리는 시간은 몇 시간 몇 분일까요?

( )

19 통나무를 세 번 자르는 데 36분이 걸립니다. 25도막으로 자르는 데 걸리는 시간은 몇 시간 몇 분일까요?

( )

도전7 기호의 약속에 따라 계산하기

20 □♥○를 보기 와 같이 약속할 때 157♥3의 값을 구해 보세요.

> 보기
> □♥○=□×○×○

( )

핵심 NOTE
♥의 약속에 따라 157과 3을 넣어 세 수의 곱셈식을 만들어 계산합니다.

21 □♣○를 보기 와 같이 약속할 때 28♣41의 값을 구해 보세요.

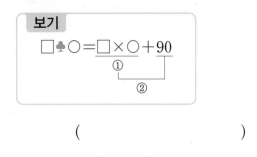

( )

도전 최상위
22 ㉠★㉡을 보기 와 같이 약속할 때 63★30의 값을 구해 보세요.

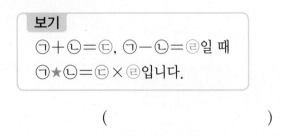

( )

도전8 수 카드로 곱셈식 만들기

23 4장의 수 카드를 한 번씩만 사용하여 곱이 가장 큰 (두 자리 수)×(두 자리 수)의 곱셈식을 만들고 계산해 보세요.

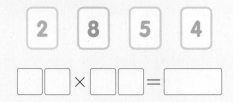

□□ × □□ = □

핵심 NOTE
(두 자리 수)×(두 자리 수) 만들기: ㉠>㉡>㉢>㉣일 때
① 곱이 가장 큰 곱셈식 ➡ ㉠㉣×㉡㉢
② 곱이 가장 작은 곱셈식 ➡ ㉣㉡×㉢㉠

24 4장의 수 카드를 한 번씩만 사용하여 곱이 가장 작은 (두 자리 수)×(두 자리 수)의 곱셈식을 만들고 계산해 보세요.

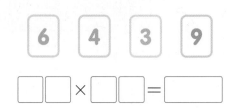

□□ × □□ = □

도전 최상위
25 5장의 수 카드 중 4장을 뽑아 (두 자리 수)×(두 자리 수)를 만들려고 합니다. 곱이 가장 큰 경우와 가장 작은 경우의 곱셈식을 각각 만들고 계산해 보세요.

5 1 8 3 7

가장 큰 경우: □□ × □□ = □

가장 작은 경우: □□ × □□ = □

1 덧셈식을 보고 ☐ 안에 알맞은 수를 써넣으세요.

$$202+202+202+202$$

$$202 \times \boxed{} = \boxed{}$$

2 계산 결과를 어림하려고 합니다. ☐ 안에 알맞은 수를 써넣으세요.

198×4는

$$\downarrow$$

$\boxed{} \times 4 = \boxed{}$ 보다 작습니다.

3 ☐ 안에 알맞은 수를 써넣으세요.

(1) 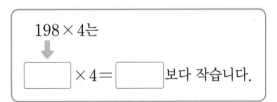 $9 \times 53 = \boxed{} + \boxed{}$

$$= \boxed{}$$

(2) 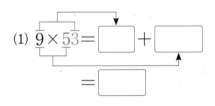 $9 \times 35 = \boxed{} + \boxed{}$

$$= \boxed{}$$

4 ☐ 안에 알맞은 수를 써넣으세요.

(1) $217 \times 7 = 217 \times 6 + \boxed{}$

(2) $217 \times 5 = 217 \times 6 - \boxed{}$

5 ☐ 안에 알맞은 수를 써넣으세요.

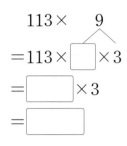

$$113 \times \quad 9$$

$$= 113 \times \boxed{} \times 3$$

$$= \boxed{} \times 3$$

$$= \boxed{}$$

6 ☐ 안에 알맞은 수를 써넣으세요.

$$47 \times 20 = \boxed{} = 20 \times \boxed{}$$

7 ☐ 안에 알맞은 수를 써넣으세요.

$$65 \times 40 = \boxed{}$$

$$65 \times \ \ 3 = \boxed{}$$

$$65 \times 43 = \boxed{}$$

8 잘못 계산한 부분을 찾아 바르게 계산해 보세요.

$$\begin{array}{r} 4\ 3 \\ \times\ 7\ 2 \\ \hline 8\ 6 \\ 3\ 0\ 1 \\ \hline 3\ 8\ 7 \end{array} \Rightarrow$$

9 두 곱의 차를 구해 보세요.

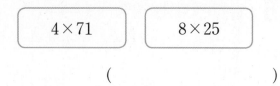

( )

10 곱이 큰 것부터 차례로 기호를 써 보세요.

ㄱ 60×30   ㄴ 94×20
ㄷ 37×50   ㄹ 50×40

( )

11 ☐ 안에 알맞은 수를 써넣으세요.

$18 \times 45 = \boxed{} \times 10$

12 다음 수의 9배인 수를 구해 보세요.

100이 6개, 10이 2개, 1이 8개인 수

( )

13 하루는 24시간입니다. 6월 한 달은 모두 몇 시간일까요?

( )

14 주영이와 민석이가 각각 설명하는 두 수의 합을 구해 보세요.

( )

15 삼각형과 사각형의 각 변의 길이는 125 cm로 모두 같습니다. 삼각형과 사각형의 모든 변의 길이의 합은 몇 cm일까요?

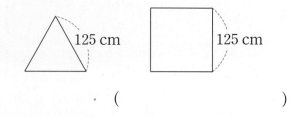

( )

16 ☐ 안에 알맞은 수를 써넣으세요.

$$
\begin{array}{r}
2\ \Box \\
\times\ \ \ 6\ 0 \\
\hline
1\ 6\ 8\ 0
\end{array}
$$

17 4장의 수 카드를 한 번씩만 사용하여 곱이 가장 작은 (세 자리 수) × (한 자리 수)의 곱셈식을 만들고 계산해 보세요.

$$\boxed{5}\ \boxed{9}\ \boxed{6}\ \boxed{4}$$

$$\boxed{\ }\boxed{\ }\boxed{\ } \times \boxed{\ } = \boxed{\ \ \ \ }$$

18 1부터 9까지의 수 중에서 ☐ 안에 들어갈 수 있는 수는 모두 몇 개인지 구해 보세요.

$$459 \times \Box < 63 \times 26$$

(   )

서술형
19 예준이는 1분에 70 m를 걸어갈 수 있습니다. 같은 빠르기로 1시간 동안 몇 m를 걸어갈 수 있는지 풀이 과정을 쓰고 답을 구해 보세요.

풀이

답

서술형
20 세혁이는 수학 문제를 12일 동안은 하루에 45 개씩 풀고, 20일 동안은 하루에 36개씩 풀었습니다. 세혁이가 32일 동안 푼 수학 문제는 모두 몇 개인지 풀이 과정을 쓰고 답을 구해 보세요.

풀이

답

1 ☐ 안에 알맞은 수를 써넣으세요.

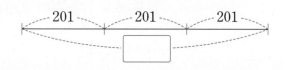

2 계산해 보세요.

(1) 3 2 5
   ×   3

(2) 4 6 3
   ×   9

3 ☐ 안에 알맞은 수를 써넣으세요.

(1) 3 × 3 = ☐
   10 × 3 = ☐
   100 × 3 = ☐
   ──────────
   113 × 3 = ☐

(2) 3 × 4 = ☐
   10 × 4 = ☐
   100 × 4 = ☐
   ──────────
   113 × 4 = ☐

4 ☐ 안에 알맞은 수를 써넣으세요.

   222 × 3 = ☐
   222 × 4 = ☐
   ──────────
   222 × ☐ = ☐

5 ☐ 안에 알맞은 수를 써넣으세요.

(1) 15 × 36
   = 15 × ☐ × 6
   = ☐ × 6
   = ☐

(2) 25 × 36
   = 25 × ☐ × 9
   = ☐ × 9
   = ☐

6 계산 결과를 비교하여 ◯ 안에 >, =, <를 알맞게 써넣으세요.

(1) 8 × 97 ◯ 40 × 20

(2) 7 × 68 ◯ 21 × 21

7 빈칸에 알맞은 수를 써넣으세요.

×	30	31	32
50			

8 ☐ 안에 알맞은 수를 써넣으세요.

(1) 5 × 49 = ☐ = 49 × ☐

(2) 8 × 66 = ☐ = 66 × ☐

9 곱이 다른 하나를 찾아 기호를 써 보세요.

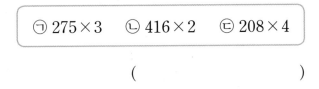

㉠ 275×3　㉡ 416×2　㉢ 208×4

(　　　　　　　　　　)

10 잘못 계산한 부분을 찾아 바르게 계산해 보세요.

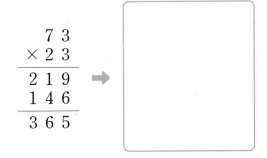

```
    7 3
  ×  2 3
  -------
  2 1 9
  1 4 6
  -------
  3 6 5
```
➡

11 ☐안에 알맞은 수를 써넣으세요.

(1) ☐×80＝4800

(2) 17×☐＝680

12 ☐안에 알맞은 수를 써넣으세요.

(1) 6×84＝42×☐

(2) 9×92＝36×☐

13 계산 결과가 큰 것부터 차례로 기호를 써 보세요.

㉠ 809＋809＋809

㉡ 73×40

㉢ 32의 90배

(　　　　　　　　　　)

14 ☐안에 알맞은 수를 써넣으세요.

312×8＝312×7＋☐

＝312×5＋☐

15 윤지는 한 달 동안 매주 월요일, 수요일, 금요일에 영어 단어를 각각 25개씩 외웠을 때, 외운 영어 단어는 모두 몇 개인지 구해 보세요.

일	월	화	수	목	금	토
				1	2	3	4
5	6	7	8	9	10	11
12	13	14	15	16	17	18
19	20	21	22	23	24	25
26	27	28	29	30	31	

(　　　　　　　　　　)

16 □ 안에 알맞은 수를 써넣으세요.

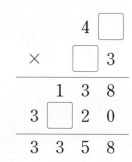

```
          4 □
      ×     □ 3
      ─────────
        1 3 8
      3 □ 2 0
      ─────────
      3 3 5 8
```

17 □◈○를 보기 와 같이 약속할 때 29◈7의 값을 구해 보세요.

> **보기**
>
> □◈○=□×□×○

(   )

18 1부터 9까지의 수 중에서 □ 안에 들어갈 수 있는 수를 모두 구해 보세요.

> 52×34>418×□

(   )

19 서술형

케이크 한 조각의 열량이 417 *kcal일 때 케이크 4조각의 열량은 모두 몇 kcal인지 풀이 과정을 쓰고 답을 구해 보세요.

*kcal: 과자나 라면의 영양정보표에서 찾을 수 있습니다.

풀이 _____

_____

_____

답 _____

20 서술형

4장의 수 카드를 한 번씩만 사용하여 곱이 가장 큰 (두 자리 수)×(두 자리 수)의 곱셈식을 만들고 그 곱을 구하려고 합니다. 풀이 과정을 쓰고 답을 구해 보세요.

7   1   9   3

풀이 _____

_____

_____

_____

답 _____

2 나눗셈

이번 단원에서
꼭 짚어야 할
핵심 개념을 알아보자.

핵심 1 **(몇십)÷(몇)**

나누는 수가 같을 때 나누어지는 수가 10배가
되면 몫도 □ 배가 된다.

$$8 \div 4 = 2 \Rightarrow 80 \div 4 = 20$$

10배

핵심 2 **(몇십몇)÷(몇)**

십의 자리, 일의 자리 수를 각각 나누는 수
로 나눈다.

$$8 \div 2 = 4$$
$$68 \div 2 = \boxed{}\boxed{}$$
$$60 \div 2 = 30$$

핵심 3 **나눗셈의 몫과 나머지**

37을 4로 나누면 몫이 □ 이고 나머지가
□ 이다.

$$37 \div 4 = 9 \cdots 1$$

핵심 4 **(세 자리 수)÷(한 자리 수)**

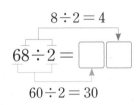

백의 자리부터 순서대로
계산하고, 백의 자리 숫
자가 나누는 수보다 작
으면 몫은 두 자리 수가
된다.

핵심 5 **맞게 계산했는지 확인해 보기**

(나누는 수)×(몫)+(나머지) = (나누어지는 수)

$$25 \div 3 = 8 \cdots 1$$
$$\Rightarrow 3 \times 8 = 24, \ 24 + 1 = \boxed{}$$

답: 1. 10 2. 34 3. 9, 1 4. (위에서부터) 9, 48, 45, 3 5. 25

1. (몇십)÷(몇)

● 내림이 없는 (몇십)÷(몇)

· 80÷4의 이해

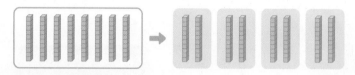

$$80 \div 4 = 20$$

$8 \div 4 = 2$

> $0 \div 4 = 0$이니까 몫의 일의 자리에 0을 써야 해.

· 80÷4의 계산

$$4\overline{)80}$$
→
> 2는 몫의 십의 자리 숫자!

$$\begin{array}{r} \times 2 \\ 4\overline{)80} \\ -80 \end{array}$$
→
$$\begin{array}{r} 20 \\ 4\overline{)80} \\ 80 \\ \hline 0 \end{array}$$

● 내림이 있는 (몇십)÷(몇)

· 70÷5의 계산

$$5\overline{)70}$$
→
> 십의 자리, 일의 자리 순서로 나눠.

$$\begin{array}{r} \times 1 \\ 5\overline{)70} \\ -50 \\ \hline 20 \end{array}$$
→
$$\begin{array}{r} \times 14 \\ 5\overline{)70} \\ 50 \\ \hline 20 \\ -20 \\ \hline 0 \end{array}$$

개념 자세히 보기

· 8÷4와 80÷4의 관계를 알아보아요!

$$8 \div 4 = 2$$
10배 ↓   ↓ 10배
$$80 \div 4 = 20$$

· 나눗셈식을 세로로 쓰는 방법을 알아보아요!

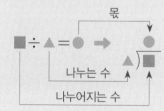

몫

$$■ \div ▲ = ● \rightarrow ▲\overline{)■} \; ●$$

나누는 수

나누어지는 수

◯ 정답과 풀이 11쪽

1 수 모형을 보고 ☐ 안에 알맞은 수를 써넣으세요.

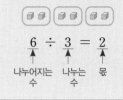
①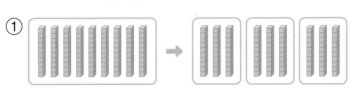

$$90 \div 3 = \boxed{}\,\boxed{}$$

$$9 \div 3 = \boxed{}$$

② 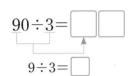 $\quad 50 \div 2 = \boxed{}$

2 ☐ 안에 알맞은 수를 써넣으세요.

① $\boxed{}\quad\boxed{}$
$5\,)\overline{\,5\,}\quad \Rightarrow\quad 5\,)\overline{\,5\ 0\,}$

② $\boxed{}\quad\boxed{}$
$2\,)\overline{\,8\,}\quad \Rightarrow\quad 2\,)\overline{\,8\ 0\,}$

나누는 수가 같을 때
나누어지는 수가 10배가
되면 몫도 10배가 돼요.

2

3 ☐ 안에 알맞은 수를 써넣으세요.

$2\,)\overline{\,3\ 0\,}$ ➡

$\begin{array}{r} \boxed{} \\ 2\,)\overline{\,3\ \ 0\,} \\ \boxed{}0 \\ \hline \boxed{}\,\boxed{} \end{array}$ ➡
$\begin{array}{r} \boxed{}\,\boxed{} \\ 2\,)\overline{\,3\ \ 0\,} \\ \boxed{}0 \\ \hline \boxed{}\,\boxed{} \\ \boxed{}\,\boxed{} \\ \hline 0 \end{array}$

4 ☐ 안에 알맞은 수를 써넣으세요.

① $\begin{array}{r} 1\ \boxed{} \\ 6\,)\overline{\,9\ \ 0\,} \\ \boxed{}0 \quad \leftarrow 6 \times 10 \\ \hline 3\ \ 0 \\ \boxed{}\,\boxed{} \quad \leftarrow 6 \times \boxed{} \\ \hline 0 \end{array}$

② $\begin{array}{r} 1\ \boxed{} \\ 5\,)\overline{\,6\ \ 0\,} \\ \boxed{}0 \quad \leftarrow 5 \times \boxed{} \\ \hline 1\ \ 0 \\ \boxed{}\,\boxed{} \quad \leftarrow 5 \times \boxed{} \\ \hline 0 \end{array}$

십의 자리에서 1번,
일의 자리에서 또 1번,
나눗셈을 2번 해요.

2. (몇십몇) ÷ (몇)(1)

● **내림이 없는 (몇십몇) ÷ (몇)**

· 36 ÷ 3의 계산

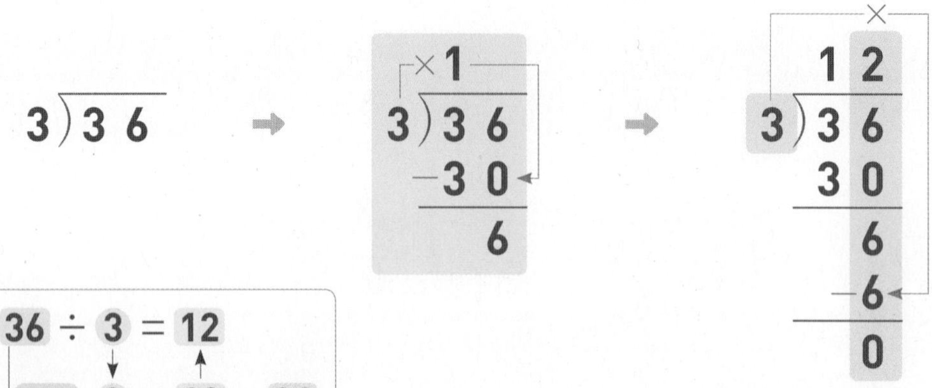

$$3\overline{)36}$$ →

```
    ×1
  ┌──
3 ) 3 6
  - 3 0 ←
      6
```

→

```
      ×
    1 2
3 ) 3 6
    3 0
      6
    - 6 ←
      0
```

나눗셈식	36 ÷ 3 = 12
확인	3 × 12 = 36

● **내림이 있는 (몇십몇) ÷ (몇)**

· 45 ÷ 3의 계산

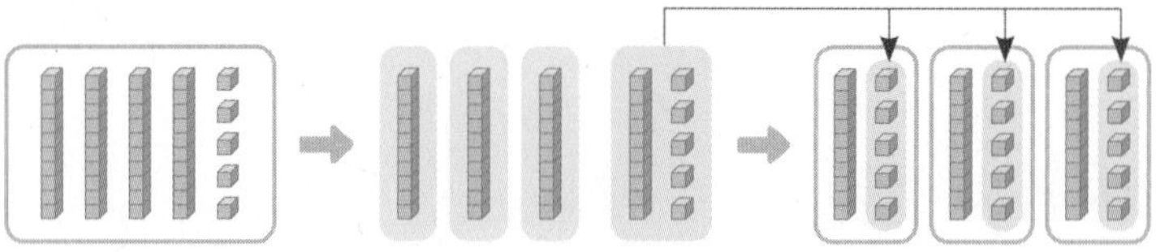

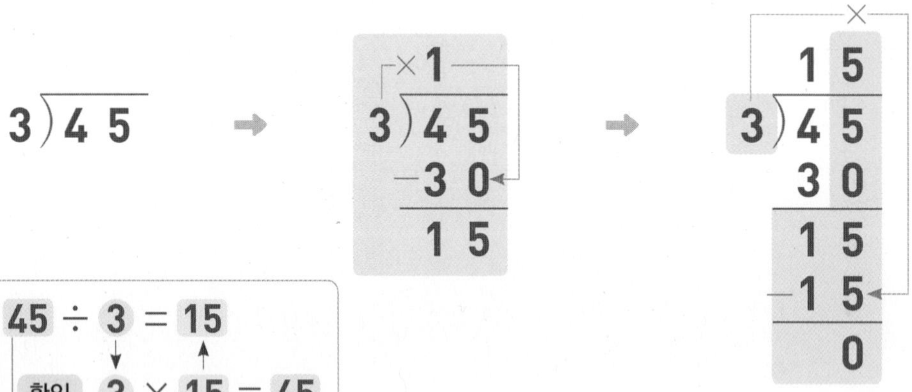

$$3\overline{)45}$$ →

```
    ×1
  ┌──
3 ) 4 5
  - 3 0 ←
    1 5
```

→

```
      ×
    1 5
3 ) 4 5
    3 0
    1 5
  - 1 5 ←
      0
```

나눗셈식	45 ÷ 3 = 15
확인	3 × 15 = 45

개념 자세히 보기

· 곱셈과 나눗셈의 관계를 이용하여 나눗셈을 바르게 했는지 확인할 수 있어요!

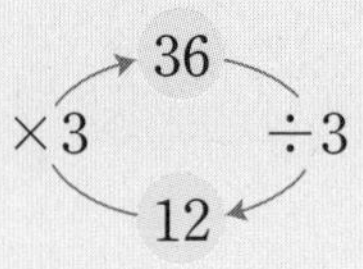

×3 ↗ 36 ↘ ÷3   →   36 ÷ 3 = 12
   12   12 × 3 = 36, 3 × 12 = 36

◎ 정답과 풀이 12쪽

1 수 모형을 보고 ☐ 안에 알맞은 수를 써넣으세요.

①

$46 \div 2 =$ ☐

②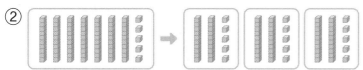

$75 \div 3 =$ ☐

2 ☐ 안에 알맞은 수를 써넣으세요.

①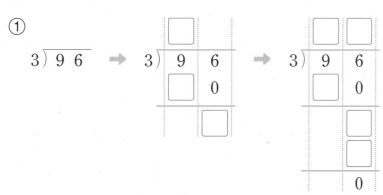

②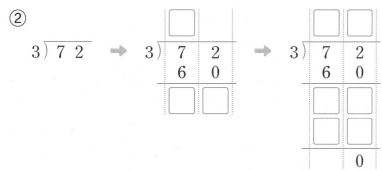

나눗셈을 세로로
계산할 때는 자리를
맞춰 써야 해요.

3 ☐ 안에 알맞은 수를 써넣으세요.

①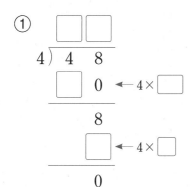

②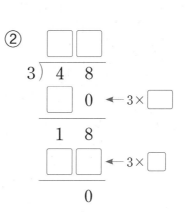

십의 자리 → 일의 자리,
모두 2번의 나눗셈을
하는 거예요.

3. (몇십몇)÷(몇)(2)

● **내림이 없고 나머지가 있는 (몇십몇)÷(몇)**

· 59÷8의 계산

$$8 \overline{)59} \Rightarrow \begin{array}{l} 8 \times 6 = 48 \\ 8 \times 7 = 56 \end{array} \Rightarrow \begin{array}{r} 7 \leftarrow 몫 \\ 8 \overline{)59} \\ \underline{56} \\ 3 \leftarrow 나머지 \end{array}$$

나눗셈식 $59 \div 8 = \underset{몫}{7} \cdots \underset{나머지}{3}$

확인 $8 \times 7 = 56 \Rightarrow 56 + 3 = 59$

● **내림이 있고 나머지가 있는 (몇십몇)÷(몇)**

· 98÷4의 계산

$$4 \overline{)98} \Rightarrow \begin{array}{r} \times 2 \\ 4 \overline{)98} \\ \underline{-80} \\ 18 \end{array} \Rightarrow \begin{array}{r} \times \\ 24 \\ 4 \overline{)98} \\ 80 \\ \underline{18} \\ -16 \\ 2 \end{array}$$

나눗셈식 $98 \div 4 = \underset{몫}{24} \cdots \underset{나머지}{2}$

확인 $4 \times 24 = 96 \Rightarrow 96 + 2 = 98$

개념 자세히 **보기**

● **나머지에 대해 알아보아요!**

· 나머지가 0일 때 **나누어떨어진다**고 합니다.

  $36 \div 3 = 12 \Rightarrow$ 몫: 12, 나머지: 0

· 나머지는 나누는 수보다 항상 작습니다.

$$\begin{array}{r} 10 \\ 5 \overline{)59} \\ 5 \\ 9 \end{array} \Rightarrow \begin{array}{r} 11 \\ 5 \overline{)59} \\ 5 \\ 9 \\ 5 \\ 4 \end{array}$$

└→5가 한 번 더 들어가
므로 몫을 1 크게 하
여 다시 계산합니다.

① □ 안에 알맞은 수를 써넣으세요.

①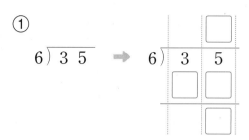

• 나눗셈을 한 번 해요.
  4)15
    └ 4단 곱셈구구에 가까운 수
• 나눗셈을 2번 해요.
  4)95
    └ 4단 곱셈구구보다 큰 수

②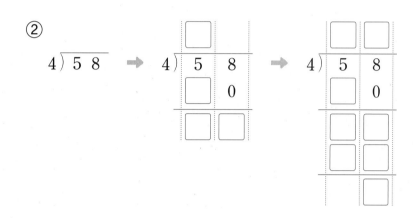

② □ 안에 알맞은 수를 써넣으세요.

① 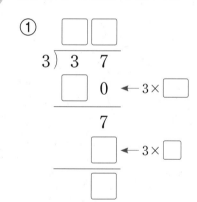   ②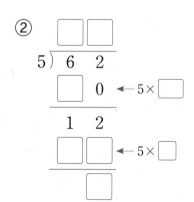

나눗셈을 2번 한다는 말은
내림이 있다는 말이에요.

```
    23
 4)95
    8
   15
   12
    3
```

③ 나눗셈식을 보고 몫과 나머지를 각각 써 보세요.

①
$$39 \div 3 = 13$$

몫 (   )
나머지 (   )

②
$$71 \div 4 = 17 \cdots 3$$

몫 (   )
나머지 (   )

나머지가 0이면
나누어떨어진다고 해요.

4. (세 자리 수)÷(한 자리 수)(1)

0÷3=0이니까
몫의 일의 자리에
0을 써야 해.

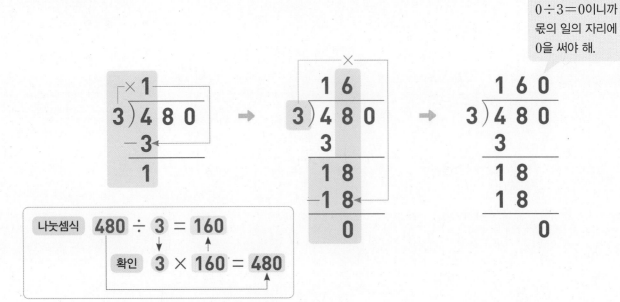

나눗셈식 480 ÷ 3 = 160

확인 3 × 160 = 480

나눗셈식 272 ÷ 4 = 68

확인 4 × 68 = 272

2에 4가 들어갈 수 없으
므로 몫은 두 자리 수!

개념 자세히 보기

• **몫이 몇 자리 수인지 알아보아요!**

• ■●▲ ÷ ★에서

① ■ > ★이면 몫은 세 자리 수

예
```
      1 6 0
  2 ) 3 2 0
      2
      1 2
      1 2
          0
```

② ■ = ★이면 몫은 세 자리 수

예
```
      1 2 3
  2 ) 2 4 6
      2
        4
        4
          6
          6
          0
```

③ ■ < ★이면 몫은 두 자리 수

예
```
        6 7
  4 ) 2 6 8
      2 4
        2 8
        2 8
          0
```

⊙ 정답과 풀이 **12**쪽

① 몫이 세 자리 수인 나눗셈에 ○표 하세요.

400÷5	476÷7	604÷4
( )	( )	( )

480÷3
➡ 4＞3(몫이 세 자리 수)
272÷4
➡ 2＜4(몫이 두 자리 수)

② ☐ 안에 알맞은 수를 써넣으세요.

①
$$3\overline{)540}$$

➡

➡

십의 자리에서 계산이
끝났을 때 몫의 일의
자리에 0을 써야 해요.

②
$$6\overline{)342}$$

➡

③ ☐ 안에 알맞은 수를 써넣으세요.

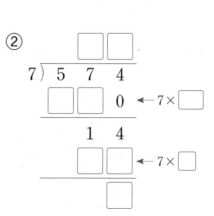

①
$$3\overline{)735}$$
← 3×☐
← 3×☐
← 3×☐

②
$$7\overline{)574}$$
← 7×☐
← 7×☐

자릿수가 늘어나면
나누는 횟수만 늘어나요.

5. (세 자리 수)÷(한 자리 수)(2)

$0 \div 4 = 0$이므로 몫의 십의 자리에 0을 씁니다.

$$4 \overline{\smash{)}407} \quad -4 \quad 0 \quad \rightarrow \quad 4 \overline{\smash{)}407} \quad 4 \quad 0 \quad \rightarrow \quad 4 \overline{\smash{)}407} \quad 4 \quad 7 \quad -4 \quad 3$$

나눗셈식 $407 \div 4 = 101 \cdots 3$

확인 $4 \times 101 = 404 \rightarrow 404 + 3 = 407$

$$5 \overline{\smash{)}348}$$

3에 5가 들어갈 수 없으므로 몫은 두 자리 수!

$$5 \overline{\smash{)}348} \quad -30 \quad 4 \quad \rightarrow \quad 5 \overline{\smash{)}348} \quad 30 \quad 48 \quad -45 \quad 3$$

나눗셈식 $348 \div 5 = 69 \cdots 3$

확인 $5 \times 69 = 345 \rightarrow 345 + 3 = 348$

개념 자세히 보기

• **수를 가르기 하여 계산해 보아요!**

• 407÷4의 계산

$$400 \div 4 = 100$$
$$\underline{7 \div 4 = \quad 1 \cdots 3}$$
$$407 \div 4 = 101 \cdots 3$$

• 348÷5의 계산

$$300 \div 5 = 60$$
$$\underline{48 \div 5 = \quad 9 \cdots 3}$$
$$348 \div 5 = 69 \cdots 3$$

$$300 \div 5 = 60$$
$$40 \div 5 = \quad 8$$
$$\underline{8 \div 5 = \quad 1 \cdots 3}$$
$$348 \div 5 = 69 \cdots 3$$

1 ☐ 안에 알맞은 수를 써넣으세요.

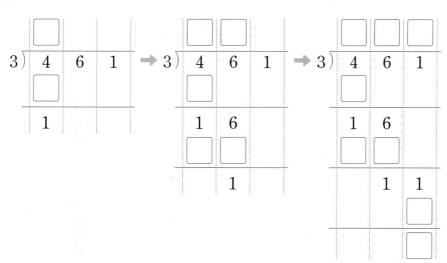

몫의 각 자리 수를 구하고 남은 수는 내림하여 계산해요.

2 ☐ 안에 알맞은 수를 써넣으세요.

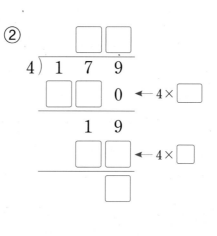

3 나눗셈식을 보고 계산이 맞는지 확인해 보세요.

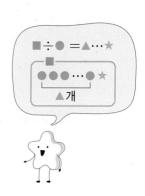
■÷●＝▲…★
■
●●●● …●★
▲개

① 249÷5＝49…4

확인 5×☐＝☐ ➡ ☐＋☐＝☐

② 472÷3＝157…1

확인 3×☐＝☐ ➡ ☐＋☐＝☐

1 (몇십)÷(몇)

1 ☐ 안에 알맞은 수를 써넣으세요.

(1) $8 \div 2 =$ ☐ ➡ $80 \div 2 =$ ☐

(2) $9 \div 3 =$ ☐ ➡ $90 \div 3 =$ ☐

2 계산해 보세요.

(1)
$$5 \overline{) 5\ 0}$$

(2)
$$5 \overline{) 6\ 0}$$

곱셈과 나눗셈의 관계를 이용해.

준비 ☐ 안에 알맞은 수를 써넣으세요.

$30 \div 5 =$ ☐
⬇ ⬆
$5 \times$ ☐ $= 30$

3 ☐ 안에 알맞은 수를 써넣으세요.

$70 \div 2 =$ ☐
⬇ ⬆
$2 \times$ ☐ $= 70$

4 그림을 보고 ☐ 안에 알맞은 수를 써넣으세요.

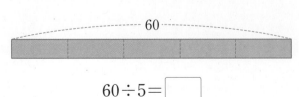

$60 \div 5 =$ ☐

5 ☐ 안에 알맞은 수를 써넣으세요.

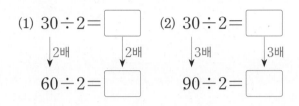

(1) $30 \div 2 =$ ☐   (2) $30 \div 2 =$ ☐
    ⬇2배   ⬇2배   ⬇3배   ⬇3배
$60 \div 2 =$ ☐ $90 \div 2 =$ ☐

6 몫이 다른 하나를 찾아 기호를 써 보세요.

| ㉠ $60 \div 4$ | ㉡ $90 \div 6$ | ㉢ $80 \div 5$ |

( )

7 진호가 모은 네잎클로버의 잎의 수를 세어 보니 모두 40장입니다. 진호가 모은 네잎클로버는 모두 몇 개인지 구해 보세요.

식 _____

답 _____

😊 내가 만드는 문제
8 몫이 다음과 같이 되는 (몇십)÷(몇)을 만들어 보세요.

(1) ☐☐ ÷ ☐ $= 20$

(2) ☐☐ ÷ ☐ $= 30$

2 내림이 없는 (몇십몇)÷(몇)

9 계산해 보세요.

(1)

$$3\overline{)63}$$

(2)

$$4\overline{)48}$$

10 ☐ 안에 알맞은 수를 써넣으세요.

(1)
$$2÷2=\boxed{}$$
$$60÷2=\boxed{}$$
$$\overline{}$$
$$62÷2=\boxed{}$$

(2)
$$6÷3=\boxed{}$$
$$30÷3=\boxed{}$$
$$\overline{}$$
$$36÷3=\boxed{}$$

11 ☐ 안에 알맞은 수를 써넣으세요.

(1)
$$66÷2=\boxed{}$$
$$66÷3=\boxed{}$$
$$66÷6=\boxed{}$$

(2)
$$24÷2=\boxed{}$$
$$44÷2=\boxed{}$$
$$64÷2=\boxed{}$$

12 규칙에 따라 빈칸에 알맞은 수를 써넣으세요.

48	24		6	

13 ☐ 안에 알맞은 수를 써넣으세요.

$$\boxed{}÷3=21$$
$$↳\quad↑$$
$$3×21=\boxed{}$$

14 나머지가 없도록 ☐ 안에 알맞은 수를 보기 에서 찾아 써 보세요.

보기			
2	4	5	7

(1) $55÷\boxed{}$ (   )

(2) $26÷\boxed{}$ (   )

새 교과 반영

15 점이 일정한 간격으로 놓여 있습니다. 선을 이은 전체 길이가 84 cm일 때 점과 점 사이의 거리는 몇 cm일까요?

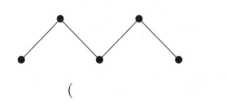

(   )

서술형

16 ●=10, ◆=5, ♥=1을 나타낼 때, 다음을 계산한 몫은 얼마인지 풀이 과정을 쓰고 답을 구해 보세요.

$$●●●●●●◆♥♥♥÷2$$

풀이 ....

....

....

답 ....

3 **내림이 있는 (몇십몇)÷(몇)**

17 계산해 보세요.

(1)
$$4 \overline{)\ 5\ 2}$$

(2)
$$4 \overline{)\ 5\ 6}$$

18 몫을 찾아 이어 보세요.

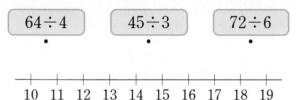

| 64÷4 | 45÷3 | 72÷6 |

10 11 12 13 14 15 16 17 18 19

나누는 수를 가르기 하여 계산할 수 있어.

 준비 빈 곳에 알맞은 수를 써넣으세요.

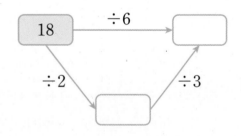

18 → ÷6 →
↓2
÷3

19 빈 곳에 알맞은 수를 써넣으세요.

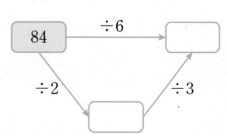

84 → ÷6 →
÷2
÷3

20 '='의 양쪽이 같게 되도록 ☐ 안에 알맞은 수를 써넣으세요.

(1) $68 \div 4 = 34 \div$ ☐

(2) $45 \div 3 = 90 \div$ ☐

새 교과 반영
21 화살표의 규칙대로 계산할 때 다음을 계산한 값을 구해 보세요.

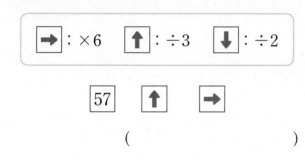

→ : ×6   ↑ : ÷3   ↓ : ÷2

57   ↑   →

(   )

22 전체 무게가 79 g이고 ⚪의 무게가 4 g일 때, ⚫ 한 개의 무게는 몇 g인지 구해 보세요.

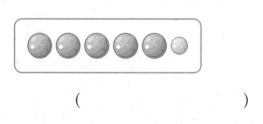

(   )

23 ☐ 안에 알맞은 수를 써넣으세요.

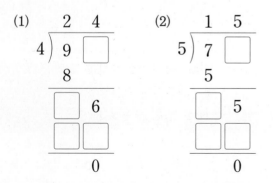

(1)
$$\begin{array}{r} 2\ 4 \\ 4 \overline{)\ 9\ \square} \\ 8 \\ \hline \square\ 6 \\ \square\ \square \\ \hline 0 \end{array}$$

(2)
$$\begin{array}{r} 1\ 5 \\ 5 \overline{)\ 7\ \square} \\ 5 \\ \hline \square\ 5 \\ \square\ \square \\ \hline 0 \end{array}$$

4 내림이 없고 나머지가 있는 (몇십몇)÷(몇)

24 계산해 보세요.

(1)

$5 \overline{)2\ 3}$

(2)

$6 \overline{)2\ 3}$

25 어떤 수를 7로 나누었을 때 나머지가 될 수 없는 수를 모두 찾아 ×표 하세요.

| 5 | 7 | 1 | 2 | 8 |

26 ☐ 안에 알맞은 수를 써넣으세요.

$46 \div 5 = \boxed{} \cdots \boxed{}$

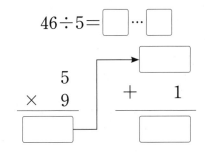

27 나눗셈 $69 \div 6$에 대하여 바르게 설명한 사람의 이름을 써 보세요.

> 미라: 나누어떨어지는 나눗셈이야.
> 준수: 몫은 10보다 작아.
> 지윤: 나머지가 3이야.

(   )

28 모양을 수로 생각하여 다음을 계산해 보세요.

> ★ =57   ♥ =76   ● =5   ▲ =8

(1) ♥ ÷ ▲

     몫 (   ), 나머지 (   )

(2) ★ ÷ ●

     몫 (   ), 나머지 (   )

29 보기 와 같이 $52 \div 9$를 나눗셈식과 뺄셈식으로 나타내어 보세요.

> **보기**
> 나눗셈식 $27 \div 8 = 3 \cdots 3$
> 뺄셈식 $27 - 8 - 8 - 8 = 3$

나눗셈식 ....

뺄셈식 ....

서술형
30 44에서 ■씩 7번 뺐더니 2가 남았습니다. ■에 알맞은 수를 구하는 풀이 과정을 쓰고 답을 구해 보세요.

풀이 ....

....

....

답 ....

31 계산해 보세요.

(1)
$$3 \overline{)\, 7\, 7}$$

(2)
$$3 \overline{)\, 7\, 9}$$

32 나눗셈을 하여 □ 안에는 몫을, ○ 안에는 나머지를 써넣으세요.

(1)
$30 \div 3 = \boxed{}$

$17 \div 3 = \boxed{} \cdots \bigcirc$

$47 \div 3 = \boxed{} \cdots \bigcirc$

(2)
$60 \div 2 = \boxed{}$

$15 \div 2 = \boxed{} \cdots \bigcirc$

$75 \div 2 = \boxed{} \cdots \bigcirc$

33 나눗셈을 하여 선을 따라 만나는 곳에 알맞은 수를 써넣으세요.

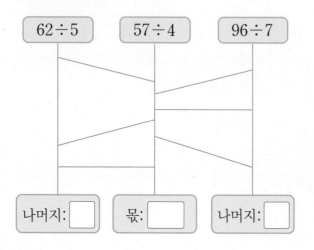

| 62÷5 | 57÷4 | 96÷7 |

나머지: ☐   몫: ☐   나머지: ☐

---

34 수 카드를 한 번씩만 사용하여 (몇십몇)÷(몇)을 자유롭게 만들고 계산해 보세요.

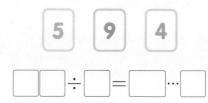

5   9   4

$\boxed{}\boxed{} \div \boxed{} = \boxed{} \cdots \boxed{}$

35 (몇십몇)÷(몇)을 계산하고 맞게 계산했는지 확인한 식입니다. 계산한 나눗셈식을 써 보세요.

확인 $3 \times 19 = 57, \ 57 + 2 = 59$

나눗셈식 _____

정사각형은 네 변의 길이가 같은 사각형이야.

준비 정사각형을 찾아 ○표 하세요.

(   ) (   ) (   )

36 65 cm의 철사로 가장 큰 정사각형을 만들려고 합니다. 정사각형의 한 변의 길이는 몇 cm이고 남는 철사는 몇 cm인지 구해 보세요.

(   ), (   )

6 (세 자리 수)÷(한 자리 수)

37 계산해 보세요.

(1)

$$7 \overline{)\smash{784}}$$

(2)

$$9 \overline{)\smash{784}}$$

38 보기 와 같이 수를 가르기 하여 나눗셈을 해 보세요.

> **보기**
>
> $$120 \div 5$$
>
> $$100 \quad 20$$
>
> $$\begin{aligned} 100 \div 5 &= 20 \\ 20 \div 5 &= 4 \\ \hline 120 \div 5 &= 24 \end{aligned}$$

> $$318 \div 6$$

😊 내가 만드는 문제

39 수직선에서 한 수를 고르고 그 수를 4로 나눈 몫과 나머지를 구해 보세요.

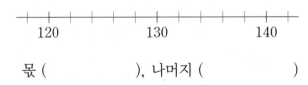

몫 (   ), 나머지 (   )

40 나눗셈 164÷♥가 나누어떨어지도록 ♥에 알맞은 수를 모두 찾아 ○표 하세요.

| 2 | 3 | 4 | 5 | 6 |

41 박쥐는 주로 동굴에 살고 있고 다리가 4개인 포유류입니다. 어떤 동굴에서 살고 있는 박쥐의 다리 수를 세었더니 모두 140개였습니다. 박쥐는 모두 몇 마리인지 구해 보세요.

(   )

42 '='의 양쪽이 같게 되도록 ☐ 안에 알맞은 수를 써넣으세요.

(1) $120 \div 2 = \boxed{} \div 4$

(2) $264 \div 4 = \boxed{} \div 8$

새 교과 반영

43 양말 114켤레를 남김없이 서랍장의 각 칸에 똑같이 나누어 넣으려고 합니다. ㉮와 ㉯ 중 어느 서랍장에 넣어야 할까요?

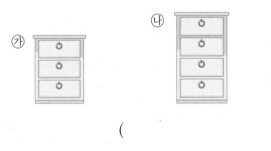

(   )

44 ☐ 안에 들어갈 수 있는 가장 큰 자연수를 구해 보세요.

$$130 > \boxed{} \times 4$$

(   )

⚡ 나누는 수와 나머지의 관계

1 어떤 수를 8로 나누었을 때 나머지가 될 수 없는 수에 ×표 하세요.

| 2 | 5 | 6 | 8 |

2 어떤 수를 6으로 나누었을 때 나머지가 될 수 있는 수를 모두 찾아 ○표 하세요.

| 4 | 6 | 7 | 2 |

3 나머지가 5가 될 수 있는 식을 모두 찾아 기호를 써 보세요.

㉠ □÷6   ㉡ □÷4
㉢ □÷8   ㉣ □÷3

( )

4 어떤 수를 9로 나눌 때 나올 수 있는 나머지 중에서 가장 큰 자연수는 얼마일까요?

( )

⚡ 나누어떨어지는 나눗셈

5 나누어떨어지는 나눗셈을 찾아 기호를 써 보세요.

㉠ 68÷4   ㉡ 78÷4

( )

6 나누어떨어지는 나눗셈을 찾아 기호를 써 보세요.

㉠ 46÷6   ㉡ 141÷9   ㉢ 98÷7

( )

7 7로 나누어떨어지는 수를 모두 찾아 써 보세요.

| 172 | 84 | 198 | 336 |

( )

8 쿠키, 마카롱, 사탕이 있습니다. 종류별로 8봉지에 똑같이 나누어 담으려고 합니다. 똑같이 나눌 수 없는 것을 찾아 써 보세요.

| 쿠키 96개 | 마카롱 115개 | 사탕 80개 |

( )

⚡ 몫과 나머지의 크기 비교

9 몫이 15보다 큰 것을 찾아 기호를 써 보세요.

> ㉠ 88÷6 ㉡ 81÷5 ㉢ 115÷8

(   )

10 몫이 20보다 작은 것을 찾아 기호를 써 보세요.

> ㉠ 89÷4 ㉡ 150÷7 ㉢ 112÷6

(   )

11 나머지가 5보다 큰 것을 찾아 기호를 써 보세요.

> ㉠ 77÷9   ㉡ 92÷8
> ㉢ 502÷8   ㉣ 325÷7

(   )

12 나눗셈의 몫이 5보다 크고 11보다 작은 것을 모두 고르세요. (   )

① 58÷3   ② 94÷8   ③ 62÷4
④ 44÷7   ⑤ 85÷9

⚡ 잘못된 계산

13 잘못 계산한 부분을 찾아 바르게 계산해 보세요.

$$
\begin{array}{r}
5 \\
8\overline{)5\ 2} \\
4\ 0 \\
\hline
1\ 2
\end{array}
$$

➡

14 잘못 계산한 부분을 찾아 바르게 계산해 보세요.

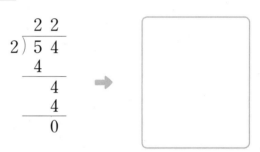

➡

15 잘못 계산한 부분을 찾아 이유를 쓰고 바르게 계산해 보세요.

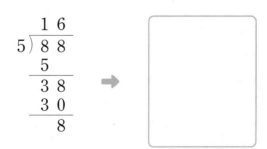

➡

이유 _____

_____

⚡ □ 안에 알맞은 수

16 □ 안에 알맞은 수를 구해 보세요.

$$\square \div 6 = 24$$

(   )

17 □ 안에 알맞은 수를 구해 보세요.

$$\square \div 4 = 23 \cdots 2$$

(   )

18 ㉠에 알맞은 수를 구해 보세요.

$$7\overline{)\;㉠\;}\;\;^{11\cdots2}$$

(   )

19 어떤 수를 9로 나누었더니 몫이 22이고 나머지가 6이었습니다. 어떤 수는 얼마일까요?

(   )

⚡ 나머지를 이용한 나눗셈의 활용

20 귤 77개를 한 봉지에 6개씩 담아서 팔려고 합니다. 팔 수 있는 귤은 몇 봉지일까요?

(   )

21 호박 95개를 한 상자에 8개씩 담아서 팔려고 합니다. 팔 수 있는 호박은 몇 상자일까요?

(   )

22 민아는 전체 쪽수가 192쪽인 동화책을 모두 읽으려고 합니다. 하루에 9쪽씩 읽는다면 동화책을 다 읽는 데 며칠이 걸릴까요?

(   )

23 남학생 25명과 여학생 27명이 놀이공원에 갔습니다. 한 번에 6명까지 탈 수 있는 놀이 기구를 학생들이 모두 타려면 놀이 기구는 적어도 몇 번을 운행해야 할까요?

(   )

최상위 도전 유형

도전1 **모양에 알맞은 수 구하기**

1 같은 모양은 같은 수를 나타낼 때 ♥에 알맞은 수를 구해 보세요.

> • ■ ÷ 3 = 16
> • ■ ÷ 4 = ♥

(   )

핵심 NOTE
■ ÷ ● = ▲ 에서 ■ = ● × ▲ 임을 이용합니다.

2 같은 모양은 같은 수를 나타낼 때 ■에 알맞은 수를 구해 보세요.

> • ● ÷ 5 = 14
> • ● ÷ 2 = ■

(   )

3 같은 모양은 같은 수를 나타낼 때 ★에 알맞은 수를 구해 보세요.

> • ■ ÷ 5 = 24 ⋯ 3
> • ■ ÷ 4 = ● ⋯ ★

(   )

도전2 **나눗셈식 완성하기**

4 ☐ 안에 알맞은 수를 써넣으세요.

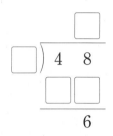

핵심 NOTE
먼저 나머지를 보고 알 수 있는 ☐ 안의 수를 구합니다.

5 ☐ 안에 알맞은 수를 써넣으세요.

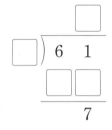

6 ☐ 안에 알맞은 수를 써넣으세요.

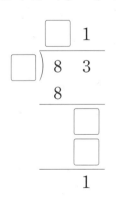

7 다음 나눗셈이 나누어떨어지게 하려고 합니다. 0부터 9까지의 수 중에서 ☐ 안에 들어갈 수 있는 수를 모두 구해 보세요.

$$3\overline{)7\square}$$

( )

핵심 NOTE

십의 자리 수를 나누고 남은 수가 나누어떨어지도록 ☐ 안에 알맞은 수를 구합니다.

8 다음 나눗셈이 나누어떨어지게 하려고 합니다. 0부터 9까지의 수 중에서 ☐ 안에 들어갈 수 있는 수는 모두 몇 개일까요?

$$5\overline{)6\square}$$

( )

도전 최상위

9 다음 나눗셈에서 나머지는 1입니다. 0부터 9까지의 수 중에서 ☐ 안에 들어갈 수 있는 수를 모두 구해 보세요.

$$5\overline{)8\square}$$

( )

10 길이가 75 m인 도로의 한쪽에 5 m 간격으로 나무를 심으려고 합니다. 도로의 처음과 끝에도 나무를 심는다면 필요한 나무는 몇 그루일까요?

( )

핵심 NOTE

(도로 한쪽에 필요한 나무 수) = (도로의 길이) ÷ (간격) + 1

11 호수 둘레에 6 m 간격으로 나무를 심으려고 합니다. 호수의 둘레가 108 m일 때 필요한 나무는 몇 그루일까요?

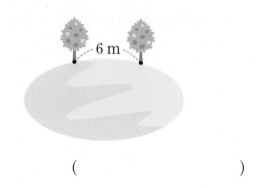

( )

12 길이가 256 m인 도로의 양쪽에 8 m 간격으로 나무를 심으려고 합니다. 도로의 처음과 끝에도 나무를 심는다면 필요한 나무는 모두 몇 그루일까요?

( )

■번째 숫자 구하기

13 숫자를 일정한 규칙에 따라 늘어놓은 것입니다. 31번째 오는 숫자는 무엇일까요?

| 2 4 5 2 4 5 2 4 5 2 4 5 |

( )

핵심 NOTE
먼저 반복되는 수를 찾고 반복되는 수의 개수를 이용하여 구합니다.
1 2 1 2 1 2 1 2 ➡ 1, 2가 반복됩니다.
↑ ↑
첫째 둘째

14 숫자를 일정한 규칙에 따라 늘어놓은 것입니다. 42번째 오는 숫자는 무엇일까요?

| 1 3 3 2 1 3 3 2 1 3 3 2 |

( )

도전 최상위
15 숫자를 일정한 규칙에 따라 늘어놓은 것입니다. 100번째 오는 숫자는 무엇일까요?

| 1 2 5 4 6 8 1 2 5 4 6 8 1 2 5 4 6 8 |

( )

도전6 **연속한 자연수 구하기**

16 연속한 세 자연수의 합이 66일 때 가운데 수를 구해 보세요.

( )

핵심 NOTE
연속한 세 자연수는 1씩 차이가 나므로 가운데 수를 □라 하면 연속한 세 자연수는 □−1, □, □+1입니다.

17 연속한 세 자연수의 합이 84일 때 가운데 수를 구해 보세요.

( )

18 연속한 세 자연수의 합이 126일 때 가장 큰 수를 구해 보세요.

( )

도전 최상위
19 연속한 네 자연수의 합이 118일 때 가장 큰 수를 구해 보세요.

( )

2

도전7 **수 카드로 나눗셈식 만들기**

20 수 카드를 한 번씩만 사용하여 몫이 가장 큰 (두 자리 수)÷(한 자리 수)를 만들려고 합니다. 만든 나눗셈식의 몫과 나머지를 구해 보세요.

$$\boxed{3} \quad \boxed{9} \quad \boxed{4}$$

몫 (   ), 나머지 (   )

핵심 NOTE
몫이 가장 큰 나눗셈식: (가장 큰 수)÷(가장 작은 수)
몫이 가장 작은 나눗셈식: (가장 작은 수)÷(가장 큰 수)

21 수 카드를 한 번씩만 사용하여 몫이 가장 작은 (두 자리 수)÷(한 자리 수)를 만들려고 합니다. 만든 나눗셈식의 몫과 나머지를 구해 보세요.

$$\boxed{2} \quad \boxed{7} \quad \boxed{5}$$

몫 (   ), 나머지 (   )

22 수 카드를 한 번씩만 사용하여 몫이 가장 큰 (세 자리 수)÷(한 자리 수)를 만들려고 합니다. 만든 나눗셈식의 몫과 나머지를 구해 보세요.

$$\boxed{5} \quad \boxed{8} \quad \boxed{9} \quad \boxed{4}$$

몫 (   ), 나머지 (   )

도전8 **조건에 알맞은 수 구하기**

23 주어진 조건을 만족하는 수를 모두 구해 보세요.

- 50보다 크고 65보다 작은 수입니다.
- 7로 나누었을 때 나머지가 3입니다.

(   )

핵심 NOTE
7단 곱셈구구 중에서 그 곱보다 3 큰 수를 구합니다.

24 주어진 조건을 만족하는 수를 모두 구해 보세요.

- 60보다 크고 75보다 작은 수입니다.
- 9로 나누었을 때 나머지가 7입니다.

(   )

25 주어진 조건을 만족하는 수를 모두 구해 보세요.

- 45보다 크고 60보다 작은 수입니다.
- 8로 나누었을 때 나머지가 6입니다.

(   )

2. 나눗셈

1 ☐ 안에 알맞은 수를 써넣으세요.

(1) $6 \div 2 =$ ☐ ➡ $60 \div 2 =$ ☐

(2) $8 \div 4 =$ ☐ ➡ $80 \div 4 =$ ☐

2 ☐ 안에 알맞은 수를 써넣으세요.

$88 \div 2 =$ ☐

$88 \div 4 =$ ☐

$88 \div 8 =$ ☐

3 계산해 보고 계산이 맞는지 확인해 보세요.

$36 \div 5 =$ ☐ ⋯ ☐

확인 ☐ $\times$ ☐ $= 35$

➡ $35 +$ ☐ $=$ ☐

4 ☐ 안에 알맞은 수를 써넣으세요.

$18 \div 3 =$ ☐

$90 \div 3 =$ ☐

$108 \div 3 =$ ☐

5 ☐ 안에 알맞은 수를 써넣으세요.

☐ $\div 5 = 18$

$5 \times 18 =$ ☐

6 ☐ 안에 알맞은 수를 써넣으세요.

$56 \div 7 =$ ☐

2배   2배

$112 \div 7 =$ ☐

7 <u>잘못</u> 계산한 부분을 찾아 바르게 계산해 보세요.

```
    1 2
4 ) 6 8
    4
    8
    8
    0
```
➡ ☐

8 몫의 크기를 비교하여 ○ 안에 $>$, $=$, $<$를 알맞게 써넣으세요.

$96 \div 8$ ○ $189 \div 9$

9 ☐ 안에 알맞은 수를 써넣으세요.

$$64 \div 2 = 4 \times \boxed{}$$

10 나눗셈의 몫과 나머지의 합을 구해 보세요.

$$95 \div 6$$

( )

11 나머지가 가장 큰 나눗셈은 어느 것일까요?

( )

① $42 \div 4$ ② $74 \div 5$ ③ $77 \div 6$
④ $80 \div 7$ ⑤ $97 \div 8$

12 1부터 9까지의 수 중에서 다음 나눗셈의 나머지가 될 수 있는 수를 모두 구해 보세요.

$$\blacklozenge \div 5$$

( )

13 나눗셈이 나누어떨어지도록 ★에 알맞은 수를 보기 에서 모두 찾아 써 보세요.

보기
4	5	6	7	8

$$272 \div \bigstar$$

( )

14 (몇십몇)÷(몇)을 계산하고 계산이 맞는지 확인한 식입니다. 계산한 나눗셈식을 쓰고 몫과 나머지를 각각 구해 보세요.

$$3 \times 29 = 87,\ 87 + 2 = 89$$

나눗셈식 ....

몫 ( ), 나머지 ( )

15 정사각형의 네 변의 길이의 합이 76 cm일 때 한 변의 길이는 몇 cm일까요?

( )

16 색 테이프 7 cm로 고리를 한 개 만들 수 있습니다. 색 테이프 99 cm로는 고리를 몇 개까지 만들 수 있을까요?

(   )

17 동화책 653권을 모두 책꽂이에 꽂으려고 합니다. 한 칸에 동화책을 9권씩 꽂을 수 있다면 책꽂이는 적어도 몇 칸이 필요할까요?

(   )

18 수 카드 3장을 한 번씩만 사용하여 몫이 가장 큰 (몇십몇)÷(몇)의 나눗셈식을 만들려고 합니다. 나눗셈식을 만들고 계산해 보세요.

4   5   7

☐☐ ÷ ☐ = ☐ … ☐

19 한 상자에 초콜릿이 10개씩 들어 있습니다. 초콜릿 6상자를 한 사람에게 4개씩 나누어 주려고 합니다. 초콜릿을 몇 명에게 나누어 줄 수 있는지 풀이 과정을 쓰고 답을 구해 보세요.

풀이

답

20 어떤 수를 6으로 나누었더니 몫이 22이고 나머지가 3이 되었습니다. 어떤 수를 5로 나누면 몫은 얼마인지 풀이 과정을 쓰고 답을 구해 보세요.

풀이

답

1 ☐ 안에 알맞은 수를 써넣으세요.

(1) $80 \div 2 = \boxed{}$ (2) $90 \div 3 = \boxed{}$

2 ☐ 안에 알맞은 수를 써넣으세요.

(1) $3 \div 3 = \boxed{}$
$60 \div 3 = \boxed{}$
$\overline{63 \div 3} = \boxed{}$

(2) $12 \div 4 = \boxed{}$
$40 \div 4 = \boxed{}$
$\overline{52 \div 4} = \boxed{}$

3 계산해 보세요.

(1) $4 \overline{)\, 6 \ 8}$ (2) $5 \overline{)\, 1 \ 8 \ 0}$

4 ☐ 안에 알맞은 수를 써넣으세요.

$$67 \div 5 = \boxed{} \cdots \boxed{}$$

확인 $5 \times \boxed{} = \boxed{}$

➡ $\boxed{} + \boxed{} = \boxed{}$

5 ☐ 안에 알맞은 수를 써넣으세요.

$36 \div 3 = \boxed{}$

↓2배   ↓2배

$72 \div 3 = \boxed{}$

6 나머지가 5가 될 수 <u>없는</u> 식을 찾아 기호를 써 보세요.

| ㉠ $\boxed{} \div 7$ ㉡ $\boxed{} \div 6$ ㉢ $\boxed{} \div 4$ |

(   )

7 나눗셈의 몫을 찾아 이어 보세요.

$78 \div 6$ •   • 14

$48 \div 4$ •   • 13

$70 \div 5$ •   • 12

8 나머지의 크기를 비교하여 ◯ 안에 >, =, <를 알맞게 써넣으세요.

(1) $78 \div 5$ ◯ $92 \div 6$

(2) $74 \div 4$ ◯ $125 \div 7$

9 보기 와 같이 $44 \div 8$을 나눗셈식과 뺄셈식으로 나타내어 보세요.

> 보기
> 나눗셈식 $31 \div 7 = 4 \cdots 3$
> 뺄셈식 $31 - 7 - 7 - 7 - 7 = 3$

나눗셈식 ....

뺄셈식 ....

10 구슬의 무게가 모두 같을 때 구슬 한 개의 무게는 몇 g인지 구해 보세요.

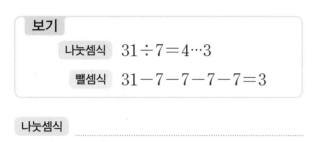

( )

11 ☐ 안에 알맞은 수를 써넣으세요.

(1) ☐ $\div 8 = 17$
$8 \times 17 =$ ☐

(2) ☐ $\div 6 = 28$
$6 \times 28 =$ ☐

12 오늘부터 45일 후는 미라의 생일입니다. 미라의 생일은 오늘부터 몇 주일과 며칠 후일까요?

☐ 주일과 ☐ 일 후

13 감자를 한 상자에 7개씩 담았더니 24상자가 되고 5개가 남았습니다. 처음에 있던 감자는 몇 개일까요?

( )

14 ☐ 안에 알맞은 수를 구해 보세요.

> ☐ $\div 7 = 12 \cdots 5$

( )

15 같은 모양은 같은 수를 나타낼 때 ■에 알맞은 수를 구해 보세요.

> • ● $\div 6 = 15$
> • ● $\div 2 = $ ■

( )

16 다음 나눗셈이 나누어떨어지게 하려고 합니다. 0부터 9까지의 수 중에서 ☐ 안에 들어갈 수 있는 수를 구해 보세요.

$$8 \overline{)9\,\square}$$

(   )

17 ☐ 안에 알맞은 수를 써넣으세요.

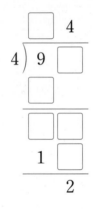

18 수 카드를 한 번씩만 사용하여 몫이 가장 큰 (세 자리 수)÷(한 자리 수)를 만들려고 합니다. 만든 나눗셈식의 몫과 나머지를 구해 보세요.

| 4 | 8 | 7 | 3 |

몫 (   ), 나머지 (   )

서술형
19 한 봉지에 18개씩 들어 있는 귤이 4봉지 있습니다. 이 귤을 6개의 상자에 똑같이 나누어 담으려면 한 상자에 몇 개씩 담으면 되는지 풀이 과정을 쓰고 답을 구해 보세요.

풀이 _____

_____

_____

_____

답 _____

서술형
20 길이가 162 m인 도로의 양쪽에 6 m 간격으로 나무를 심으려고 합니다. 도로의 처음과 끝에도 나무를 심는다면 필요한 나무는 모두 몇 그루인지 풀이 과정을 쓰고 답을 구해 보세요.
(단, 나무의 두께는 생각하지 않습니다.)

풀이 _____

_____

_____

_____

답 _____

3 원

이번 단원에서 꼭 짚어야 할 **핵심 개념**을 알아보자.

핵심 1 원의 중심

원을 그릴 때 누름 못이 꽂혔던 점 ㅇ을 [   ]이라고 한다.

원의 중심

핵심 2 원의 반지름

원의 중심 ㅇ과 원 위의 한 점을 이은 선분을 [   ]이라고 한다.

원의 반지름

핵심 3 원의 지름

원의 중심 ㅇ을 지나는 선분 ㄱㄴ을 [   ]이라고 한다.

원의 지름

핵심 4 반지름과 지름의 성질

• 한 원에서 반지름은 모두 같다.
• 한 원에서 지름은 모두 같다.

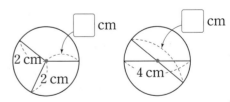

핵심 5 반지름과 지름의 관계

한 원에서 지름은 반지름의 [ ]배이다.

1. 원의 중심, 반지름, 지름 알아보기

● **누름 못과 띠 종이를 이용하여 원 그리기**

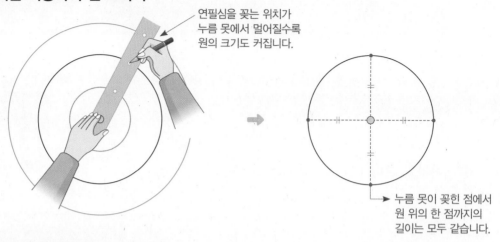

연필심을 꽂는 위치가
누름 못에서 멀어질수록
원의 크기도 커집니다.

→ 누름 못이 꽂힌 점에서
원 위의 한 점까지의
길이는 모두 같습니다.

● **원의 중심, 반지름, 지름 알아보기**

⌐→ 한 원에서 원의 중심은 한 개입니다.

• **원의 중심**: 원을 그릴 때에 누름 못이 꽂혔던 점 ㅇ
• 원의 **반지름**: 원의 중심 ㅇ과 원 위의 한 점을 이은 선분
• 원의 **지름**: 원 위의 두 점을 이은 선분 중 원의 중심 ㅇ을 지나는 선분

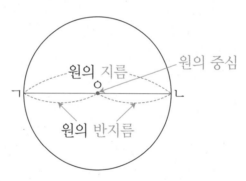

원의 지름   원의 중심

ㄱ   ㄴ

원의 반지름

• 선분 ㅇㄱ과 선분 ㅇㄴ은 원의 반지름이고, 선분 ㄱㄴ은 원의 지름입니다.
• 한 원에서 반지름(지름)을 무수히 많이 그을 수 있고, 반지름(지름)은 길이가 모두 같습니다.

개념 자세히 보기

● **원의 반지름이 길어질수록 원의 크기도 커져요!**

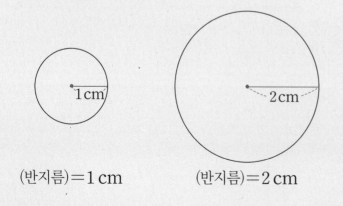

1cm   2cm

(반지름)=1 cm   (반지름)=2 cm

● **원의 지름은 항상 원의 중심을 지나요!**

원 위의 두 점을 이은 선분 중 원의 중심을 지나는
선분만이 원의 지름입니다.

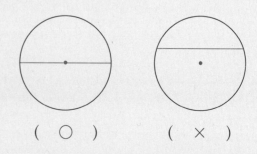

(○)   (×)

◑ 정답과 풀이 21쪽

1 누름 못과 띠 종이를 이용하여 원을 그렸습니다. 그림을 보고 ☐ 안에 알맞은 말을 써넣으세요.

 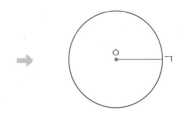

① 원을 그릴 때에 누름 못이 꽂혔던 점 ㅇ을 원의 ☐ (이)라고 합니다.

② 원의 중심과 원 위의 한 점을 이은 선분 ㅇㄱ을 원의 ☐ (이)라고 합니다.

누름 못이 꽂힌 점에서 원 위의 한 점까지의 길이는 모두 같아요.

2 누름 못과 띠 종이를 이용하여 가장 큰 원을 그리려고 할 때 연필심을 넣어야 할 구멍의 기호를 써 보세요.

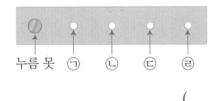

누름 못 ㉠ ㉡ ㉢ ㉣

(   )

3 누름 못과 띠 종이를 이용하여 크기가 같은 원을 그려 보세요.

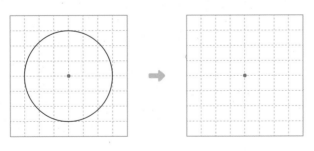

중심에서 원 위의 한 점까지의 길이는 모눈 3칸이에요.

4 원의 반지름과 지름을 각각 1개씩 그어 보세요.

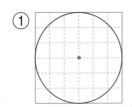   ①

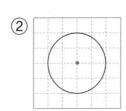   ②

원의 지름은 항상 원의 중심을 지나요.

2. 원의 성질 알아보기

● 원의 지름의 성질 알아보기

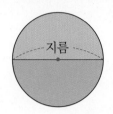

원의 지름은 원을 똑같이 둘로 나눕니다.

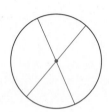

원의 지름은 항상 원의 중심을 지납니다.

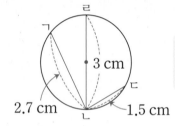

<u>원의 지름</u>은 원 위의 두 점을 이은 선분 중 가장 깁니다.

↳ (선분 ㄹㄴ)＝(원의 지름)＞(선분 ㄱㄴ)＞(선분 ㄴㄷ)

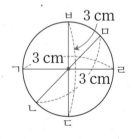

한 원에서 지름은 길이가 모두 같습니다.

↳ (선분 ㄱㄹ)＝(선분 ㄴㅁ)＝(선분 ㄷㅂ)＝3cm

● 원의 지름과 반지름의 관계 알아보기

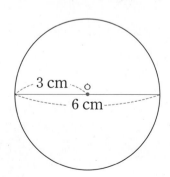

(원의 지름)＝(원의 반지름)×2 ⟶ 6(cm)＝3(cm)×2

(원의 반지름)＝(원의 지름)÷2 ⟶ 3(cm)＝6(cm)÷2

1 ☐ 안에 알맞은 말을 써넣으세요.

① 원 위의 두 점을 이은 선분이 원의 중심을 지날

때 이 선분 ㄱㄴ을 원의 ☐ (이)라고 합니다.

② 원의 ☐ 은/는 원을 똑같이 둘로 나눕니다.

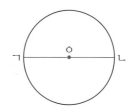

2 그림을 보고 물음에 답하세요.

① 길이가 가장 긴 선분은 어느 것일까요?

(   )

② 원의 지름은 어느 선분일까요?

(   )

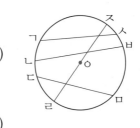

원의 지름은 항상 원의
중심을 지나요.

3 ☐ 안에 알맞은 수를 써넣으세요.

①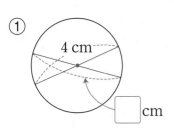

②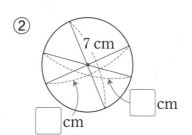

원 위의 두 점과 원의
중심을 지나는 선분은
모두 지름이에요.

4 ☐ 안에 알맞은 수를 써넣으세요.

①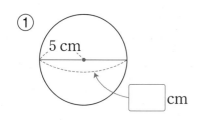

②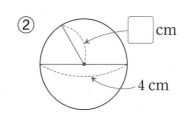

한 원에서 지름은
반지름의 2배예요.

3. 컴퍼스를 이용하여 원 그리기, 원을 이용하여 여러 가지 모양 그리기

● **컴퍼스를 이용하여 주어진 원과 크기가 같은 원 그리기**

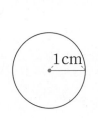

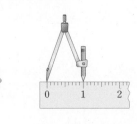

① 원의 중심이 되는
　점 ○을 정합니다.

② 컴퍼스를 원의 반지름
　만큼 벌립니다.

③ 컴퍼스의 침을 점 ○에
　꽂고 원을 그립니다.

● **원을 이용하여 여러 가지 모양 그리기**

• 규칙에 따라 원 그리기

원의 중심이 같은 경우	원의 중심이 모두 다른 경우	
반지름이 일정하게 늘어납니다.	반지름이 모두 같습니다.	반지름이 일정하게 늘어납니다.
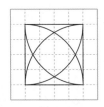	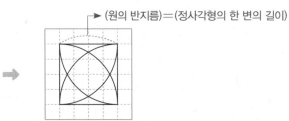	

• 주어진 모양과 똑같이 그리기

➤ (원의 반지름)=(정사각형의 한 변의 길이)

① 정사각형을
　그립니다.

② 정사각형의 꼭짓점이
　원의 중심이 되도록 원의
　일부분을 4개 그립니다.

개념 자세히 보기

● **컴퍼스를 이용하는 방법을 알아보아요!**

컴퍼스의 침 끝과 연필심의 끝을 같게 맞춥니다.

컴퍼스를 돌릴 때에는 컴퍼스의 침과
연필심 끝 사이의 벌어진 정도가
달라지지 않도록 주의합니다.

(✕)

◐ 정답과 풀이 21쪽

① 컴퍼스를 이용하여 주어진 원과 크기가 같은
원을 그리려고 합니다. 물음에 답하세요.

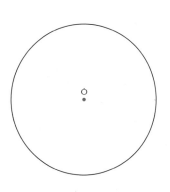

① 원의 반지름을 그어 보세요.

② 원의 반지름을 재어 보세요.

(   )

③ 주어진 원을 그릴 수 있도록 컴퍼스를 바르게 벌린 것을 찾아 기호를
써 보세요.

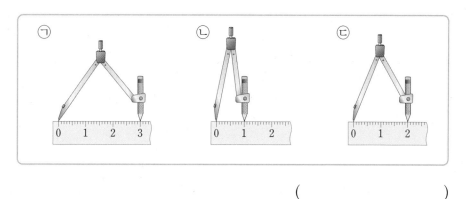

(   )

② 원의 중심을 모두 같게 하여 그린 모양을 찾아 기호를 써 보세요.

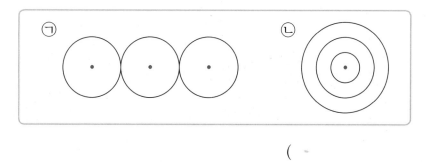

(   )

③ 원을 이용하여 다음과 같은 모양을 그리는 방법을 알아보려고 합니다.
☐ 안에 알맞은 수나 말을 써넣으세요.

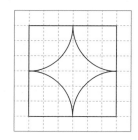

정사각형을 그리고 정사각형의 ☐ 을
원의 중심으로 하는 ☐ 개의 원을 이용하여
그립니다.

정사각형의 꼭짓점을
원의 중심으로 하는 원을
이용하여 그린 것이에요.

3. 원 **75**

1 원의 중심, 반지름, 지름

○ 모양 도형의 이름은?

준비 오른쪽 그림은 동전을 이용하여 어떤 도형을 그리는 것일까요?

(   )

1 본을 뜨지 않고 원을 한 번에 그려 보세요.

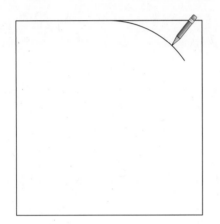

2 누름 못과 띠 종이를 이용하여 원을 그렸습니다. ☐ 안에 알맞은 말을 써넣으세요.

누름 못과 띠 종이로 원을 그릴 때 누름 못이 꽂혔던 곳을 원의 ☐ 이라고 하고, 그 점과 원 위의 한 점을 이은 선분을 원의 ☐ 이라고 합니다.

3 점을 연결하여 원을 그려 보세요.

(1)

(2)

4 누름 못과 띠 종이를 이용하여 원을 그리려고 합니다. 알맞은 기호를 찾아 ○표 하세요.

(1) 가장 큰 원을 그릴 수 있는 구멍은 (㉠, ㉡, ㉢, ㉣)입니다.

(2) 가장 작은 원을 그릴 수 있는 구멍은 (㉠, ㉡, ㉢, ㉣)입니다.

5 원에 3개의 지름을 그었습니다. ☐ 안에 알맞은 말을 써넣으세요.

원에 지름을 그었을 때, 지름이 만나는 점은 원의 ☐ 입니다.

😊 내가 만드는 문제

6 여러 가지 크기의 원을 3개 그려 보세요.

7 점 ㅇ은 원의 중심입니다. 지름 1개를 그어 보고, 그 길이를 재어 보세요.

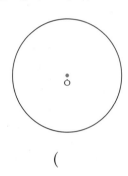

( )

새 교과 반영

8 시계에서 원의 중심과 반지름을 찾아 표시해 보세요.

9 원의 반지름을 모두 찾아 써 보세요.

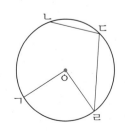

( )

10 원의 지름은 몇 cm인지 구해 보세요.

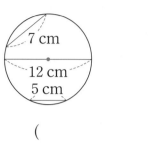

( )

11 지름과 반지름에 맞게 원을 그려 보세요.

(1) 지름 2 cm　　(2) 반지름 1 cm

3

12 자를 이용하여 원의 중심에서부터 2 cm가 되는 곳에 점을 찍어 원을 그려 보세요.

원의 중심

13 원의 일부분입니다. 원의 반지름은 몇 cm인지 구해 보세요.

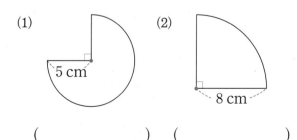

(1) 5 cm　(2) 8 cm

( )　( )

2 원의 성질

14 그림을 보고 물음에 답하세요.

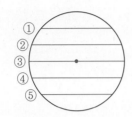

(1) 가장 긴 선분을 찾아 번호를 써 보세요.

(   )

(2) 위 (1)번의 선분을 무엇이라고 할까요?

(   )

15 선분의 길이를 재어 보고 ☐ 안에 알맞은 수를 써넣으세요.

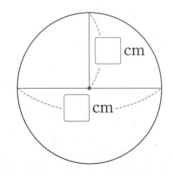

16 원의 반지름과 지름을 각각 구해 보세요.

(1) 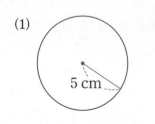   (2)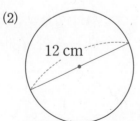

반지름: ☐ cm   반지름: ☐ cm

지름: ☐ cm   지름: ☐ cm

17 ☐ 안에 알맞은 수를 써넣으세요.

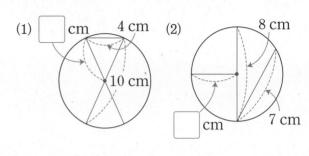

18 원의 반지름과 지름에 대한 설명으로 옳은 것을 모두 찾아 기호를 써 보세요.

> ㉠ 한 원에서 반지름은 서로 다릅니다.
> ㉡ 한 원에서 지름은 무수히 많습니다.
> ㉢ 한 원에서 반지름은 지름의 2배입니다.
> ㉣ 원의 지름은 원 위의 두 점을 이은 선분 중 가장 깁니다.

(   )

서술형
19 크기가 더 큰 원을 찾아 기호를 쓰려고 합니다. 풀이 과정을 쓰고 답을 구해 보세요.

가	나
반지름이 3 cm인 원	지름이 5 cm인 원

풀이 ....

....

....

답 ....

😊 내가 만드는 문제

20 반지름을 자유롭게 정하여 지름을 구해 보세요.

반지름	지름
cm	cm
cm	cm
cm	cm

21 반지름이 50 cm인 원의 지름은 몇 m인지 구해 보세요.

( )

22 점 ㄱ, 점 ㄴ은 원의 중심입니다. 선분 ㄴㄷ의 길이가 5 cm일 때 큰 원의 지름은 몇 cm인지 구해 보세요.

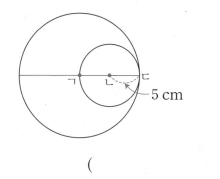

( )

23 점 ㅇ은 원의 중심입니다. 큰 원의 지름이 14 cm일 때 작은 원의 반지름은 몇 cm인지 구해 보세요.

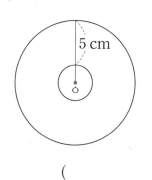

( )

24 통조림의 높이는 통조림 뚜껑 지름의 2배입니다. 통조림의 높이는 몇 cm인지 구해 보세요.

(1) 통조림 뚜껑의 반지름: 4 cm

( )

(2) 통조림 뚜껑의 반지름: 6 cm

( )

25 그림을 보고 물음에 답하세요.

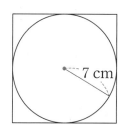

(1) 원의 지름은 몇 cm일까요?

( )

(2) 정사각형의 한 변의 길이는 몇 cm일까요?

( )

(3) 정사각형의 네 변의 길이의 합은 몇 cm일까요?

( )

26 그림과 같이 2 cm마다 구멍이 난 띠 종이를 이용하여 지름이 8 cm인 원을 그리려고 합니다. 연필심을 넣어야 할 구멍을 찾아 기호를 써 보세요.

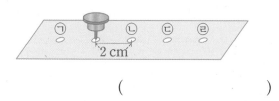

( )

③ 컴퍼스를 이용하여 원 그리기

27 컴퍼스를 이용하여 반지름이 3 cm인 원을 그리려고 합니다. 그리는 순서대로 ( ) 안에 번호를 써 보세요.

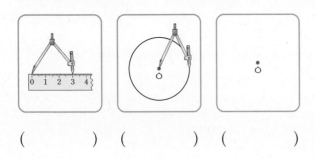

(   )   (   )   (   )

28 반지름이 2 cm인 원을 그릴 수 있도록 컴퍼스를 바르게 벌린 것을 찾아 ○표 하세요.

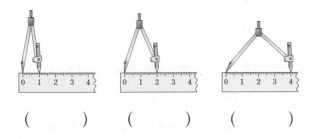

(   )   (   )   (   )

29 순서에 따라 반지름이 1 cm인 원을 그려 보세요.

> ① 컴퍼스의 침과 연필심 사이를 1 cm가 되도록 벌립니다.
> ② 컴퍼스의 침을 점 ㅇ에 꽂고 한쪽 방향으로 돌려 원을 그립니다.

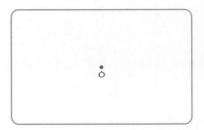

30 그림과 같이 컴퍼스를 벌려 그린 원의 지름은 몇 cm일까요?

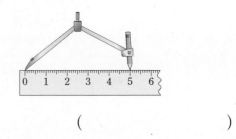

(   )

새 교과 반영

31 컴퍼스를 이용하여 자전거 바퀴의 원을 그려 보세요.

원은 뾰족한 부분이 없는 모양이야.

🔧 준비 모양 블록을 본 뜬 일부분입니다. 보이지 않는 부분에 선을 그어 모양을 완성해 보세요.

32 컴퍼스를 이용하여 반지름이 서로 다른 원 2개를 그려 보세요.

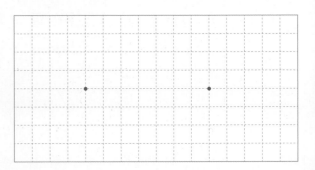

33 주어진 선분을 반지름으로 하는 원을 그려 보세요.

34 컴퍼스를 이용하여 주어진 원과 크기가 같은 원을 그려 보세요.

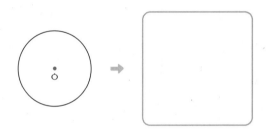

35 점 ㅇ을 원의 중심으로 하는 반지름이 1 cm, 2 cm인 원을 각각 그려 보세요.

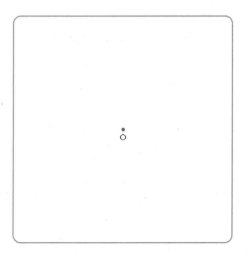

4 **원을 이용하여 여러 가지 모양 그리기**

36 원의 중심은 같고 반지름을 다르게 그린 것의 기호를 써 보세요.

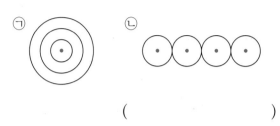

(   )

첫 번째, 두 번째 모양의 차이점을 찾아 봐.

준비 규칙에 따라 빈칸에 알맞게 색칠해 보세요.

37 규칙을 찾아 (   ) 안에 알맞게 ○표 하세요.

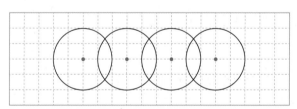

원의 반지름은 (같고 , 다르고) 원의 중심이 한 선분 위에서 모눈 (2 , 3 , 6)칸씩 오른 쪽으로 옮겨 갔습니다.

38 올림픽을 상징하는 깃발인 오륜기는 *다섯 대륙을 나타냅니다. 오륜기의 각 원마다 원의 중심을 나타내어 보세요.

*다섯 대륙: 유럽, 아프리카, 아메리카, 아시아, 오세아니아

39 그림과 같은 모양을 그리기 위하여 컴퍼스의 침을 꽂아야 할 곳에 모두 표시해 보세요.

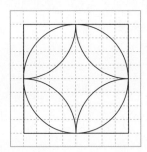

40 주어진 모양과 똑같이 그려 보세요.

(1)

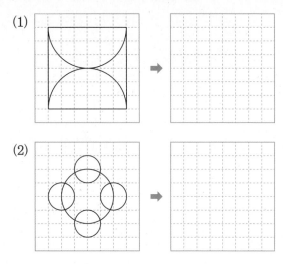

(2)

41 그림과 같이 원이 맞닿도록 지름을 모눈 2칸 늘려 원을 1개 더 그려 보세요.

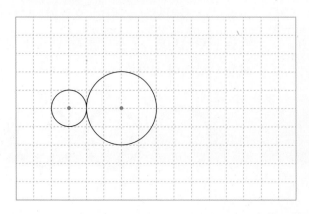

42 어떤 규칙이 있는지 설명하고 규칙에 따라 원을 1개 더 그려 보세요.

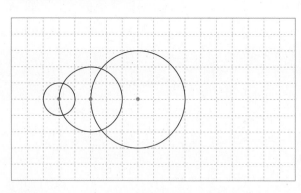

규칙

43 설명하는 모양을 그려 보세요.

- 모든 원의 중심은 같습니다.
- 원의 반지름은 1 cm, 2 cm, 3 cm입니다.

1 cm
1 cm

😊 내가 만드는 문제
44 원을 이용하여 나만의 모양을 그려 보고 그린 방법을 설명해 보세요.

방법

자주 틀리는 유형

⚡ **컴퍼스로 그린 원**

1 그림과 같이 컴퍼스를 벌려 그린 원의 지름은 몇 cm일까요?

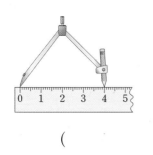

( )

2 컴퍼스를 이용하여 반지름이 5 cm인 원을 그리려고 합니다. 컴퍼스를 몇 cm만큼 벌려야 할까요?

( )

3 작은 원부터 차례로 ☐ 안에 순서를 써넣으세요.

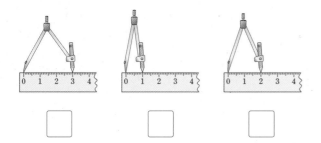

☐   ☐   ☐

⚡ **가장 긴 선분**

4 점 ㅇ은 원의 중심입니다. 길이가 가장 긴 선분은 어느 것일까요?

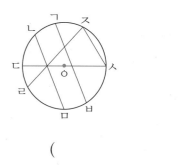

( )

5 점 ㅇ은 원의 중심입니다. 길이가 가장 긴 선분은 어느 것일까요?

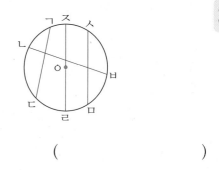

( )

6 점 ㅇ은 원의 중심입니다. 길이가 가장 긴 선분의 길이는 몇 cm일까요?

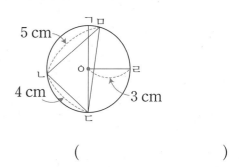

( )

7 누름 못과 띠 종이를 이용하여 원을 그리려고 합니다. 더 큰 원을 그리려고 할 때 연필심을 넣어야 할 구멍의 기호를 써 보세요.

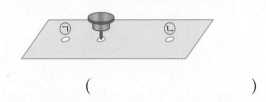

(   )

8 누름 못과 띠 종이를 이용하여 원을 그리려고 합니다. 가장 작은 원을 그리려고 할 때 연필심을 넣어야 할 구멍의 기호를 써 보세요.

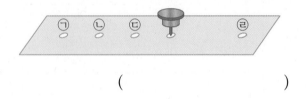

(   )

9 같은 간격으로 구멍이 뚫린 띠 종이에 그림과 같이 누름 못을 꽂았습니다. 가장 큰 원을 그리려고 할 때 연필심을 넣어야 할 구멍의 기호를 써 보세요.

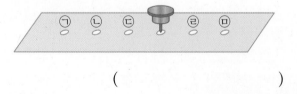

(   )

10 가장 큰 원은 어느 것일까요? (   )

① 지름이 3 cm인 원
② 반지름이 4 cm인 원
③ 지름이 5 cm인 원
④ 지름이 9 cm인 원
⑤ 반지름이 5 cm인 원

11 크기가 큰 원부터 차례로 기호를 써 보세요.

> ㉠ 지름이 14 cm인 원
> ㉡ 반지름이 5 cm인 원
> ㉢ 반지름이 8 cm인 원
> ㉣ 지름이 7 cm인 원

(   )

12 크기가 같은 원끼리 이어 보세요.

지름이 6 cm인 원 ·

지름이 8 cm인 원 ·

· 반지름이 4 cm인 원

· 반지름이 16 cm인 원

· 반지름이 3 cm인 원

⚡ 원의 중심의 개수

13 오른쪽 그림과 같은 모양을 그릴 때 원의 중심이 되는 점은 모두 몇 개일까요?

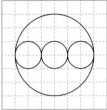

( )

14 오른쪽 그림과 같은 모양을 그릴 때 원의 중심이 되는 점은 모두 몇 개일까요?

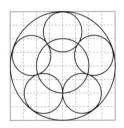

( )

15 원의 중심이 3개인 모양을 찾아 기호를 써 보세요.

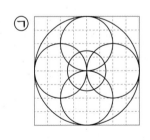 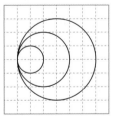

( )

⚡ 도형의 모든 변의 길이의 합

16 직사각형 안에 크기가 같은 원 2개를 이어 붙여서 그린 것입니다. 직사각형의 가로의 길이는 몇 cm일까요?

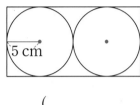

5 cm

( )

17 직사각형 안에 크기가 같은 원 3개를 이어 붙여서 그린 것입니다. 직사각형의 네 변의 길이의 합은 몇 cm일까요?

8 cm

( )

18 크기가 같은 원 3개를 이어 붙여서 그린 것입니다. 원의 중심을 이어 만든 삼각형 ㄱㄴㄷ의 세 변의 길이의 합은 몇 cm일까요?

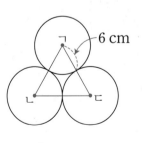

6 cm

( )

도전1 원이 겹쳐 있을 때 작은 원의 반지름 구하기

1 큰 원의 지름이 20 cm일 때 작은 원의 반지름은 몇 cm일까요?

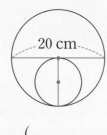

( )

핵심 NOTE
큰 원의 반지름과 작은 원의 지름이 같습니다.

2 큰 원의 지름이 36 cm일 때 작은 원의 반지름은 몇 cm일까요?

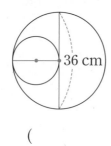

( )

3 가장 큰 원의 지름이 56 cm일 때 가장 작은 원의 반지름은 몇 cm일까요?

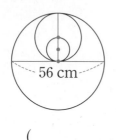

( )

도전2 원의 중심을 이은 선분의 길이 구하기

4 점 ㄴ과 점 ㄹ은 원의 중심입니다. 선분 ㄱㅁ의 길이는 몇 cm일까요?

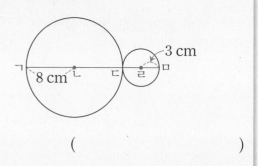

( )

핵심 NOTE
한 원에서 원의 반지름은 모두 같다는 성질을 이용합니다.

5 점 ㄱ과 점 ㄴ은 원의 중심입니다. 선분 ㄱㄴ의 길이는 몇 cm일까요?

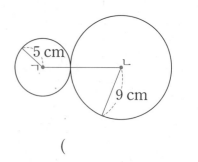

( )

6 점 ㄱ, 점 ㄷ, 점 ㅁ은 원의 중심입니다. 선분 ㄱㅁ의 길이는 몇 cm일까요?

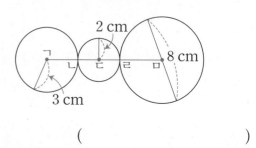

( )

도전3 **규칙을 이용하여 원의 지름 구하기**

7 원의 중심은 같고 반지름을 가장 작은 원의 2배, 3배씩 늘려 가며 원을 그렸습니다. 가장 큰 원의 지름은 몇 cm일까요?

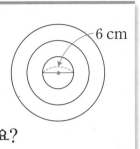

(   )

핵심 NOTE
규칙을 찾아 가장 큰 원의 반지름부터 구합니다.

8 원의 중심은 같고 반지름이 2 cm씩 커지는 규칙으로 원을 5개 그렸을 때 가장 큰 원의 지름은 몇 cm일까요?

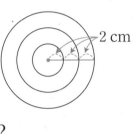

(   )

도전 최상위
9 원의 중심은 같고 반지름이 3 cm, 2 cm씩 번갈아 가며 커지는 규칙으로 원을 8개 그렸을 때 가장 큰 원의 지름은 몇 cm일까요?

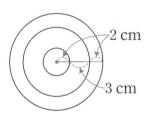

(   )

도전4 **직사각형 안에 그릴 수 있는 원의 개수 구하기**

10 직사각형 안에 그림과 같이 겹치지 않게 원을 그린다면 몇 개까지 그릴 수 있을까요?

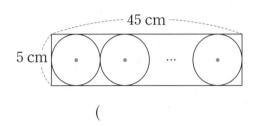

(   )

핵심 NOTE
원의 지름은 직사각형의 세로의 길이와 같습니다.

11 직사각형 안에 그림과 같이 겹치지 않게 원을 그린다면 몇 개까지 그릴 수 있을까요?

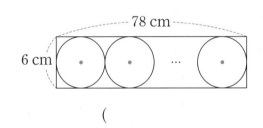

(   )

도전 최상위
12 직사각형 안에 그림과 같이 원의 중심을 지나도록 원을 그린다면 몇 개까지 그릴 수 있을까요?

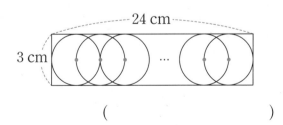

(   )

3

도전5 겹쳐진 원 안의 선분의 길이 구하기

13
크기가 같은 원 3개를 서로 원의 중심이 지나도록 겹쳐서 그린 것입니다. 선분 ㄱㄴ의 길이는 몇 cm일까요?

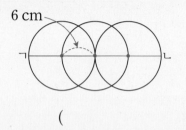

6 cm

( )

핵심 NOTE

선분 ㄱㄴ의 길이는 원의 반지름 또는 지름의 몇 배인지 알아봅니다.

14
크기가 같은 원 5개를 서로 원의 중심이 지나도록 겹쳐서 그린 것입니다. 선분 ㄱㄴ의 길이는 몇 cm일까요?

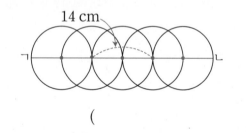

14 cm

( )

15
크기가 같은 원 7개를 서로 원의 중심이 지나도록 겹쳐서 그린 것입니다. 한 원의 지름은 몇 cm일까요?

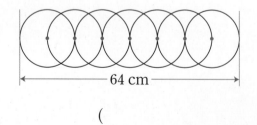

64 cm

( )

도전6 원 안의 도형의 변의 길이의 합 구하기

16
점 ㄱ, 점 ㄴ은 원의 중심입니다. 삼각형 ㄱㄴㄷ의 세 변의 길이의 합은 몇 cm일까요?

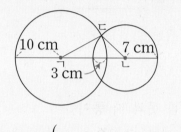

10 cm   7 cm
3 cm

( )

핵심 NOTE

삼각형 ㄱㄴㄷ의 세 변의 길이 중 선분 ㄱㄴ의 길이는 두 원의 반지름의 합에서 겹쳐진 부분의 길이를 빼서 구합니다.

도전 최상위

17
점 ㄱ, 점 ㄴ은 원의 중심입니다. 삼각형 ㄱㄴㄷ의 세 변의 길이의 합은 몇 cm일까요?

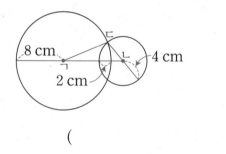

8 cm   4 cm
2 cm

( )

18
점 ㄱ, 점 ㄴ은 원의 중심입니다. 삼각형 ㄱㄴㄷ의 세 변의 길이의 합은 몇 cm일까요?

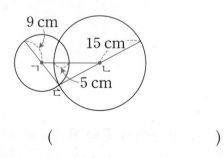

9 cm   15 cm
5 cm

( )

1 ☐ 안에 알맞은 말을 써넣으세요.

> 원의 중심과 원 위의 한 점을 이은 선분을
> 원의 ☐ 이라고 합니다.

2 누름 못과 띠 종이를 이용하여 원을 그렸습니다. 원의 중심을 나타내는 구멍을 찾아 기호를 써 보세요.

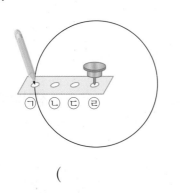

( )

3 원에 그은 선분 중 가장 긴 선분을 찾아 기호를 써 보세요.

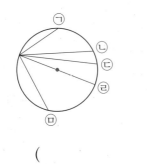

( )

4 한 원에서 원의 지름을 나타내는 선분은 몇 개 그을 수 있을까요? ( )

① 0개 　② 1개 　③ 2개
④ 10개 　⑤ 무수히 많습니다.

5 오른쪽 원을 보고 바르게 설명한 것에 ○표 하세요.

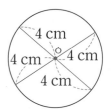

> 한 원에서 그을 수 있는 반지름은 4개입니다.

( )

> 한 원에서 반지름은 모두 같습니다.

( )

6 원의 반지름은 몇 cm일까요?

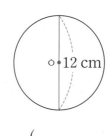

( )

7 원의 지름은 몇 cm일까요?

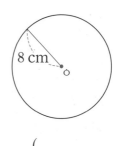

( )

8 크기가 같은 두 원을 찾아 기호를 써 보세요.

> ㉠ 지름이 6 cm인 원
> ㉡ 반지름이 6 cm인 원
> ㉢ 반지름이 3 cm인 원

( )

9 큰 원의 지름은 몇 cm일까요?

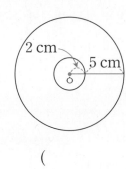

(   )

10 주어진 모양과 똑같이 그려 보세요.

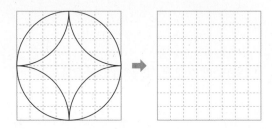

11 크기가 작은 원부터 차례로 기호를 써 보세요.

> ㉠ 반지름이 3 cm인 원
> ㉡ 지름이 4 cm인 원
> ㉢ 반지름이 1 cm인 원
> ㉣ 지름이 5 cm인 원

(   )

12 큰 원 안에 크기가 같은 작은 원 3개를 이어 붙여서 그린 것입니다. 선분 ㄱㄴ의 길이가 12 cm일 때, 작은 원의 지름은 몇 cm일까요?

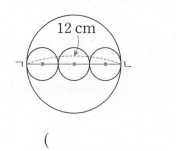

(   )

13 그림과 같은 모양을 컴퍼스를 이용하여 그릴 때 원의 중심이 되는 점은 모두 몇 개일까요?

(   )

14 정사각형 안에 가장 큰 원을 그렸습니다. 정사각형의 한 변의 길이는 몇 cm일까요?

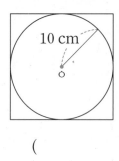

(   )

15 크기가 같은 원 5개를 서로 원의 중심이 지나도록 겹쳐서 그린 것입니다. 선분 ㄱㄴ의 길이는 몇 cm일까요?

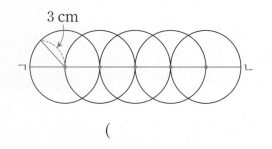

(   )

16 점 ㄱ, 점 ㄴ은 원의 중심입니다. 선분 ㄱㄴ의 길이는 몇 cm일까요?

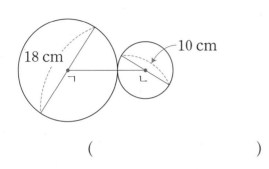

(   )

17 그림과 같이 가장 큰 원 안에 원 2개가 맞닿게 그려져 있습니다. 가장 큰 원의 반지름은 몇 cm일까요?

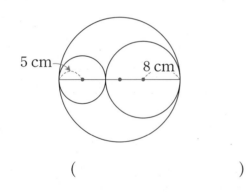

(   )

18 삼각형 ㄱㅇㄴ의 세 변의 길이의 합이 30 cm 일 때 원의 지름은 몇 cm일까요?

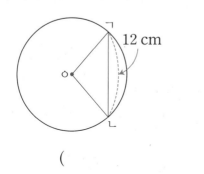

(   )

서술형

19 컴퍼스를 6 cm만큼 벌려서 원을 그리면 원의 지름은 몇 cm인지 풀이 과정을 쓰고 답을 구해 보세요.

풀이 ....

....

....

답 ....

서술형

20 크기가 같은 원 2개를 서로 원의 중심을 지나도록 겹쳐서 그렸습니다. 삼각형 ㄱㄴㄷ의 세 변의 길이의 합이 12 cm일 때, 원의 반지름은 몇 cm인지 풀이 과정을 쓰고 답을 구해 보세요.

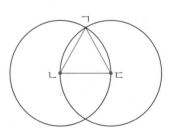

풀이 ....

....

....

답 ....

3

1 원의 중심을 찾아 써 보세요.

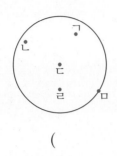

(   )

2 ☐ 안에 알맞은 말을 써넣으세요.

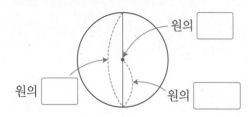

원의 ☐

원의 ☐

원의 ☐

3 누름 못이 꽂힌 곳을 원의 중심으로 하여 가장 큰 원을 그리려면 연필심을 어떤 구멍에 넣어야 할까요? (   )

4 원에 반지름을 3개 그어 보고 반지름의 길이를 재어 보세요.

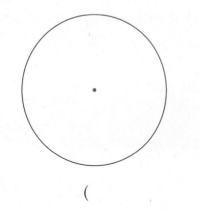

(   )

5 선분 ㄱㄴ과 길이가 같은 선분을 찾아 써 보세요.

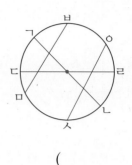

(   )

6 ☐ 안에 알맞은 수를 써넣으세요.

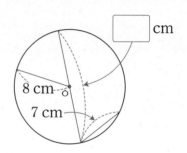

cm

8 cm

7 cm

7 컴퍼스를 이용하여 점 ㄱ과 점 ㄴ을 원의 중심으로 하는 반지름이 1 cm, 지름이 2 cm인 원을 각각 그려 보세요.

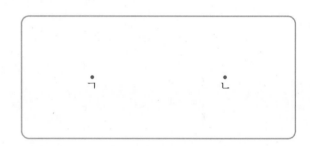

8 반지름이 4 cm인 원을 그릴 수 있도록 컴퍼스를 바르게 벌린 것을 찾아 기호를 써 보세요.

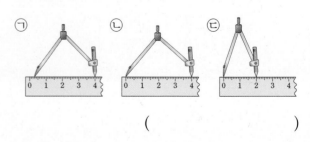

(   )

9 가장 큰 원은 어느 것일까요? (   )

① 반지름이 6 cm인 원
② 지름이 15 cm인 원
③ 반지름이 9 cm인 원
④ 지름이 14 cm인 원
⑤ 컴퍼스를 8 cm만큼 벌려서 그린 원

10 길이가 7 cm인 초바늘을 그림과 같이 시계에 달았습니다. 초바늘이 시계를 한 바퀴 돌면서 만들어지는 원의 지름은 몇 cm일까요?

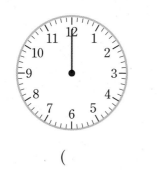

(   )

11 원의 중심도 다르고 반지름도 다르게 그린 것은 어느 것일까요? (   )

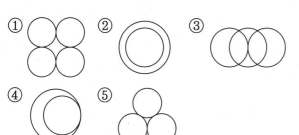

12 오른쪽과 같은 모양을 컴퍼스를 이용하여 그릴 때 원의 중심이 되는 점은 모두 몇 개일까요?

(   )

13 규칙에 따라 원을 2개 더 그려 보세요.

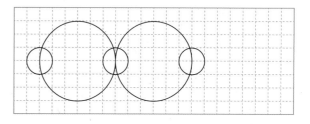

14 크기가 같은 원 3개의 중심을 이어 세 변의 길이가 같은 삼각형을 만들었습니다. 삼각형의 세 변의 길이의 합이 54 cm일 때 한 원의 반지름은 몇 cm일까요?

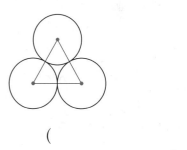

(   )

15 큰 원의 지름이 32 cm일 때 작은 원의 반지름은 몇 cm일까요?

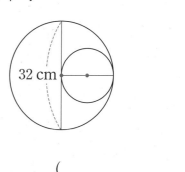

(   )

→ 정답과 풀이 28쪽

16 점 ㄱ, 점 ㄴ, 점 ㄷ은 원의 중심입니다. 선분 ㄱㄷ의 길이는 몇 cm일까요?

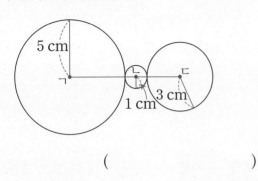

(   )

17 크기가 같은 원 6개를 서로 원의 중심이 지나도록 겹쳐서 그린 것입니다. 선분 ㄱㄴの 길이는 몇 cm일까요?

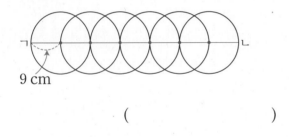

(   )

18 점 ㄱ, 점 ㄷ은 원의 중심입니다. 사각형 ㄱㄴㄷㄹ의 네 변의 길이의 합은 몇 cm일까요?

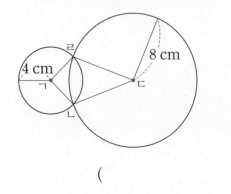

(   )

서술형

19 한 변이 14 cm인 정사각형 안에 가장 큰 원을 그렸습니다. 이 원의 반지름은 몇 cm인지 풀이 과정을 쓰고 답을 구해 보세요.

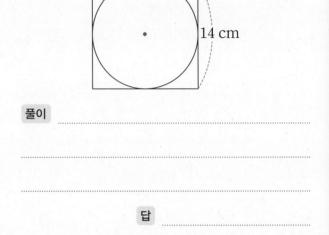

풀이 ....

 ....

답 ....

서술형

20 직사각형 안에 그림과 같이 원의 중심을 지나도록 원을 그린다면 몇 개까지 그릴 수 있는지 풀이 과정을 쓰고 답을 구해 보세요.

64 cm

4 cm

풀이 ....

 ....

 ....

 ....

답 ....

4. 분수

이번 단원에서 꼭 짚어야 할 **핵심 개념**을 알아보자.

핵심 1   분수로 나타내기

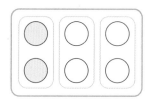

색칠한 부분은 똑같이 ☐ 묶음으로 나눈 것

중의 ☐ 묶음이므로 전체의 $\dfrac{☐}{☐}$ 이다.

핵심 2   분수만큼은 얼마인지 알아보기

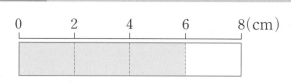

$8\,\text{cm}$의 $\dfrac{3}{4}$은 ☐ cm이다.

핵심 3   여러 가지 분수 알아보기

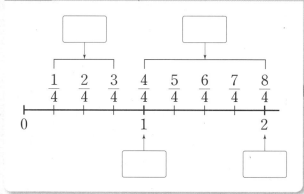

핵심 4   가분수를 대분수로, 대분수를 가분수로 나타내기

대분수 $1\dfrac{2}{3}$ 를 가분수로 나타내기

자연수 1 → 가분수 ☐ $\dfrac{1}{3}$이 ☐ 개

진분수 $\dfrac{2}{3}$ ───── → ☐

핵심 5   분모가 같은 분수의 크기 비교

$\dfrac{6}{4}$ ◯ $\dfrac{8}{4}$ $1\dfrac{3}{4}$ ◯ $2\dfrac{1}{4}$

분모가 같을 때, 가분수는 분자를 비교하고 대분수는 자연수, 분자 순으로 비교한다.

답 1. 3, 1, $\frac{1}{3}$ 2. 6 3. (왼쪽에서부터) 진분수, 가분수 / 자연수, 자연수 4. $\frac{5}{3}$, 5, $\frac{5}{3}$ 5. <, <

1. 분수로 나타내기

● 똑같이 나누고 부분은 전체의 몇 분의 몇인지 알아보기

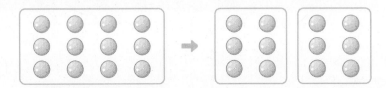

• 부분 ⬤⬤⬤⬤⬤⬤ 은 전체 ⬤⬤⬤⬤⬤⬤⬤⬤⬤⬤⬤⬤ 를 똑같이 **2**부분으로 나눈 것 중의 **1**부분입니다.

➡ 부분은 전체 2묶음 중에서 1묶음이므로 $\frac{1}{2}$ 입니다.

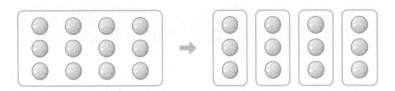

• 부분 ⬤⬤⬤⬤ 은 전체 ⬤⬤⬤⬤⬤⬤⬤⬤⬤⬤⬤⬤ 를 똑같이 **4**부분으로 나눈 것 중의 **2**부분입니다.

➡ 부분은 전체 4묶음 중에서 2묶음이므로 $\frac{2}{4}$ 입니다.

● 색칠한 부분은 전체의 몇 분의 몇인지 알아보기

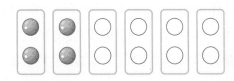

• 색칠한 부분은 전체 **6**묶음 중에서 **2**묶음이므로

전체의 $\frac{2}{6}$ 입니다.

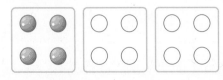

• 색칠한 부분은 전체 **3**묶음 중에서 **1**묶음이므로

전체의 $\frac{1}{3}$ 입니다.

개념 자세히 보기

• 같은 개수라도 똑같이 묶는 수에 따라 분수가 달라져요!

⬤⬤◯◯◯◯ ➡ $\frac{4}{12}$ ⬤⬤◯◯◯◯ ➡ $\frac{2}{6}$ ⬤◯◯◯ ➡ $\frac{1}{3}$
⬤⬤◯◯◯◯   ⬤⬤◯◯◯◯   ⬤◯◯◯

12묶음 중에서 4묶음   6묶음 중에서 2묶음   3묶음 중에서 1묶음

○ 정답과 풀이 30쪽

① 그림을 보고 ☐ 안에 알맞은 수를 써넣으세요.

3학년 1학기 때 배웠어요
분수 알아보기
· 전체를 똑같이 3으로 나눈 것 중의 1을 $\frac{1}{3}$이라 쓰고 3분의 1이라고 읽습니다.
· $\frac{1}{2}$, $\frac{1}{3}$, $\frac{2}{4}$와 같은 수를 분수라고 합니다.

부분 은 전체 를 똑같이 4부분으로 나눈 것 중의 ☐ 부분입니다.

② 색칠한 부분은 전체의 몇 분의 몇인지 ☐ 안에 알맞은 수를 써넣으세요.

① 색칠한 부분은 전체 9묶음 중에서 6묶음이므로 전체의 ☐/☐ 입니다.

② 색칠한 부분은 전체 3묶음 중에서 2묶음이므로 전체의 ☐/☐ 입니다.

부분 묶음 수

전체 묶음 수

4

③ ☐ 안에 알맞은 수를 써넣으세요.

① 24를 3씩 묶으면 ☐ 묶음이 됩니다.

② 3은 24의 ☐/☐ 입니다.

③ 9는 24의 ☐/☐ 입니다.

3과 9는 각각 8묶음 중에서 몇 묶음인지 알아보아요.

2. 분수만큼은 얼마인지 알아보기

● **개수로 알아보기**

구슬 8개를 똑같이 4묶음으로 나누면 한 묶음은 2개입니다.

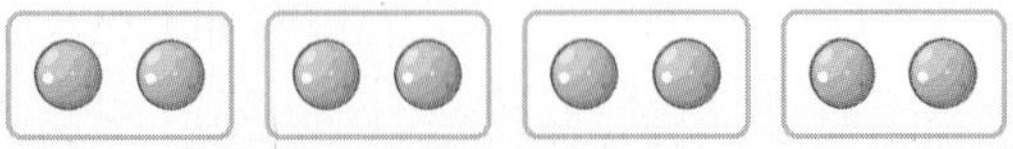

$\frac{1}{4}$ ➡ 8의 $\frac{1}{4}$은 2입니다.

$\frac{2}{4}$ ➡ 8의 $\frac{2}{4}$는 4입니다.

$\frac{3}{4}$ ➡ 8의 $\frac{3}{4}$은 6입니다.

● **길이로 알아보기**

10 m를 똑같이 5부분으로 나누면 한 부분은 2 m입니다.

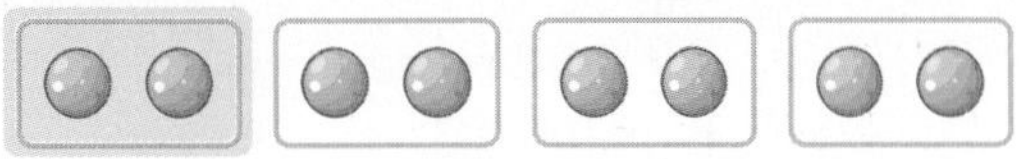

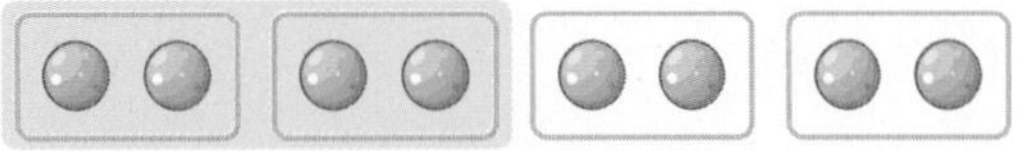

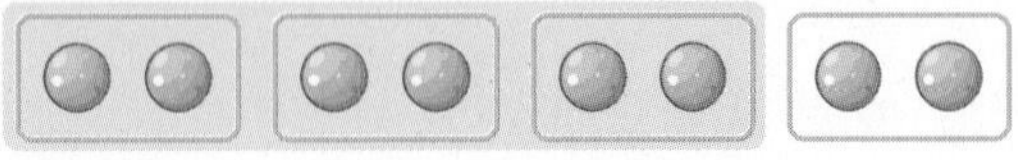

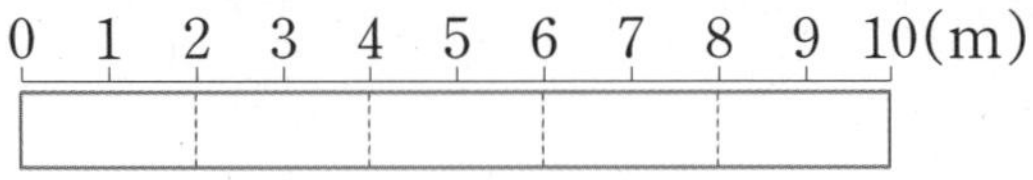

0 1 2 3 4 5 6 7 8 9 10(m)

$\frac{1}{5}$
0 1 2 3 4 5 6 7 8 9 10(m)
➡ 10 m의 $\frac{1}{5}$은 2 m입니다.

$\frac{2}{5}$
0 1 2 3 4 5 6 7 8 9 10(m)
➡ 10 m의 $\frac{2}{5}$는 4 m입니다.

$\frac{3}{5}$
0 1 2 3 4 5 6 7 8 9 10(m)
➡ 10 m의 $\frac{3}{5}$은 6 m입니다.

$\frac{4}{5}$
0 1 2 3 4 5 6 7 8 9 10(m)
➡ 10 m의 $\frac{4}{5}$는 8 m입니다.

개념 자세히 보기

• **10의 $\frac{▲}{5}$만큼을 알아보아요!**

$\frac{1}{5}$ 10의 $\frac{1}{5}$ ➡ 2

↓3배 ↓3배

$\frac{3}{5}$ 10의 $\frac{3}{5}$ ➡ 6

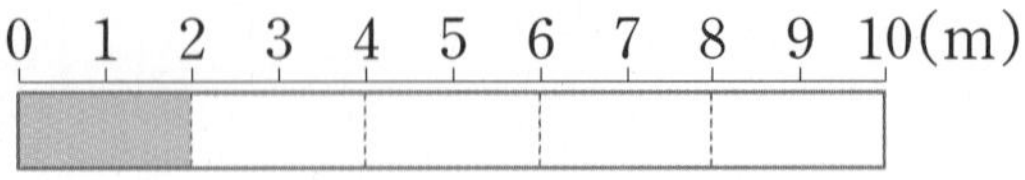

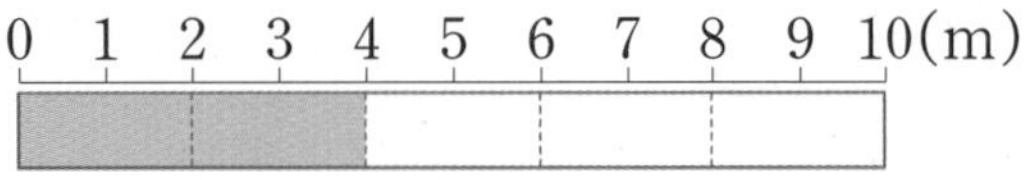

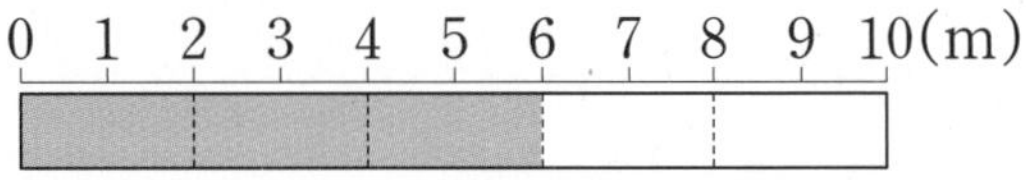

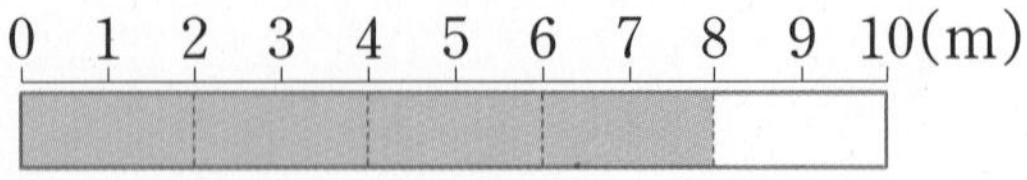

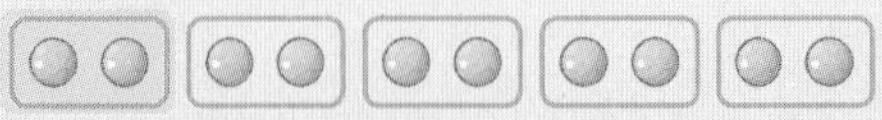

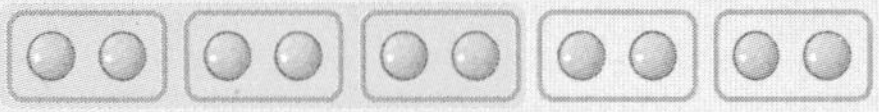

정답과 풀이 30쪽

① 사탕 12개를 똑같이 4묶음으로 나눈 것입니다. ☐ 안에 알맞은 수를 써넣으세요.

3학년 1학기 때 배웠어요
전체를 똑같이 ■로 나눈 것 중의 ▲를 $\frac{▲}{■}$라고 합니다.
→ $\frac{▲}{■}$는 $\frac{1}{■}$이 ▲개입니다.

① 사탕 12개를 똑같이 4묶음으로 나누면 1묶음은 ☐개입니다.

→ 12의 $\frac{1}{4}$은 ☐입니다.

② 사탕 12개를 똑같이 4묶음으로 나누면 3묶음은 ☐개입니다.

→ 12의 $\frac{3}{4}$은 ☐입니다.

② 막대 사탕 6개를 똑같이 3묶음으로 묶고 ☐ 안에 알맞은 수를 써넣으세요.

① 6의 $\frac{1}{3}$ → 6을 똑같이 3묶음으로 나눈 것 중의 **1**묶음 → ☐

↓×2 　 ↓×2

② 6의 $\frac{2}{3}$ → 6을 똑같이 3묶음으로 나눈 것 중의 **2**묶음 → ☐

$\frac{2}{3}$는 $\frac{1}{3}$의 2배예요.

③ 그림을 보고 ☐ 안에 알맞은 수를 써넣으세요.

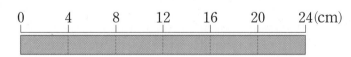

① 24 cm의 $\frac{1}{6}$은 ☐cm입니다.

② 24 cm의 $\frac{4}{6}$는 ☐cm입니다.

③ 24 cm의 $\frac{5}{6}$는 ☐cm입니다.

▲ cm의 $\frac{1}{■}$은 ▲ cm를 똑같이 ■부분으로 나눈 것 중의 1부분이에요.
→ (▲÷■) cm

3. 여러 가지 분수 알아보기

● **진분수, 가분수, 자연수 알아보기**

• **진분수**: 분자가 분모보다 작은 분수 예 $\dfrac{1}{5}, \dfrac{2}{5}, \dfrac{3}{5}, \dfrac{4}{5}$

• **가분수**: 분자가 분모와 같거나 분모보다 큰 분수 예 $\dfrac{5}{5}, \dfrac{6}{5}, \dfrac{7}{5}, \dfrac{8}{5}$

• **자연수**: 1, 2, 3과 같은 수

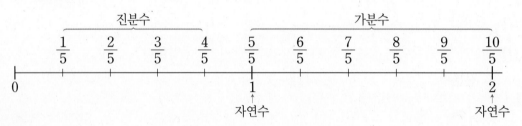

● **대분수 알아보기**

• **대분수**: 자연수와 진분수로 이루어진 분수

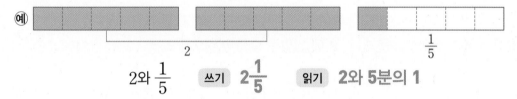

2와 $\dfrac{1}{5}$ 　쓰기 $2\dfrac{1}{5}$ 　읽기 **2와 5분의 1**

● **대분수를 가분수로, 가분수를 대분수로 나타내기**

• **대분수를 가분수로 나타내기**

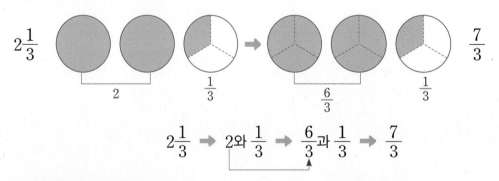

$2\dfrac{1}{3}$ ➡ 2와 $\dfrac{1}{3}$ ➡ $\dfrac{6}{3}$과 $\dfrac{1}{3}$ ➡ $\dfrac{7}{3}$

• **가분수를 대분수로 나타내기**

$\dfrac{9}{4}$ ➡ $\dfrac{8}{4}$과 $\dfrac{1}{4}$ ➡ 2와 $\dfrac{1}{4}$ ➡ $2\dfrac{1}{4}$

정답과 풀이 31쪽

1 그림을 보고 ☐ 안에 알맞은 수를 써넣으세요.

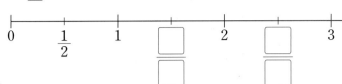

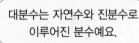
· 1을 똑같이 2칸으로 나누기

· 1을 똑같이 3칸으로 나누기

2 ☐ 안에 알맞은 말을 보기 에서 골라 써넣으세요.

보기
| 진분수 | 가분수 | 대분수 | 자연수 |

① $\frac{1}{5}$, $\frac{3}{5}$ 은 분자가 분모보다 작으므로 ☐ 입니다.

② $\frac{3}{3}$, $\frac{4}{3}$ 는 분자가 분모와 같거나 분모보다 크므로 ☐ 입니다.

③ 1, 2, 3과 같은 수를 ☐ 라고 합니다.

3 보기 를 보고 오른쪽 그림을 대분수로 나타내어 보세요.

대분수는 자연수와 진분수로 이루어진 분수예요.

4 대분수를 가분수로, 가분수를 대분수로 나타내려고 합니다. 그림을 보고 ☐ 안에 알맞은 수를 써넣으세요.

① $1\frac{2}{3}$
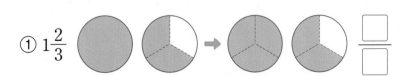

② $\frac{3}{2}$
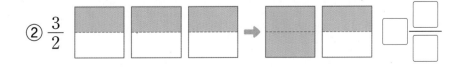

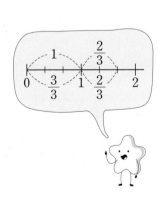

4. 분모가 같은 분수의 크기 비교

● **분모가 같은 가분수의 크기 비교하기**

분모가 같은 가분수는 **분자**가 클수록 큰 분수입니다.

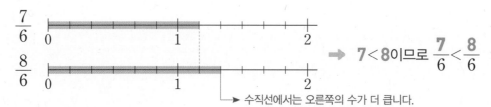

➡ **7**<**8**이므로 $\dfrac{7}{6}<\dfrac{8}{6}$

└➡ 수직선에서는 오른쪽의 수가 더 큽니다.

● **분모가 같은 대분수의 크기 비교하기**

• 자연수 부분이 다른 대분수는 **자연수**가 클수록 큰 분수입니다.

$2\dfrac{1}{3}$

$1\dfrac{2}{3}$

➡ **2**>**1**이므로 $2\dfrac{1}{3}>1\dfrac{2}{3}$

• 자연수 부분이 같은 대분수는 **진분수**가 클수록 큰 분수입니다.

$2\dfrac{4}{5}$

$2\dfrac{1}{5}$

➡ $\dfrac{4}{5}>\dfrac{1}{5}$이므로 $2\dfrac{4}{5}>2\dfrac{1}{5}$

● **분모가 같은 가분수와 대분수의 크기 비교하기**

• $1\dfrac{1}{3}$과 $\dfrac{7}{3}$의 크기 비교하기

대분수를 가분수로 나타내거나 가분수를 대분수로 나타내어 두 분수의 크기를 비교합니다.

방법 1 대분수를 **가분수로 나타내어** 두 분수의 크기 비교하기

$1\dfrac{1}{3}=\dfrac{4}{3}$이므로 $\dfrac{4}{3}<\dfrac{7}{3}$에서 $1\dfrac{1}{3}<\dfrac{7}{3}$입니다.

방법 2 가분수를 **대분수로 나타내어** 두 분수의 크기 비교하기

$\dfrac{7}{3}=2\dfrac{1}{3}$이므로 $1\dfrac{1}{3}<2\dfrac{1}{3}$에서 $1\dfrac{1}{3}<\dfrac{7}{3}$입니다.

개념 더 알아보기

• **자연수를 분수로 나타내어 보아요!**

$1=\dfrac{1}{1}=\dfrac{2}{2}=\dfrac{3}{3}=\dfrac{4}{4}=\cdots\cdots$

$2=\dfrac{1\times2}{1}=\dfrac{2\times2}{2}=\dfrac{3\times2}{3}=\dfrac{4\times2}{4}=\cdots\cdots$

$3=\dfrac{1\times3}{1}=\dfrac{2\times3}{2}=\dfrac{3\times3}{3}=\dfrac{4\times3}{4}=\cdots\cdots$

○ 정답과 풀이 31쪽

1 분수만큼 색칠하고 두 분수의 크기를 비교하여 ○ 안에 >, <를 알맞게 써넣으세요.

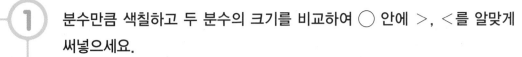

$\dfrac{7}{4}$ ○ $\dfrac{5}{4}$

$\dfrac{7}{4}$은 $\dfrac{1}{4}$이 7개,
$\dfrac{5}{4}$는 $\dfrac{1}{4}$이 5개인 수예요.

2 $1\dfrac{1}{5}$과 $2\dfrac{1}{5}$을 수직선에 ↓로 나타내고 두 분수의 크기를 비교하여 ○ 안에 >, <를 알맞게 써넣으세요.

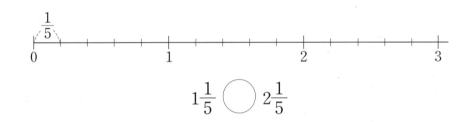

$1\dfrac{1}{5}$ ○ $2\dfrac{1}{5}$

$1\dfrac{1}{5}$은 1에서 $\dfrac{1}{5}$만큼,
$2\dfrac{1}{5}$은 2에서 $\dfrac{1}{5}$만큼
떨어진 곳에 표시해요.

3 $3\dfrac{7}{8}$과 $\dfrac{28}{8}$의 크기를 비교하려고 합니다. □ 안에 알맞은 수를 써넣고 두 분수의 크기를 비교하여 ○ 안에 >, <를 알맞게 써넣으세요.

3은 $\dfrac{24}{8}$와 같으므로
$3\dfrac{7}{8}$은 $\dfrac{1}{3}$이 (24+7)개예요.

• $3\dfrac{7}{8}$을 가분수로 나타내면 $\dfrac{\boxed{}}{8}$입니다.

• $\dfrac{\boxed{}}{8}$ ○ $\dfrac{28}{8}$이므로 $3\dfrac{7}{8}$ ○ $\dfrac{28}{8}$입니다.

4 두 분수의 크기를 비교하여 ○ 안에 >, <를 알맞게 써넣으세요.

① $\dfrac{8}{7}$ ○ $\dfrac{9}{7}$ ② $2\dfrac{7}{9}$ ○ $3\dfrac{5}{9}$ ③ $\dfrac{7}{2}$ ○ $2\dfrac{1}{2}$

1 분수로 나타내기

1 □ 안에 알맞은 수를 써넣으세요.

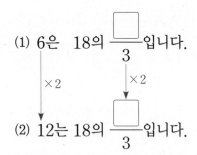

(1) 6은 18의 $\dfrac{\square}{3}$ 입니다.

(2) 12는 18의 $\dfrac{\square}{3}$ 입니다.

전체를 똑같이 ■로 나눈 것 중의 ▲는 $\dfrac{▲}{■}$ 야.

준비 색칠한 부분을 분수로 나타내어 보세요.

(1) $\dfrac{\square}{\square}$ (2) $\dfrac{\square}{\square}$

2 색칠한 부분을 분수로 나타내어 보세요.

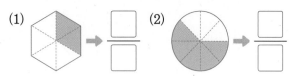

(1) → $\dfrac{\square}{\square}$

(2) → $\dfrac{\square}{\square}$

3 □ 안에 알맞은 수를 써넣으세요.

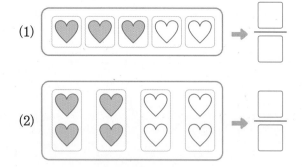

(1) 20을 4씩 묶으면 8은 20의 $\dfrac{\square}{\square}$ 입니다.

(2) 20을 5씩 묶으면 15는 20의 $\dfrac{\square}{\square}$ 입니다.

4 사탕 24개를 똑같이 나눌 수 있는 방법을 잘못 말한 학생은 누구일까요?

> • 유정: 6개씩 나눌 수 있어.
> • 나연: 8개씩 나눌 수 있어.
> • 지수: 5개씩 나눌 수 있어.
> • 다현: 4개씩 나눌 수 있어.

(   )

5 '*조삼모사'의 유래에서 원숭이 한 마리는 도토리를 아침에 4개, 저녁에 3개로 모두 7개를 받습니다. 도토리 7개 중 원숭이가 아침에 받는 양과 저녁에 받는 양을 각각 분수로 나타내어 보세요.

*조삼모사: 눈앞에 보이는 차이만 알고 결과가 같은 것을 모르는 어리석음.

아침: $\square$ 저녁: $\square$

서술형
6 10은 45의 $\dfrac{2}{9}$ 입니다. 같은 개수만큼 묶을 때 30은 45의 몇 분의 몇인지 풀이 과정을 쓰고 답을 구해 보세요.

풀이 ....

....

....

....

....

답 ....

2 분수만큼은 얼마인지 알아보기(1)

7 그림을 보고 ☐ 안에 알맞은 수를 써넣으세요.

(1) 18의 $\dfrac{1}{3}$은 ☐ 입니다.

(2) 18의 $\dfrac{1}{6}$은 ☐ 입니다.

8 보기 와 같이 ☐ 안에 알맞은 식과 수를 써넣으세요.

> **보기**
> 15의 $\dfrac{2}{5}$는 15÷5의 2배입니다.

(1) 32의 $\dfrac{3}{8}$은 ☐ 의 ☐ 배입니다.

(2) 27의 $\dfrac{5}{9}$는 ☐ 의 ☐ 배입니다.

새 교과 반영
9 전체의 공 중에서 $\dfrac{4}{6}$는 초록색 공입니다. 초록색 공의 개수만큼 초록색으로 색칠해 보세요.

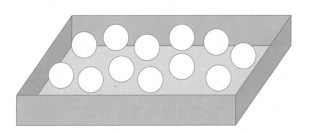

10 조건에 맞게 타일을 색칠해 보세요.

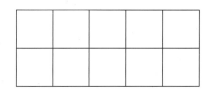

> • 분홍색: 10의 $\dfrac{3}{5}$ • 파란색: 10의 $\dfrac{2}{5}$

(1) 분홍색 타일은 몇 장일까요?

( )

(2) 파란색 타일은 몇 장일까요?

( )

(3) 더 많은 타일은 어떤 색일까요?

( )

11 무선이와 수애가 각각 가진 구슬의 수를 구해 보세요.

> • 시영: 나는 구슬을 20개 가지고 있어.
>
> • 무선: 나는 시영이의 $\dfrac{4}{5}$만큼 가지고 있어.
>
> • 수애: 나는 무선이의 $\dfrac{3}{8}$만큼 가지고 있어.

무선 ( ), 수애 ( )

12 ☐ 안에 알맞은 수를 써넣으세요.

(1) ☐ 의 $\dfrac{1}{6}$은 9입니다.

(2) ☐ 의 $\dfrac{3}{5}$은 21입니다.

3 분수만큼은 얼마인지 알아보기 (2)

13 그림을 보고 ☐ 안에 알맞은 수를 써넣으세요.

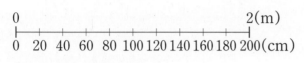

(1) 2 m의 $\frac{1}{2}$은 ☐ cm입니다.

(2) 2 m의 $\frac{4}{5}$는 ☐ cm입니다.

14 두 길이를 비교하여 ○ 안에 >, =, <를 알맞게 써넣으세요.

$$15\,cm의 \frac{2}{3} \bigcirc 15\,cm의 \frac{4}{5}$$

15 잠을 가장 많이 잔 학생은 누구일까요?

( )

16 모든 변의 길이가 같은 쌓기나무 6개의 긴 쪽의 길이가 48 cm일 때, ☐ 안에 알맞은 길이를 구해 보세요.

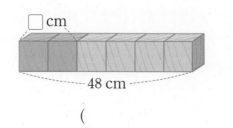

( )

4 여러 가지 분수 알아보기

17 주어진 분수만큼 색칠하고 진분수는 '진', 가분수는 '가'를 써넣으세요.

(1) $\frac{3}{2}$ 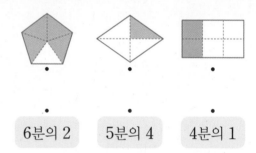 ( )

(2) $\frac{2}{3}$ ( )

분모부터 읽고 분자를 읽으면 돼.

준비 색칠한 부분과 관계있는 것끼리 이어 보세요.

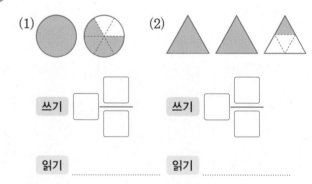

6분의 2   5분의 4   4분의 1

18 그림을 보고 대분수로 나타내고 읽어 보세요.

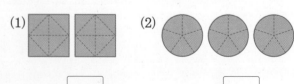

(1) 쓰기 ☐ ☐/☐

(2) 쓰기 ☐ ☐/☐

읽기 _____

읽기 _____

새 교과 반영

19 그림을 보고 자연수를 분수로 나타내어 보세요.

(1) $2 = \dfrac{\boxed{}}{\boxed{}}$

(2) $3 = \dfrac{\boxed{}}{\boxed{}}$

20 분수를 분류해 보세요.

$$\frac{5}{9} \quad 1\frac{4}{6} \quad \frac{11}{3} \quad \frac{7}{7} \quad \frac{3}{8} \quad 5\frac{1}{2} \quad \frac{6}{5}$$

진분수	가분수	대분수

21 색칠된 부분을 분수와 소수로 나타내어 보세요.

(1)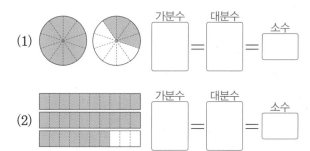

(2)

22 분모가 3인 분수를 만들어 보세요.

(1) 분모가 3인 진분수를 모두 써 보세요.

(   )

(2) 분모가 3인 가분수를 5개 써 보세요.

(   )

(3) 자연수 부분은 4이고 분모가 3인 대분수를 모두 써 보세요.

(   )

😊 내가 만드는 문제

23 ☐ 안에 1부터 5까지의 숫자를 써넣어 진분수, 가분수, 대분수를 각각 만들어 보세요.

⑤ 대분수와 가분수로 나타내기

24 그림을 보고 대분수를 가분수로 나타내어 보세요.

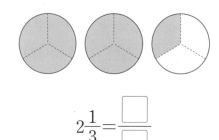

$$2\frac{1}{3} = \frac{\square}{\square}$$

25 ☐ 안에 대분수는 가분수로, 가분수는 대분수로 나타내어 보세요.

(1) $4\frac{1}{3} = \boxed{}$ (2) $2\frac{5}{8} = \boxed{}$

(3) $\frac{18}{5} = \boxed{}$ (4) $\frac{20}{7} = \boxed{}$

26 그림을 보고 알맞지 <u>않은</u> 것에 모두 ○표 하세요.

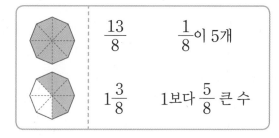

서술형
27 자연수 부분이 9이고 분모가 2인 대분수를 가분수로 나타내려고 합니다. 풀이 과정을 쓰고 답을 구해 보세요.

풀이 _____

_____

_____

답 _____

6 분모가 같은 분수의 크기 비교

똑같이 나눈 후 색칠한 칸수가 많을수록 더 큰 수야.

준비 주어진 분수만큼 색칠하고 크기를 비교하여 ○ 안에 >, =, <를 알맞게 써넣으세요.

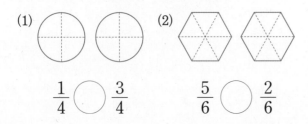

(1) $\dfrac{1}{4}$ ○ $\dfrac{3}{4}$

(2) $\dfrac{5}{6}$ ○ $\dfrac{2}{6}$

28 주어진 분수만큼 색칠하고 크기를 비교하여 ○ 안에 >, =, <를 알맞게 써넣으세요.

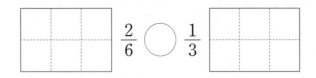

$\dfrac{2}{6}$ ○ $\dfrac{1}{3}$

29 주어진 분수를 수직선에 ↑로 나타내고 ○ 안에 >, =, <를 알맞게 써넣으세요.

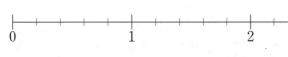

$1\dfrac{4}{5}$ ○ $\dfrac{7}{5}$

30 두 분수의 크기를 비교하여 ○ 안에 >, =, <를 알맞게 써넣으세요.

(1) $\dfrac{13}{8}$ ○ $\dfrac{9}{8}$　　(2) $2\dfrac{5}{6}$ ○ $3\dfrac{2}{6}$

(3) $5\dfrac{4}{9}$ ○ $5\dfrac{7}{9}$　　(4) $\dfrac{23}{3}$ ○ $7\dfrac{1}{3}$

31 □ 안에 알맞은 수를 찾아 모두 ○표 하세요.

(1) $\dfrac{\square}{6} < \dfrac{5}{6}$　　　(1 , 2 , 3 , 4 , 5 , 6)

(2) $3\dfrac{\square}{6} > 3\dfrac{2}{6}$　　　(1 , 2 , 3 , 4 , 5 , 6)

32 분모가 8인 분수 중 $\dfrac{10}{8}$보다 크고 $1\dfrac{7}{8}$보다 작은 가분수를 모두 써 보세요.

(　　　　　　　　　　　)

서술형
33 분수의 크기를 비교하여 가장 큰 분수의 기호를 쓰려고 합니다. 풀이 과정을 쓰고 답을 구해 보세요.

> ㉠ $\dfrac{17}{9}$　　　 ㉡ $\dfrac{1}{9}$이 13개인 수
>
> ㉢ $1\dfrac{5}{9}$　　　 ㉣ $\dfrac{9}{9}$

풀이 ....

....

....

답 ....

☺ 내가 만드는 문제
34 □ 안에 알맞은 수를 자유롭게 써넣고 크기를 비교해 보세요.

$4\dfrac{\square}{5} < \dfrac{\square}{5}$

⚡ 대분수

1 대분수를 모두 찾아 ○표 하세요.

$$3\frac{2}{4} \qquad \frac{6}{6} \qquad 1\frac{4}{3} \qquad 5\frac{6}{7} \qquad 2\frac{8}{5}$$

2 대분수는 모두 몇 개인지 구해 보세요.

$$2\frac{5}{9} \quad 5\frac{4}{4} \quad 6\frac{1}{3} \quad \frac{8}{5} \quad 7\frac{3}{2} \quad 1\frac{7}{8} \quad \frac{4}{7}$$

(　　　　　)

3 자연수 부분이 3이고 분모가 6인 대분수는 모두 몇 개인지 구해 보세요.

(　　　　　)

4 분모가 3인 분수 중에서 5보다 작은 대분수는 모두 몇 개인지 구해 보세요.

(　　　　　)

⚡ 수직선에 나타낸 분수

5 ↓가 나타내는 분수는 몇 분의 몇인지 구해 보세요.

6 ↓가 나타내는 분수를 대분수로 나타내어 보세요.

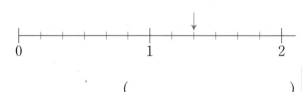

(　　　　　)

4

7 주어진 분수를 각각 수직선에 ↓로 나타내어 보세요.

$$\bigcirc \ 1\frac{3}{5} \qquad \bigcirc \ \frac{12}{5}$$

8 분수를 순서대로 나열하려고 합니다. 중간에 빠진 분수를 구해 보세요.

$$\frac{5}{6} \quad \frac{3}{6} \quad \frac{7}{6} \quad \frac{4}{6}$$

( )

9 분수를 순서대로 나열하려고 합니다. 중간에 빠진 분수를 구해 보세요.

$$\frac{11}{9} \quad \frac{15}{9} \quad \frac{12}{9} \quad \frac{10}{9} \quad \frac{14}{9}$$

( )

10 분수를 순서대로 나열하려고 합니다. 중간에 빠진 분수를 구해 보세요.

$$2\frac{8}{10} \quad 2\frac{6}{10} \quad 2\frac{3}{10} \quad 2\frac{7}{10} \quad 2\frac{4}{10}$$

( )

 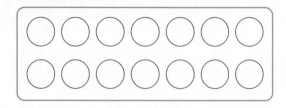

11 전체의 $\frac{3}{7}$은 빨간색, 전체의 $\frac{4}{7}$는 파란색으로 색칠해 보세요.

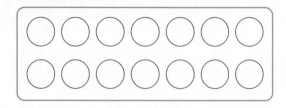

12 전체의 $\frac{6}{8}$은 보라색, 전체의 $\frac{2}{8}$는 노란색으로 색칠해 보세요.

13 전체의 $\frac{2}{3}$는 주황색, 전체의 $\frac{1}{3}$은 초록색으로 규칙을 만들어 색칠해 보세요.

⚡ 분수의 크기 비교

14 두 분수의 크기를 비교하여 ○ 안에 >, =, <를 알맞게 써넣으세요.

$$4\frac{2}{5} \quad \bigcirc \quad \frac{24}{5}$$

15 두 분수의 크기를 비교하여 ○ 안에 >, =, <를 알맞게 써넣으세요.

(1) $2\frac{4}{7} \quad \bigcirc \quad \frac{17}{7}$

(2) $\frac{30}{8} \quad \bigcirc \quad 3\frac{6}{8}$

16 분수의 크기가 가장 큰 것에 ○표 하세요.

$$5\frac{5}{6} \qquad \frac{33}{6} \qquad 5\frac{2}{6}$$

(　　　) 　(　　　) 　(　　　)

⚡ 크기 순서대로 나열

17 수직선의 □ 안에 알맞은 분수를 각각 써넣으세요.

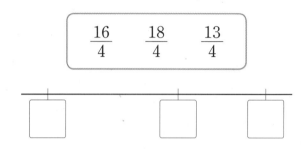

18 수직선의 □ 안에 알맞은 분수를 각각 써넣으세요.

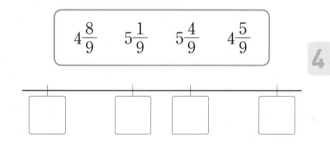

19 수직선의 □ 안에 알맞은 분수를 각각 써넣으세요.

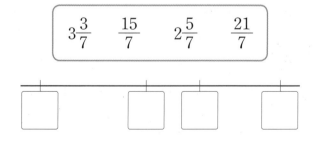

도전1 색칠한 부분을 분수로 나타내기

1 색칠한 부분을 분수로 나타내어 보세요.

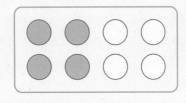

( )

핵심 NOTE
8을 1씩, 2씩, 4씩 묶을 수 있습니다.
전체를 몇씩 묶는지에 따라 여러 가지 분수로 나타낼 수 있습니다.

2 색칠한 부분을 분수로 나타내어 보세요.

( )

3 색칠한 부분을 분수로 나타내어 보세요.

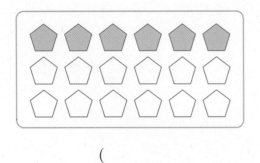

( )

도전2 수 카드로 분수 만들기

4 수 카드 3 , 8 , 5 , 4 중 2장을 사용하여 만들 수 있는 가분수를 모두 써 보세요.

( )

핵심 NOTE
가분수는 분자가 분모와 같거나 분모보다 크므로 서로 다른 2장을 사용하면 분자와 분모가 같은 분수는 만들 수 없습니다.

5 수 카드 5 , 2 , 9 , 6 중 2장을 사용하여 만들 수 있는 진분수를 모두 써 보세요.

( )

6 수 카드 6 , 4 , 7 을 한 번씩만 사용하여 만들 수 있는 대분수를 모두 써 보세요.

( )

도전 최상위

7 수 카드 7 , 2 , 9 를 한 번씩만 사용하여 만들 수 있는 가장 큰 대분수를 가분수로 나타내어 보세요.

( )

도전3 ☐ 안에 들어갈 수 있는 수 구하기

8 ☐ 안에 들어갈 수 있는 자연수를 모두 구해 보세요.

$$\frac{\square}{6} < 1\frac{1}{6}$$

( )

핵심 NOTE
대분수를 가분수로 나타내고 분자의 크기를 비교하여 분자에 들어갈 수 있는 수를 구합니다.

9 ☐ 안에 들어갈 수 있는 자연수는 모두 몇 개인지 구해 보세요.

$$\frac{23}{9} > 2\frac{\square}{9}$$

( )

10 ☐ 안에 들어갈 수 있는 자연수를 모두 구해 보세요.

$$4\frac{5}{8} < \frac{\square}{8} < \frac{41}{8}$$

( )

도전4 **조건에 맞는 분수 찾기**

11 분모가 11이고 분자가 8보다 큰 진분수는 모두 몇 개인지 구해 보세요.

( )

핵심 NOTE
진분수는 분자가 분모보다 작으므로 분자가 8보다 크고 11보다 작은 진분수를 찾습니다.

12 분모가 14이고 분자가 10보다 큰 진분수를 모두 구해 보세요.

( )

13 분모가 6이고 분자는 한 자리 수인 가분수를 모두 구해 보세요.

( )

도전 최상위
14 분자가 21인 분수 중에서 분모가 15보다 크고 25보다 작은 가분수는 모두 몇 개인지 구해 보세요.

( )

도전5 어떤 수의 분수만큼은 얼마인지 구하기

15 어떤 수의 $\frac{1}{3}$은 8입니다. 어떤 수의 $\frac{1}{4}$은 얼마인지 구해 보세요.

(   )

핵심 NOTE

먼저 어떤 수를 구한 다음 어떤 수의 $\frac{\blacktriangle}{\blacksquare}$만큼을 구합니다.

16 어떤 수의 $\frac{3}{5}$은 18입니다. 어떤 수의 $\frac{2}{6}$는 얼마인지 구해 보세요.

(   )

17 어떤 수의 $\frac{7}{12}$은 21입니다. 어떤 수의 $\frac{8}{9}$은 얼마인지 구해 보세요.

(   )

18 어떤 수의 $\frac{3}{10}$은 15입니다. 어떤 수의 $\frac{4}{5}$는 얼마인지 구해 보세요.

(   )

도전6 조건을 만족하는 분수 구하기

19 조건을 만족하는 진분수를 구해 보세요.

- 분모와 분자의 합은 12입니다.
- 분모와 분자의 차는 4입니다.

(   )

핵심 NOTE

분자를 □라고 하여 식으로 나타내어 봅니다.

20 조건을 만족하는 가분수를 구해 보세요.

- 분모와 분자의 합은 26입니다.
- 분모와 분자의 차는 8입니다.

(   )

도전 최상위

21 조건을 만족하는 대분수를 구해 보세요.

- 3보다 크고 4보다 작은 수입니다.
- 분모와 분자의 합은 17입니다.
- 분모와 분자의 차는 5입니다.

(   )

1 귤을 4개씩 묶고 ☐ 안에 알맞은 수를 써넣으세요.

12를 4씩 묶으면 8은 12의 $\dfrac{\square}{\square}$입니다.

2 진분수는 ○표, 가분수는 △표 하세요.

$$\dfrac{11}{12} \qquad \dfrac{7}{4} \qquad \dfrac{23}{9} \qquad \dfrac{3}{6} \qquad \dfrac{8}{8}$$

3 보기 와 같이 ☐ 안에 알맞은 식과 수를 써넣으세요.

보기
9의 $\dfrac{2}{3}$는 $9 \div 3$의 2배입니다.

(1) 20의 $\dfrac{3}{5}$은 ☐의 ☐배입니다.

(2) 45의 $\dfrac{5}{9}$는 ☐의 ☐배입니다.

4 색칠한 부분을 가분수와 대분수로 각각 나타내어 보세요.

가분수 (   )

대분수 (   )

5 그림을 보고 ☐ 안에 알맞은 수를 써넣으세요.

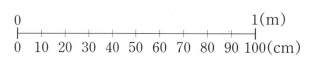

(1) 1 m의 $\dfrac{7}{10}$은 ☐ cm입니다.

(2) 1 m의 $\dfrac{3}{5}$은 ☐ cm입니다.

6 $5\dfrac{\square}{6}$는 대분수입니다. ☐ 안에 들어갈 수 있는 수를 모두 찾아 ○표 하세요.

$$3 \quad 4 \quad 5 \quad 6 \quad 7 \quad 8$$

7 같은 분수끼리 이어 보세요.

$4\dfrac{2}{7}$ •

$3\dfrac{5}{7}$ •

• $\dfrac{23}{7}$

• $\dfrac{26}{7}$

• $\dfrac{30}{7}$

8 시계를 보고 ☐ 안에 알맞은 수를 써넣으세요.

(1) 1시간의 $\dfrac{1}{4}$은 ☐ 분입니다.

(2) 1시간의 $\dfrac{5}{6}$는 ☐ 분입니다.

9 3부터 9까지의 수를 한 번씩만 사용하여 진분수, 가분수, 대분수를 각각 만들어 보세요.

10 두 분수의 크기를 비교하여 ○ 안에 >, =, <를 알맞게 써넣으세요.

(1) $\dfrac{9}{6}$ ◯ $\dfrac{7}{6}$

(2) $2\dfrac{3}{5}$ ◯ $3\dfrac{1}{5}$

11 다음은 분모가 8인 진분수입니다. □ 안에 들어갈 수 있는 자연수는 모두 몇 개일까요?

$$\dfrac{\square}{8}$$

( )

12 나타내는 수가 <u>다른</u> 것은 어느 것일까요?
( )

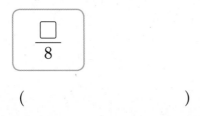

① 15의 $\dfrac{4}{5}$ ② 32의 $\dfrac{3}{8}$

③ 16의 $\dfrac{3}{4}$ ④ 28의 $\dfrac{5}{7}$

⑤ 54의 $\dfrac{2}{9}$

13 분모가 9인 대분수 중에서 다음 두 수 사이에 있는 분수를 모두 써 보세요.

$$\boxed{\dfrac{40}{9}} \qquad \boxed{4\dfrac{7}{9}}$$

( )

14 큰 분수부터 차례로 기호를 써 보세요.

㉠ $\dfrac{9}{5}$ ㉡ $\dfrac{5}{5}$

㉢ $2\dfrac{2}{5}$ ㉣ $\dfrac{1}{5}$이 7개

( )

15 수 카드 중에서 2장을 한 번씩만 사용하여 만들 수 있는 가분수는 모두 몇 개일까요?

$$\boxed{3} \quad \boxed{5} \quad \boxed{6} \quad \boxed{7}$$

( )

→ 정답과 풀이 38쪽

16 성욱이네 반 학생은 24명입니다. 이 중에서 $\frac{5}{8}$ 가 동생이 있다면 성욱이네 반에서 동생이 없는 학생은 몇 명일까요?

( )

17 3장의 수 카드를 한 번씩만 사용하여 자연수 부분이 3인 대분수를 만들었습니다. 이 대분수를 가분수로 나타내어 보세요.

$$\boxed{9} \quad \boxed{3} \quad \boxed{2}$$

( )

18 분모와 분자의 합이 11이고 차가 3인 가분수가 있습니다. 이 가분수를 대분수로 나타내어 보세요.

( )

서술형
19 ☐ 안에 들어갈 수 있는 자연수 중에서 가장 큰 수는 얼마인지 풀이 과정을 쓰고 답을 구해 보세요.

$$\frac{\square}{7} < 2\frac{3}{7}$$

풀이

답

서술형
20 어떤 수의 $\frac{7}{9}$ 은 35입니다. 어떤 수는 얼마인지 풀이 과정을 쓰고 답을 구해 보세요.

풀이

답

4

1 그림을 보고 ☐ 안에 알맞은 수를 써넣으세요.

(1) 20의 $\frac{1}{5}$은 ☐입니다.

(2) 20의 $\frac{4}{5}$는 ☐입니다.

2 사탕을 2개씩 묶고 ☐ 안에 알맞은 수를 써넣으세요.

18을 2씩 묶으면 10은 18의 $\frac{☐}{☐}$입니다.

3 색칠한 부분을 가분수와 대분수로 각각 나타내어 보세요.

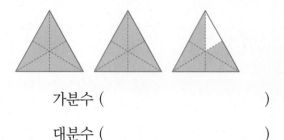

가분수 (   )

대분수 (   )

4 ☐ 안에 알맞은 수를 써넣으세요.

(1) 21 cm의 $\frac{2}{3}$는 ☐ cm입니다.

(2) 21 cm의 $\frac{6}{7}$은 ☐ cm입니다.

5 가분수는 모두 몇 개인지 구해 보세요.

$\frac{10}{9}$ $2\frac{4}{8}$ $\frac{11}{14}$ $\frac{5}{5}$ $\frac{8}{3}$ $\frac{6}{7}$

(   )

6 자연수를 분수로 나타낸 것입니다. 잘못 나타낸 것은 어느 것일까요? (   )

① $4 = \frac{16}{4}$　② $3 = \frac{21}{7}$　③ $5 = \frac{5}{5}$

④ $9 = \frac{27}{3}$　⑤ $8 = \frac{16}{2}$

7 가분수는 대분수로, 대분수는 가분수로 나타내어 보세요.

(1) $\frac{35}{8}$　　　　　(2) $3\frac{4}{9}$

8 $\dfrac{\square}{11}$ 가 진분수일 때 $\square$ 안에 들어갈 수 있는 가장 큰 자연수를 구해 보세요.

(   )

12 자연수 부분이 5이고 분모가 8인 대분수는 모두 몇 개인지 구해 보세요.

(   )

9 두 분수의 크기를 비교하여 ◯ 안에 >, =, <를 알맞게 써넣으세요.

(1) $3\dfrac{2}{7}$ ◯ $2\dfrac{5}{7}$

(2) $\dfrac{26}{4}$ ◯ $6\dfrac{3}{4}$

13 대분수를 가분수로 나타내었을 때 분자가 가장 큰 대분수를 써 보세요.

$$3\dfrac{2}{4} \quad 4\dfrac{1}{6} \quad 5\dfrac{2}{3} \quad 2\dfrac{8}{9}$$

(   )

10 나타내는 수가 가장 큰 것을 찾아 기호를 써 보세요.

$$㉠ \ 16의 \ \dfrac{6}{8} \quad ㉡ \ 25의 \ \dfrac{3}{5} \quad ㉢ \ 42의 \ \dfrac{2}{6}$$

(   )

14 ◆에 알맞은 수를 구해 보세요.

$$\dfrac{16}{◆} = 2\dfrac{4}{◆}$$

(   )

11 지호가 독서를 한 시간은 몇 분일까요?

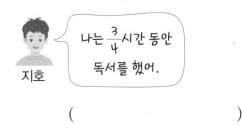

나는 $\dfrac{3}{4}$ 시간 동안 독서를 했어.

지호

(   )

15 $\square$ 안에 알맞은 수를 써넣으세요.

(1) $\square$ 의 $\dfrac{4}{6}$ 는 28입니다.

(2) $\square$ 의 $\dfrac{5}{9}$ 는 40입니다.

16 수 카드 중에서 2장을 한 번씩만 사용하여 만들 수 있는 진분수를 모두 써 보세요.

$$\boxed{7} \quad \boxed{3} \quad \boxed{1} \quad \boxed{6}$$

(   )

17 □ 안에 들어갈 수 있는 가장 작은 자연수를 구해 보세요.

$$\dfrac{\square}{5} > 6\dfrac{3}{5}$$

(   )

18 어떤 수의 $\dfrac{5}{8}$ 는 45입니다. 어떤 수의 $\dfrac{3}{9}$ 은 얼마인지 구해 보세요.

(   )

19 딸기가 32개 있습니다. 지민이가 전체의 $\dfrac{3}{8}$ 만큼 먹었다면 지민이가 먹은 딸기는 몇 개인지 풀이 과정을 쓰고 답을 구해 보세요.

풀이

답

20 조건을 만족하는 대분수를 구하려고 합니다. 풀이 과정을 쓰고 답을 구해 보세요.

> • 5보다 크고 6보다 작은 수입니다.
> • 분모와 분자의 합은 22입니다.
> • 분모와 분자의 차는 6입니다.

풀이

답

5 들이와 무게

이번 단원에서
꼭 짚어야 할
핵심 개념을 알아보자.

핵심 1   들이와 무게

- 들이를 직접 비교하기 어려울 때에는 모양과 크기가 같은 그릇을 이용한다.
- 무게를 직접 비교하기 어려울 때에는 같은 무게의 동전이나 바둑돌을 이용한다.

핵심 2   들이의 단위

들이의 단위에는 1 리터와 1 밀리리터가 있다.

- 1 L = ☐ mL

- 1 L 400 mL = ☐ mL

핵심 3   들이의 합과 차

- 2 L 500 mL + 1 L 300 mL
  = ☐ L ☐ mL

- 6 L 700 mL − 4 L 200 mL
  = ☐ L ☐ mL

핵심 4   무게의 단위

무게의 단위에는 1 킬로그램과 1 그램, 1 톤이 있다.

- 1 kg = ☐ g

- 1 kg 900 g = ☐ g

- 1 t = ☐ kg

핵심 5   무게의 합과 차

- 1 kg 200 g + 3 kg 600 g
  = ☐ kg ☐ g

- 5 kg 800 g − 2 kg 500 g
  = ☐ kg ☐ g

1. 들이 비교하기

● **모양과 크기가 다른 그릇의 들이 비교하기**

방법 1 물을 직접 옮겨 담아 비교합니다.

• 가에 가득 채워 나로 모두 옮겨 담을 때

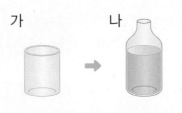

(가의 들이) < (나의 들이)

• 나에 가득 채워 가에 모두 옮겨 담을 때

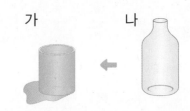

(가의 들이) < (나의 들이)

방법 2 모양과 크기가 같은 그릇에 모두 옮겨 담아 비교합니다.

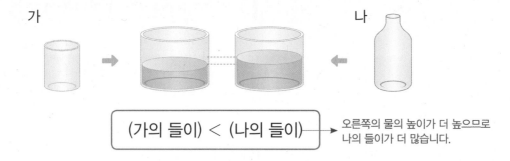

(가의 들이) < (나의 들이) → 오른쪽의 물의 높이가 더 높으므로
나의 들이가 더 많습니다.

방법 3 모양과 크기가 같은 작은 컵에 모두 옮겨 담아 컵의 수를 비교합니다.

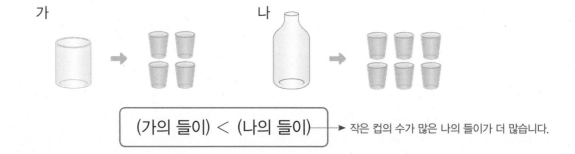

(가의 들이) < (나의 들이) → 작은 컵의 수가 많은 나의 들이가 더 많습니다.

개념 자세히 보기

● **들이를 비교하는 방법을 자세히 알아보아요!**

	방법 1	방법 2	방법 3
편리한 점	다른 그릇을 준비하지 않아도 됩니다.	측정 도구가 없어도 간편하게 비교할 수 있습니다.	작은 컵의 수로 비교적 정확하게 들이를 비교할 수 있습니다.
불편한 점	옮겨 담기 힘든 경우 들이를 비교하기 어렵습니다.	다른 큰 그릇을 준비해야 합니다.	모양과 크기가 같은 작은 컵을 여러 개 준비해야 합니다.

정답과 풀이 42쪽

1 들이가 많은 그릇부터 차례로 ( ) 안에 1, 2, 3을 써넣으세요.

( )   ( )   ( )

그릇에 가득 담을 수 있는 양을 들이라고 해요.

2 주스병에 물을 가득 채운 후 주전자에 모두 옮겨 담았더니 그림과 같이 물이 채워졌습니다. 주스병과 주전자 중 들이가 더 많은 것은 어느 것일까요?

주스병   주전자

( )

1학년 때 배웠어요
두 그릇에 담을 수 있는 양 비교하기
더 많다   더 적다

3 우유갑과 물병에 물을 가득 채운 후 모양과 크기가 같은 그릇에 모두 옮겨 담았습니다. 우유갑과 물병 중 들이가 더 적은 것은 어느 것일까요?

우유갑   물병

( )

옮겨 담은 물의 높이가 낮을수록 그릇의 들이가 적어요.

4 가와 나 그릇에 물을 가득 채운 후 모양과 크기가 같은 작은 컵에 모두 옮겨 담았습니다. ☐ 안에 알맞게 써넣으세요.

가    나

☐ 그릇이 ☐ 그릇보다 컵 ☐개만큼 들이가 더 많습니다.

작은 컵의 수가 많을수록 그릇의 들이가 많아요.

2. 들이의 단위, 들이를 어림하고 재어 보기

● **들이의 단위**

- 들이의 단위: **리터, 밀리리터** 등
- 1 리터, 1 밀리리터 알아보기

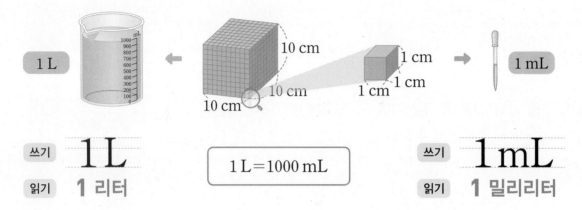

쓰기	$1 L$	$1 L = 1000 mL$	쓰기	$1 mL$
읽기	**1 리터**		읽기	**1 밀리리터**

- 1 L보다 600 mL 더 많은 들이 알아보기

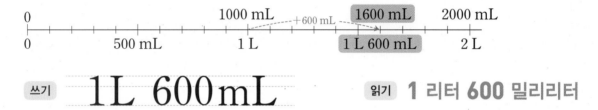

쓰기 $1 L\ 600\ mL$ 읽기 **1 리터 600 밀리리터**

● **들이를 어림하고 재어 보기**

- 1 L를 기준으로 1 L보다 많으면 L, 적으면 mL로 나타냅니다.

- 들이를 어림하여 말할 때는 **약 ▢ L** 또는 **약 ▢ mL**라고 합니다.

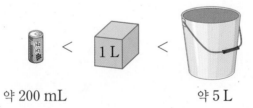

약 200 mL   약 5 L

개념 자세히 **보기**

● **들이의 단위를 바꿀 수 있어요!**

- ■L ▲mL를 ●mL로 바꾸기
  1 L 800 mL
  =1 L + 800 mL
  =1000 mL + 800 mL = 1800 mL

- ●mL를 ■L ▲mL로 바꾸기
  2300 mL
  =2000 mL + 300 mL
  =2 L + 300 mL = 2 L 300 mL

○ 정답과 풀이 42쪽

1 알맞은 단위에 ○표 하고 □ 안에 알맞은 수를 써넣으세요.

들이의 단위에는 1리터와
1밀리리터가 있어요.

① 1 리터는 1 (L , mL)라 쓰고, 1 밀리리터는 1 (L , mL)라고 씁니다.

② 1 L는 □ mL와 같습니다.

2 물의 양이 얼마인지 눈금을 읽고 □ 안에 알맞은 수를 써넣으세요.

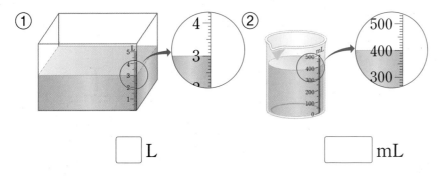

① □ L   ② □ mL

3 □ 안에 알맞은 수를 써넣으세요.

① 2 L 100 mL = □ mL + 100 mL = □ mL

② 1500 mL = □ mL + 500 mL = □ L □ mL

1 L = 1000 mL이므로
2 L = 2000 mL예요.

4 들이가 1 L보다 더 많은 것에 ○표, 더 적은 것에 △표 하세요.

 ①   ②

(   )   (   )

5 주전자에 가득 담긴 물을 1 L짜리 그릇에 담았더니 그림과 같이 물이 찼습니다. 주전자의 들이는 약 몇 L일까요?

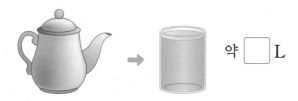 약 □ L

1L가 조금 못 돼도,
1L가 조금 넘어도
모두 약 1L예요.

5. 들이와 무게 **125**

3. 들이의 덧셈과 뺄셈

● **들이의 합 구하기**

• L 단위의 수끼리, mL 단위의 수끼리 더합니다.

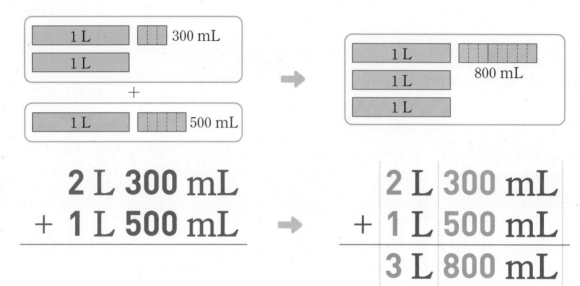

$$\begin{array}{r} 2\,\text{L}\ 300\,\text{mL} \\ +\ 1\,\text{L}\ 500\,\text{mL} \\ \hline \end{array} \quad\Rightarrow\quad \begin{array}{r} 2\,\text{L}\ |\ 300\,\text{mL} \\ +\ 1\,\text{L}\ |\ 500\,\text{mL} \\ \hline 3\,\text{L}\ |\ 800\,\text{mL} \end{array}$$

● **들이의 차 구하기**

• L 단위의 수끼리, mL 단위의 수끼리 뺍니다.

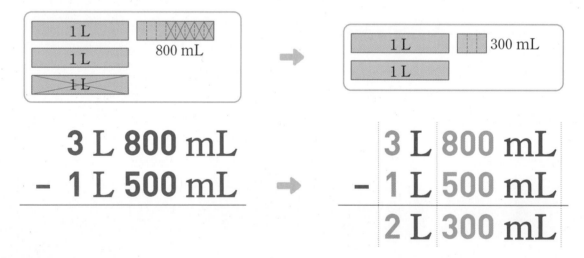

$$\begin{array}{r} 3\,\text{L}\ 800\,\text{mL} \\ -\ 1\,\text{L}\ 500\,\text{mL} \\ \hline \end{array} \quad\Rightarrow\quad \begin{array}{r} 3\,\text{L}\ |\ 800\,\text{mL} \\ -\ 1\,\text{L}\ |\ 500\,\text{mL} \\ \hline 2\,\text{L}\ |\ 300\,\text{mL} \end{array}$$

개념 자세히 보기

● **받아올림이 있는 들이의 덧셈과 받아내림이 있는 들이의 뺄셈을 알아보아요!**

• mL 단위의 수끼리 더한 값이 1000 mL이거나 1000 mL 보다 크면 1000 mL를 1 L로 받아올림합니다.

$$\begin{array}{r} \overset{1}{} \\ 3\,\text{L}\ 600\,\text{mL} \\ +\ 4\,\text{L}\ 800\,\text{mL} \\ \hline 8\,\text{L}\ 400\,\text{mL} \end{array}$$

• mL 단위의 수끼리 뺄 수 없을 때에는 1 L를 1000 mL로 받아내림합니다.

$$\begin{array}{r} \overset{3}{}\ \overset{1000}{} \\ 4\,\text{L}\ 200\,\text{mL} \\ -\ 1\,\text{L}\ 700\,\text{mL} \\ \hline 2\,\text{L}\ 500\,\text{mL} \end{array}$$

정답과 풀이 42쪽

1 수직선을 보고 ☐ 안에 알맞은 수를 써넣으세요.

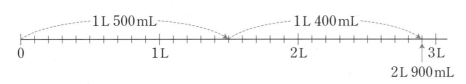

3학년 1학기 때 배웠어요

$$\begin{array}{r} 1\ \text{km}\ 200\ \text{m} \\ +\ 2\ \text{km}\ 300\ \text{m} \\ \hline 3\ \text{km}\ 500\ \text{m} \end{array}$$

$$1\ \text{L}\ 500\ \text{mL} + 1\ \text{L}\ 400\ \text{mL} = \boxed{}\ \text{L}\ \boxed{}\ \text{mL}$$

2 그림을 보고 ☐ 안에 알맞은 수를 써넣으세요.

1 L	1 L	1 L	1 L

300 mL

$$4\ \text{L}\ 300\ \text{mL} - 1\ \text{L}\ 100\ \text{mL} = \boxed{}\ \text{L}\ \boxed{}\ \text{mL}$$

3 ☐ 안에 알맞은 수를 써넣으세요.

①
$$\begin{array}{r} 2\ \text{L}\ \ 600\ \text{mL} \\ +\ 2\ \text{L}\ \ 300\ \text{mL} \\ \hline \boxed{\ }\ \text{L}\ \boxed{\ }\ \text{mL} \end{array}$$

②
$$\begin{array}{r} 6\ \text{L}\ \ 400\ \text{mL} \\ +\ 1\ \text{L}\ \ 200\ \text{mL} \\ \hline \boxed{\ }\ \text{L}\ \boxed{\ }\ \text{mL} \end{array}$$

L 단위의 수끼리,
mL 단위의 수끼리
더해요.

4 ☐ 안에 알맞은 수를 써넣으세요.

①
$$\begin{array}{r} 4\ \text{L}\ \ 700\ \text{mL} \\ -\ 3\ \text{L}\ \ 500\ \text{mL} \\ \hline \boxed{\ }\ \text{L}\ \boxed{\ }\ \text{mL} \end{array}$$

②
$$\begin{array}{r} 8\ \text{L}\ \ 900\ \text{mL} \\ -\ 6\ \text{L}\ \ 200\ \text{mL} \\ \hline \boxed{\ }\ \text{L}\ \boxed{\ }\ \text{mL} \end{array}$$

L 단위의 수끼리,
mL 단위의 수끼리
빼요.

4. 무게 비교하기

● **모양과 크기가 다른 물건의 무게 비교하기**

방법 1 양손에 물건을 하나씩 들고 비교합니다.

(사과의 무게) < (배의 무게)

배를 든 손에 힘이
더 많이 들어갑니다.

방법 2 저울을 이용하여 비교합니다.

사과   배

(사과의 무게) < (배의 무게)

내려간 쪽이 더 무겁습니다. ◀

방법 3 같은 단위를 이용하여 무게를 재어서 비교합니다.

사과   바둑돌
30개

배   바둑돌
38개

(사과의 무게) < (배의 무게)

▶ (바둑돌 30개) < (바둑돌 38개)

개념 자세히 보기

● **무게를 비교하는 방법을 자세히 알아보아요!**

	방법 1	방법 2	방법 3
편리한 점	무게의 차이가 큰 경우 별다른 도구 없이 비교할 수 있습니다.	접시가 기울어진 정도를 통해 무게를 쉽게 비교할 수 있습니다.	무게의 차이를 정확히 알 수 있습니다.
불편한 점	무게의 차이가 크지 않으면 비교가 힘듭니다.	무게의 차이를 정확히 알기 힘듭니다.	무게가 작고 같은 단위가 여러 개 있어야 합니다.

→ 정답과 풀이 42쪽

① 무게가 무거운 것부터 차례로 (　　) 안에 1, 2, 3을 써넣으세요.

주사위　　　　냉장고　　　　농구공

(　　　　)　　　(　　　　)　　　(　　　　)

② 연필과 필통의 무게를 비교하려고 합니다. 알맞은 말에 ○표 하고 물음에 답하세요.

1학년 때 배웠어요
무게 비교하기

연필　　　　　　필통

더 무겁다　　더 가볍다

① 눈으로 보기에는 (연필 , 필통)이 더 무거워 보입니다.

② 양손으로 직접 들어 보면 (연필 , 필통)이 더 무겁게 느껴집니다.

③ 저울을 이용하여 무게를 비교하였습니다.
　어느 것이 더 무거울까요?

(　　　　　　　　　)

5

③ 저울과 100원짜리 동전을 이용하여 고구마와 감자 중 어느 것이 얼마나 더 무거운지 알아보려고 합니다. ☐ 안에 알맞은 수나 말을 써넣으세요.

고구마　100원짜리 동전 35개　　감자　100원짜리 동전 30개

●=■,
▲=★일 때
■>★이면 ●>▲예요.

① 고구마의 무게는 100원짜리 동전 ☐개의 무게와 같습니다.

② 감자의 무게는 100원짜리 동전 ☐개의 무게와 같습니다.

③ ☐가 ☐보다 100원짜리 동전 ☐개만큼 더 무겁습니다.

5. 무게의 단위, 무게를 어림하고 재어 보기

● **무게의 단위**

• 무게의 단위: 킬로그램, 그램, 톤 등

• 1 킬로그램, 1 그램 알아보기

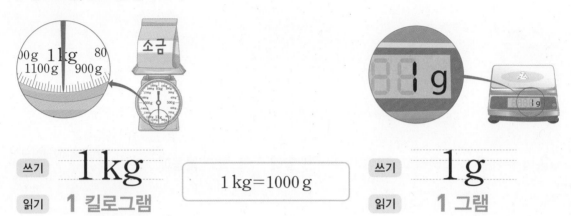

쓰기 **1 kg**

읽기 **1 킬로그램**

$1\,kg = 1000\,g$

쓰기 **1 g**

읽기 **1 그램**

• 1 kg보다 700 g 더 무거운 무게 알아보기

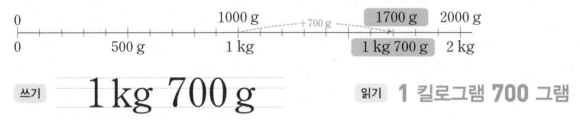

쓰기 **1 kg 700 g**

읽기 **1 킬로그램 700 그램**

• 1 톤 알아보기
   1000 kg의 무게를 1 t이라 쓰고 1톤이라고 읽습니다.

$1\,t = 1000\,kg$

쓰기 **1 t**

읽기 **1 톤**

● **무게를 어림하고 재어 보기**

• 1 kg을 기준으로 1 kg보다 많으면 kg, 적으면 g으로 나타냅니다.

• 1000 kg을 기준으로 1000 kg보다 많으면 t, 적으면 kg으로 나타냅니다.

• 무게를 어림하여 말할 때는 **약 ☐ kg** 또는 **약 ☐ g**이라고 합니다.

약 200 g   약 2 kg   약 14 t

↪ 정답과 풀이 **43**쪽

① 알맞은 단위에 ○표 하고 □ 안에 알맞은 수를 써넣으세요.

① 1 킬로그램은 1 (kg , g)이라 쓰고, 1 그램은 1 (kg , g)이라고 씁니다.

② 1 kg은 □ g과 같습니다.

무게의 단위에는 그램, 킬로그램 등이 있어요.

② 저울의 눈금을 읽어 보세요.

①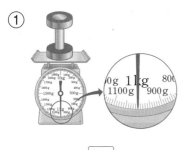

□ kg

②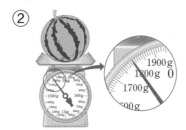

□ g

③ □ 안에 알맞은 수를 써넣으세요.

① 1 kg 900 g = □ g + 900 g = □ g

② 5400 g = □ g + 400 g = □ kg □ g

2 kg 300 g
= 2 kg + 300 g
= 2000 g + 300 g
= 2300 g

④ 무게가 1 kg보다 더 무거운 것에 ○표, 더 가벼운 것에 △표 하세요.

①

필통

(   )

②

(   )

⑤ 참외의 무게를 재었더니 다음과 같았습니다. 참외 한 개의 무게는 약 몇 g일까요?

①

약 □ g

②

약 □ g

●●의 무게 ➡ 400 g

●의 무게 ➡ 200 g

5

6. 무게의 덧셈과 뺄셈

● **무게의 합 구하기**

- kg 단위의 수끼리, g 단위의 수끼리 더합니다.

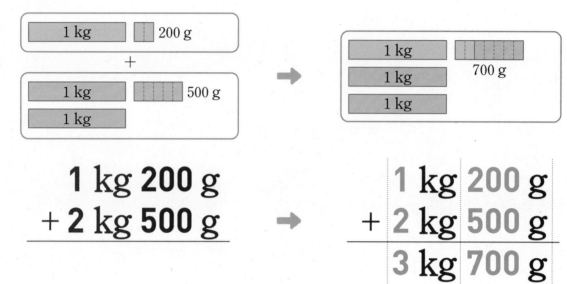

$$
\begin{array}{r}
1\ \text{kg}\ 200\ \text{g} \\
+\ 2\ \text{kg}\ 500\ \text{g} \\
\end{array}
\quad\Rightarrow\quad
\begin{array}{r}
1\ \text{kg}\ 200\ \text{g} \\
+\ 2\ \text{kg}\ 500\ \text{g} \\
\hline
3\ \text{kg}\ 700\ \text{g} \\
\end{array}
$$

● **무게의 차 구하기**

- kg 단위의 수끼리, g 단위의 수끼리 뺍니다.

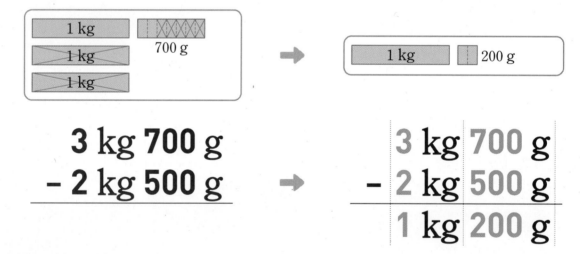

$$
\begin{array}{r}
3\ \text{kg}\ 700\ \text{g} \\
-\ 2\ \text{kg}\ 500\ \text{g} \\
\end{array}
\quad\Rightarrow\quad
\begin{array}{r}
3\ \text{kg}\ 700\ \text{g} \\
-\ 2\ \text{kg}\ 500\ \text{g} \\
\hline
1\ \text{kg}\ 200\ \text{g} \\
\end{array}
$$

개념 자세히 보기

- **받아올림이 있는 무게의 덧셈과 받아내림이 있는 무게의 뺄셈을 알아보아요!**

- g 단위의 수끼리 더한 값이 1000 g이거나 1000 g보다 크면 1000 g을 1 kg으로 받아올림합니다.	$\begin{array}{r} 1 \\ 1\ \text{kg}\ 400\ \text{g} \\ +\ 5\ \text{kg}\ 800\ \text{g} \\ \hline 7\ \text{kg}\ 200\ \text{g} \end{array}$	- g 단위의 수끼리 뺄 수 없을 때에는 1 kg을 1000 g으로 받아내림합니다.	$\begin{array}{r} 2 1000 \\ 3\ \text{kg}\ 400\ \text{g} \\ -\ 1\ \text{kg}\ 500\ \text{g} \\ \hline 1\ \text{kg}\ 900\ \text{g} \end{array}$

→ 정답과 풀이 **43**쪽

① 수직선을 보고 ☐ 안에 알맞은 수를 써넣으세요.

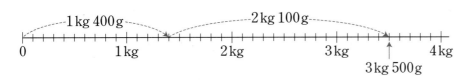

$$1\,\text{kg}\,400\,\text{g}+2\,\text{kg}\,100\,\text{g}=\boxed{}\,\text{kg}\,\boxed{}\,\text{g}$$

② 그림을 보고 ☐ 안에 알맞은 수를 써넣으세요.

1 kg	1 kg	1 kg	1 kg

500 g

$$4\,\text{kg}\,500\,\text{g}-2\,\text{kg}\,300\,\text{g}=\boxed{}\,\text{kg}\,\boxed{}\,\text{g}$$

$$
\begin{array}{r|r}
3 & 800 \\
-\ 2 & 400 \\
\hline
1 & 400
\end{array}
$$
↓
3 kg 800 g
− 2 kg 400 g
1 kg 400 g

③ ☐ 안에 알맞은 수를 써넣으세요.

①
```
    2  kg   200  g
 +  3  kg   600  g
   ┌──┐kg ┌──┐g
```

②
```
    6  kg   500  g
 +  1  kg   400  g
   ┌──┐kg ┌──┐g
```

kg 단위의 수끼리,
g 단위의 수끼리
더해요.

④ ☐ 안에 알맞은 수를 써넣으세요.

①
```
    5  kg   900  g
 −  3  kg   800  g
   ┌──┐kg ┌──┐g
```

②
```
    8  kg   500  g
 −  1  kg   400  g
   ┌──┐kg ┌──┐g
```

kg 단위의 수끼리,
g 단위의 수끼리
빼요.

① 들이 비교하기

1 주스병에 물을 가득 채운 후 컵에 옮겨 담았더니 그림과 같이 물이 넘쳤습니다. 들이가 더 적은 것은 어느 것일까요?

주스병

컵

(   )

그릇의 모양과 크기가 같으면 물의 높이를 비교해.

준비 담긴 물의 양이 가장 많은 것에 ○표 하세요.

(   ) (   ) (   )

2 각 그릇에 물을 가득 채운 후 모양과 크기가 같은 그릇에 옮겨 담았습니다. 그림과 같이 물이 채워졌을 때 들이가 많은 것부터 차례로 기호를 써 보세요.

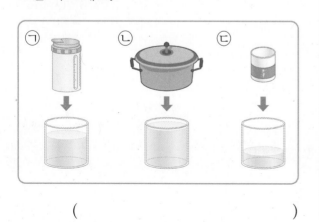

(   )

서술형
3 가 그릇과 나 그릇에 물을 가득 채운 후 모양과 크기가 같은 컵에 모두 옮겨 담았습니다. 어느 그릇이 컵 몇 개만큼 들이가 더 많은지 풀이 과정을 쓰고 답을 구해 보세요.

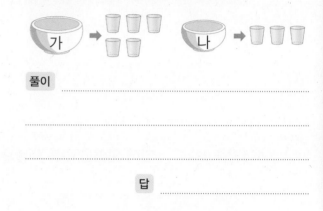

풀이 _____

_____

답 _____

4 주전자와 물병에 물을 가득 채운 후 모양과 크기가 같은 컵에 모두 옮겨 담았습니다. 주전자의 들이는 물병의 들이의 몇 배일까요?

주전자   물병

(   )

내가 만드는 문제
5 나 그릇에 물의 양을 자유롭게 그리고 두 그릇의 들이를 비교해 보세요.

가   나

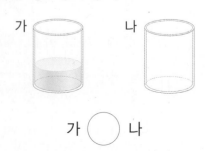

가 ◯ 나

2 들이의 단위와 들이 어림하기

6 어떤 단위를 사용하면 편리할지 빈칸에 알맞은 기호를 써넣으세요.

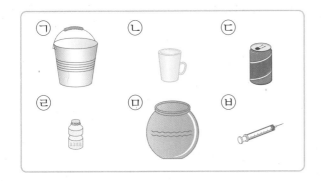

L	mL

7 물의 양은 얼마인지 ☐ 안에 알맞은 수를 써넣으세요.

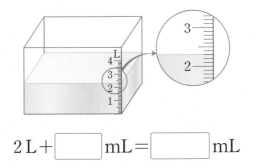

$$2\,\text{L} + \boxed{}\,\text{mL} = \boxed{}\,\text{mL}$$

8 들이를 비교하여 ◯ 안에 >, =, <를 알맞게 써넣으세요.

(1) 3400 mL ◯ 4 L

(2) 7060 mL ◯ 7 L 600 mL

서술형

9 들이의 단위를 잘못 사용한 사람의 이름을 쓰고 바르게 고쳐 보세요.

> 은주: 주사기의 들이는 약 10 mL야.
> 서아: 내 컵의 들이는 300 L정도 돼.
> 유리: 어항의 들이는 약 5 L야.

(   )

바르게 고치기 ·······························

새 교과 반영

10 6 L들이의 물통에 가득 들어 있던 물을 가 그릇에 똑같이 가득 나누어 담고 가 그릇에 들어 있는 물을 나 그릇에 똑같이 가득 나누어 담은 것입니다. 물음에 답하세요.

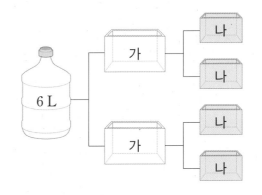

(1) 가의 들이는 약 몇 L일까요?

약 (   )

(2) 나의 들이는 약 몇 L 몇 mL일까요?

약 (   )

11 들이가 250 mL인 컵으로 1 L들이의 물병을 가득 채우려면 몇 번 부어야 할까요?

(   )

3 들이의 덧셈과 뺄셈

같은 자리끼리 자리를 맞추어 계산해.

준비 계산해 보세요.

(1) 　2 m 70 cm
　 ＋3 m 50 cm
　 ───────────

(2) 　5 m 30 cm
　 －1 m 80 cm
　 ───────────

12 계산해 보세요.

(1) 　2 L 700 mL
　 ＋3 L 500 mL
　 ───────────

(2) 　5 L 300 mL
　 －1 L 800 mL
　 ───────────

13 □ 안에 알맞은 수를 써넣으세요.

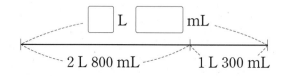

14 그릇에 그림과 같이 물이 담겨 있을 때 들이의 합을 계산을 해 보세요.

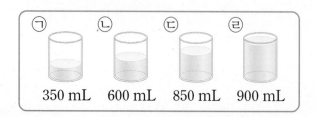

(1) ㉠＋㉢ ➡ (　　　　　　)

(2) ㉠＋㉡＋㉣ ➡ (　　　　　　)

15 *자격루의 원통에 물이 700 mL 흘러 들어갈 때마다 종이 한 번씩 울린다면, 종이 3번 울렸을 때 원통에 들어 있는 물은 모두 몇 L 몇 mL가 흘러 들어간 것일까요?

출처: 국립고궁박물관

*자격루: 위에 있는 항아리에 물을 부은 후, 물이 아래쪽 원통으로 일정하게 흘러 들어가는 원리를 이용한 물시계

(　　　　　　　　　　　)

16 들이가 가장 많은 것과 가장 적은 것의 들이의 차는 몇 L 몇 mL일까요?

8 L 40 mL　 4 L 800 mL　 8400 mL

(　　　　　　　　　　　)

😊 내가 만드는 문제

17 □ 안에 수를 자유롭게 써넣고 계산해 보세요.

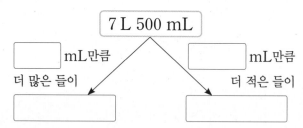

새 교과 반영

18 3000원으로 더 많은 양을 살 수 있는 주스는 어느 것일까요?

주스	사과주스	오렌지주스
1병의 가격	1500원	1000원
1병의 양	1 L 400 mL	900 mL

(　　　　　　　　　　　)

4 무게 비교하기

저울이 기울어지지 않았으므로 양쪽의 무게가 같아.

준비 사탕의 무게가 15 g일 때 빈 곳에 알맞은 무게는 몇 g일까요?

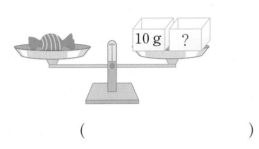

( )

19 저울과 바둑돌로 물건의 무게를 비교하려고 합니다. ☐ 안에 알맞게 써넣으세요.

☐이 ☐보다 바둑돌 ☐개만큼 더 무겁습니다.

내가 만드는 문제

20 그림을 보고 빈 곳에 들어갈 물건을 자유롭게 써 보세요.

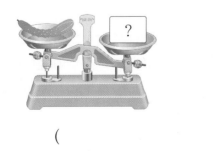

( )

서술형

21 은주는 우유와 빵의 무게를 비교하였습니다. 잘못 설명한 부분을 찾아 이유를 써 보세요.

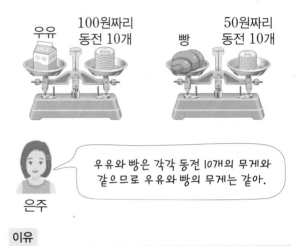

> 우유와 빵은 각각 동전 10개의 무게와 같으므로 우유와 빵의 무게는 같아.

은주

이유
_____

_____

22 저울로 사과, 참외, 귤의 무게를 비교하였습니다. 가장 무거운 과일을 써 보세요.

( )

23 구슬을 사용하여 같은 당근의 무게를 비교하였습니다. 파란색 구슬과 빨간색 구슬 중에서 한 개의 무게가 더 무거운 것은 어느 것일까요?
같은 색 구슬의 무게는 같습니다.

( )

⑤ 무게의 단위와 무게 어림하기

24 ☐ 안에 알맞은 수를 써넣으세요.

(1) $3 \, \text{kg} \, 500 \, \text{g} = \boxed{} \, \text{g}$

(2) $5600 \, \text{g} = \boxed{} \, \text{kg} \, \boxed{} \, \text{g}$

(3) $8000 \, \text{kg} = \boxed{} \, \text{t}$

25 무의 무게는 몇 kg 몇 g일까요?

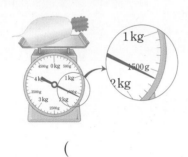

( )

26 보기 에서 알맞은 물건을 찾아 ☐ 안에 써넣으세요.

> **보기**
>
> 트럭 농구공 세탁기

(1) $\boxed{}$ 의 무게는 약 $600 \, \text{g}$입니다.

(2) $\boxed{}$ 의 무게는 약 $2 \, \text{t}$입니다.

새 교과 반영

27 추의 무게는 $500 \, \text{g}$입니다. 가에 알맞은 것을 찾아 ○표 하세요.

클립 1개
연필 1자루
멜론 1통
귤 1개

28 무게가 $2 \, \text{kg}$인 상자 안에 $1 \, \text{kg}$짜리 추를 넣을 때 무게가 같아지려면 오른쪽에는 어떤 추 하나를 올려야 하는지 기호를 써 보세요.

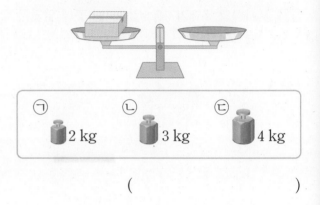

( )

29 무게가 무거운 것부터 차례로 기호를 써 보세요.

( )

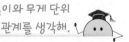

$m \xrightarrow{1000배} km$, $g \xrightarrow{1000배} kg$과 같이 길이와 무게 단위 사이의 관계를 생각해.

준비 ☐ 안에 알맞은 수를 써넣으세요.

(1) $2 \, \text{cm} \, 5 \, \text{mm} = \boxed{} \, \text{cm}$

(2) $2.5 \, \text{km} = \boxed{} \, \text{m}$

30 ☐ 안에 알맞은 수를 써넣으세요.

(1) $2.2 \, \text{kg} = \boxed{} \, \text{g}$

(2) $2\frac{1}{2} \, \text{kg} = \boxed{} \, \text{g}$

6 무게의 덧셈과 뺄셈

31 계산해 보세요.

(1) 　　4 kg 500 g
　　+ 3 kg 700 g

(2) 　　6 kg 100 g
　　− 2 kg 800 g

32 양쪽의 무게가 같을 때 파란색 구슬의 무게는 몇 kg 몇 g인지 빈 곳에 써넣으세요.

8 kg 500 g

3 kg 300 g

33 설탕 한 봉지의 무게가 다음과 같습니다. 설탕 2봉지의 무게는 몇 kg 몇 g일까요?

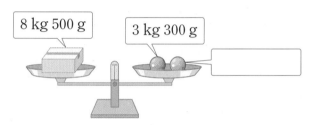

(　　　　　　)

34 트럭에 2 t까지 물건을 실을 수 있습니다. 다음과 같은 상자를 실었다면 트럭에 더 실을 수 있는 무게는 몇 kg일까요?

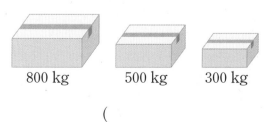

800 kg　　500 kg　　300 kg

(　　　　　　)

😊 내가 만드는 문제

35 좋아하는 두 동물을 고르고 무게의 합을 구해 보세요.

3 kg 400 g　　8 kg 200 g　　2 kg 300 g

650 g　　　5 kg 600 g　　60 g

(　　　　　　)

새 교과 반영

36 그림을 보고 주어진 구슬의 무게를 구해 보세요.

| 5 kg | 🔵 🔵 🔵 🔵 🔵 |
| 2 kg | 🔵 🔵 🔵 🔵 |

🔵 🔵 🔵 🔵

(　　　　　　)

서술형

37 고기 한 근은 600 g을 말하고, 채소 한 관은 3 kg 750 g을 말합니다. 소고기 2근과 양파 1관을 샀을 때 무게는 모두 몇 kg 몇 g인지 풀이 과정을 쓰고 답을 구해 보세요.

풀이

답

⚡ 들이의 단위

1 ☐ 안에 알맞은 수를 써넣으세요.

(1) 4 L 300 mL = ☐ mL

(2) 4 L 30 mL = ☐ mL

(3) 4 L 3 mL = ☐ mL

2 ☐ 안에 알맞은 수를 써넣으세요.

(1) 7500 mL = ☐ L ☐ mL

(2) 7050 mL = ☐ L ☐ mL

(3) 7005 mL = ☐ L ☐ mL

3 관계있는 것끼리 이어 보세요.

6 L 38 mL •   • 6003 mL

6 L 30 mL •   • 6038 mL

6 L 3 mL •   • 6030 mL

⚡ 무게 비교

4 무게를 비교하여 ◯ 안에 >, =, <를 알맞 게 써넣으세요.

(1) 5 kg 400 g ◯ 4500 g

(2) 3 t ◯ 3300 kg

5 무게가 더 가벼운 인형의 기호를 써 보세요.

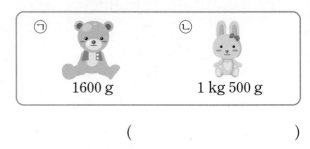

㉠ 1600 g   ㉡ 1 kg 500 g

(   )

6 무게가 가장 무거운 것의 기호를 써 보세요.

㉠ 8900 kg   ㉡ 9 kg 800 g   ㉢ 8 t

(   )

7 무게가 가벼운 것부터 차례로 기호를 써 보세요.

㉠ 5 kg 350 g   ㉡ 5030 g
㉢ 5 kg 500 g   ㉣ 5300 g

(   )

⚡ 알맞은 단위

8 무게의 단위로 kg을 사용하기에 적당한 것을 찾아 ○표 하세요.

볼링공   솜사탕

(   )   (   )

9 무게의 단위를 알맞게 사용한 것의 기호를 써 보세요.

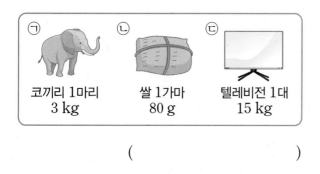

| ㉠ | ㉡ | ㉢ |
| 코끼리 1마리
3 kg | 쌀 1가마
80 g | 텔레비전 1대
15 kg |

(   )

10 무게의 단위를 <u>잘못</u> 사용한 사람의 이름을 써 보세요.

> 무선: 토마토 한 개의 무게는 250 g이야.
> 은지: 내 몸무게는 35 kg이야.
> 진호: 방에 있는 의자의 무게는 4 t이야.

(   )

⚡ 어림을 더 잘한 사람

11 실제 무게가 1 kg인 멜론의 무게를 어림하였습니다. 멜론의 무게를 실제 무게에 더 가깝게 어림한 사람의 이름을 써 보세요.

준서	영진
1 kg 300 g	850 g

(   )

12 진우는 호박과 오이의 무게를 어림해 보고 저울에 재어 보았습니다. 호박과 오이 중에서 실제 무게에 더 가깝게 어림한 것은 어느 것일까요?

	어림한 무게	저울에 잰 무게
호박	300 g	450 g
오이	200 g	150 g

(   )

13 실제 무게가 3 kg인 상자의 무게를 어림하였습니다. 상자의 무게를 실제 무게에 가장 가깝게 어림한 사람의 이름을 써 보세요.

지아	민주	은미
2800 g	3 kg 150 g	3300 g

(   )

5

⚡ **저울을 이용한 무게의 계산**

14 바나나만의 무게는 몇 kg 몇 g일까요?

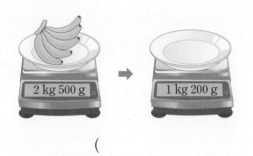

( )

15 빈 그릇의 무게는 몇 kg 몇 g일까요?

( )

16 빈 상자의 무게는 몇 kg 몇 g일까요?

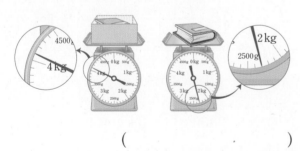

( )

⚡ **☐ 안에 알맞은 수**

17 ☐ 안에 알맞은 수를 써넣으세요.

$$
\begin{array}{r}
\boxed{}\ \text{kg}\quad 800\ \ \text{g} \\
+\ \ 3\ \ \text{kg}\ \boxed{}\ \text{g} \\
\hline
6\ \ \text{kg}\quad 200\ \ \text{g}
\end{array}
$$

18 ☐ 안에 알맞은 수를 써넣으세요.

$$
\begin{array}{r}
6\ \ \text{L}\ \boxed{}\ \ \text{mL} \\
-\ \boxed{}\ \text{L}\quad 850\ \ \text{mL} \\
\hline
2\ \ \text{L}\quad 450\ \ \text{mL}
\end{array}
$$

19 ☐ 안에 알맞은 수를 써넣으세요.

$$
\begin{array}{r}
\boxed{}\ \text{L}\quad 470\ \ \text{mL} \\
+\ \ 2\ \ \text{L}\ \boxed{}\ \text{mL} \\
\hline
8\ \ \text{L}\quad 150\ \ \text{mL}
\end{array}
$$

20 ☐ 안에 알맞은 수를 써넣으세요.

$$
\begin{array}{r}
\boxed{}\ \text{kg}\quad 180\ \ \text{g} \\
-\ \ 4\ \ \text{kg}\ \boxed{}\ \text{g} \\
\hline
3\ \ \text{kg}\quad 730\ \ \text{g}
\end{array}
$$

최상위 도전 유형

도전1 **들이가 많은 컵 구하기**

1 같은 양동이에 물을 가득 채우려면 가, 나, 다, 라 컵으로 각각 다음과 같이 부어야 합니다. 들이가 가장 많은 컵의 기호를 써 보세요.

컵	가	나	다	라
부은 횟수(번)	4	3	6	8

( )

핵심 NOTE
부은 횟수가 많을수록 들이가 더 적습니다.

2 같은 어항에 물을 가득 채우려면 가, 나, 다, 라 컵으로 각각 다음과 같이 부어야 합니다. 들이가 많은 컵부터 차례로 기호를 써 보세요.

컵	가	나	다	라
부은 횟수(번)	5	4	7	9

( )

3 각자의 컵으로 같은 수조에 가득 채워진 물을 모두 덜어 낸 횟수입니다. 들이가 적은 컵을 가진 사람부터 차례로 이름을 써 보세요.

이름	소진	지윤	다현	현주
덜어 낸 횟수(번)	7	5	10	8

( )

도전2 **저울을 보고 무게 구하기**

4 배 1개의 무게가 600 g일 때, 귤 1개의 무게는 몇 g일까요? (단, 같은 종류의 과일끼리는 무게가 각각 같습니다.)

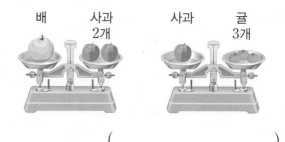

배 사과 2개 사과 귤 3개

( )

핵심 NOTE
(배 1개의 무게) = (사과 2개의 무게)임을 이용하여 사과 1개의 무게를 구합니다.

5 가지 1개의 무게가 160 g일 때, 양파 1개의 무게는 몇 g일까요? (단, 같은 종류의 채소끼리는 무게가 각각 같습니다.)

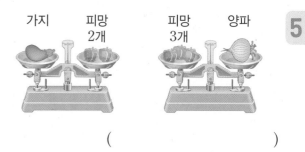

가지 피망 2개 피망 3개 양파

( )

6 호박 1개의 무게가 900 g일 때, 오이 1개의 무게는 몇 g일까요? (단, 같은 종류의 채소끼리는 무게가 각각 같습니다.)

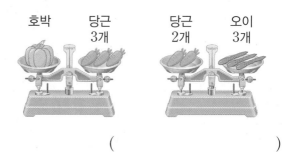

호박 당근 3개 당근 2개 오이 3개

( )

7 물병에 물을 가득 채워 6번 부으면 수조가 가득 차고, 이 수조에 물을 가득 채워 4번 부으면 물탱크가 가득 찹니다. 물탱크의 들이는 물병의 들이의 몇 배일까요?

(   )

핵심 NOTE
먼저 수조의 들이가 물병의 들이의 몇 배인지 구합니다.

8 컵에 물을 가득 채워 4번 부으면 주전자가 가득 차고, 이 주전자에 물을 가득 채워 5번 부으면 항아리가 가득 찹니다. 항아리의 들이는 컵의 들이의 몇 배일까요?

(   )

9 가 그릇에 물을 가득 채우려면 나 그릇에 물을 가득 담아 3번 부어야 하고, 다 그릇에 물을 가득 채우려면 가 그릇에 물을 가득 담아 5번 부어야 합니다. 다 그릇의 들이는 나 그릇의 들이의 몇 배일까요?

(   )

10 가 컵과 나 컵의 들이를 나타낸 표입니다. 두 컵을 모두 이용하여 물통에 물 2 L 100 mL를 담는 방법을 써 보세요.

가 컵	나 컵
500 mL	600 mL

방법 _____

_____

핵심 NOTE
합하거나 덜어 내서 물통에 물을 담을 수 있습니다.

11 가 그릇과 나 그릇을 모두 이용하여 물통에 물 6 L 200 mL를 담는 방법을 써 보세요.

가 그릇	나 그릇
1 L 200 mL	2 L 500 mL

방법 _____

_____

12 가 그릇과 나 그릇을 모두 이용하여 물통에 물 3 L 800 mL를 담는 방법을 써 보세요.

가   나

2 L 600 mL   1 L 400 mL

방법 _____

_____

도전5 **필요한 트럭의 수 구하기**

13 한 상자에 50 kg인 고구마 70상자를 트럭에 실으려고 합니다. 트럭 한 대에 1 t까지 실을 수 있다면 트럭은 적어도 몇 대 필요할까요?

( )

핵심 NOTE
1000 kg = 1 t임을 이용하고 남는 것이 없이 트럭에 실어야 합니다.

14 한 상자에 20 kg인 옥수수 350상자를 트럭에 실으려고 합니다. 트럭 한 대에 2 t까지 실을 수 있다면 트럭은 적어도 몇 대 필요할까요?

( )

15 한 상자에 15 kg인 사과 600상자를 트럭에 실으려고 합니다. 트럭 한 대에 2 t까지 실을 수 있다면 트럭은 적어도 몇 대 필요할까요?

( )

도전 최상위
16 한 포대에 10 kg인 밀가루 500포대와 한 포대에 20 kg인 쌀 300포대를 트럭에 실으려고 합니다. 트럭 한 대에 3 t까지 실을 수 있다면 트럭은 적어도 몇 대 필요할까요?

( )

도전6 **합과 차가 주어진 경우의 무게 구하기**

17 민아와 소희가 주운 밤의 무게는 모두 8 kg이고 민아가 주운 밤의 무게는 소희가 주운 밤의 무게보다 2 kg 더 무겁습니다. 민아가 주운 밤의 무게는 몇 kg일까요?

( )

핵심 NOTE
민아가 주운 밤의 무게를 □ kg이라 하면 소희가 주운 밤의 무게는 (□－2) kg입니다.

18 진영이와 예진이가 딴 딸기의 무게는 모두 20 kg입니다. 진영이가 딴 딸기의 무게는 예진이가 딴 딸기의 무게보다 4 kg 더 무겁습니다. 예진이가 딴 딸기의 무게는 몇 kg일까요?

( )

도전 최상위
19 어머니께서 사 오신 돼지고기와 소고기의 무게를 합하면 8 kg 400 g입니다. 돼지고기의 무게는 소고기의 무게보다 2 kg 더 무겁습니다. 소고기의 무게는 몇 kg 몇 g일까요?

( )

도전7 **더 부어야 하는 횟수 구하기**

20 3 L들이 물통에 500 mL들이 그릇으로 물을 가득 담아 3번 부었습니다. 물통에 물을 가득 채우려면 300 mL들이 그릇으로 적어도 몇 번 더 부어야 할까요?

( )

핵심 NOTE
먼저 물통에 부은 물의 양을 구한 후 더 부어야 하는 물의 양을 알아봅니다.

21 5 L들이 수조에 800 mL들이 그릇으로 물을 가득 담아 4번 부었습니다. 수조에 물을 가득 채우려면 600 mL들이 그릇으로 적어도 몇 번 더 부어야 할까요?

( )

도전 최상위
22 4 L들이 주전자에 물이 1 L 600 mL 들어 있습니다. 이 주전자에 300 mL들이 컵으로 물을 가득 담아 4번 부었습니다. 주전자에 물을 가득 채우려면 이 컵으로 적어도 몇 번 더 부어야 할까요?

( )

도전8 **빈 바구니의 무게 구하기**

23 무게가 똑같은 복숭아 6개를 바구니에 넣어 무게를 재었더니 1 kg 900 g이었습니다. 이 바구니에 무게가 똑같은 복숭아 3개를 더 넣어 무게를 재었더니 2 kg 800 g이 되었습니다. 바구니만의 무게는 몇 g일까요?

( )

핵심 NOTE
먼저 복숭아 3개의 무게를 구합니다.

24 무게가 똑같은 자몽 8개를 사서 바구니에 넣고 무게를 재었더니 2 kg 500 g이었습니다. 이 중에서 자몽 5개를 먹은 후 무게를 재었더니 1 kg 500 g이 되었습니다. 바구니만의 무게는 몇 g일까요?

( )

25 무게가 똑같은 참외 7개를 그릇에 담아 무게를 재었더니 3 kg 300 g이었습니다. 이 중에서 참외 3개를 먹은 후 무게를 재었더니 2100 g이 되었습니다. 그릇만의 무게는 몇 g일까요?

( )

1 ⑦ 그릇과 ⓝ 그릇에 물을 가득 채운 후 모양과 크기가 같은 컵에 옮겨 담았습니다. 알맞은 말에 ○표 하세요.

⑦ 그릇이 ⓝ 그릇보다 들이가 더
(많습니다 , 적습니다).

2 L 단위로 들이를 나타내기에 알맞은 것을 모두 고르세요. (   )

① 물컵   ② 욕조   ③ 주사기
④ 세수대야   ⑤ 참치 캔

3 ☐ 안에 알맞은 단위를 써넣으세요.

(1) 5000 g＝5 ☐

(2) 5000 kg＝5 ☐

4 ☐ 안에 알맞은 수를 써넣으세요.

(1) 2400 mL＝☐L ☐mL

(2) 2040 mL＝☐L ☐mL

(3) 2004 mL＝☐L ☐mL

5 국어사전의 무게는 몇 kg 몇 g일까요?

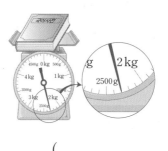

(   )

6 저울과 바둑돌을 사용하여 풀과 가위의 무게를 재어 나타낸 표입니다. 풀과 가위 중에서 어느 것이 더 무거울까요?

물건	풀	가위
바둑돌의 수(개)	10	15

(   )

7 추의 무게는 200 g입니다. 가에 알맞은 것을 찾아 ○표 하세요.

달걀 1개
배 1개
공깃돌 1개
연필 1자루

8 400 g짜리 상자 10개의 무게는 몇 kg일까요?

(   )

9 무게를 비교하여 ◯ 안에 >, =, <를 알맞게 써넣으세요.

$$3700\,g \bigcirc 3\,kg\ 77\,g$$

10 양동이에 물이 5 L 15 mL 들어 있습니다. 양동이에 들어 있는 물은 몇 mL일까요?

( )

11 ☐ 안에 알맞은 수를 써넣으세요.

(1) $0.4\,kg=$ ☐ g

(2) $\dfrac{1}{2}\,kg=$ ☐ g

12 그림과 같이 그릇에 물이 담겨 있을 때 들이의 합을 계산해 보세요.

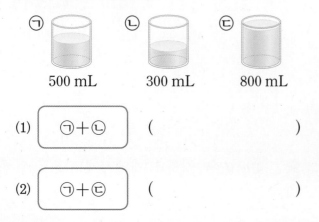

ㄱ 500 mL   ㄴ 300 mL   ㄷ 800 mL

(1) ㄱ+ㄴ   ( )

(2) ㄱ+ㄷ   ( )

13 같은 어항에 물을 가득 채우려면 가, 나, 다, 라 컵으로 각각 다음과 같이 부어야 합니다. 들이가 많은 컵부터 차례로 기호를 써 보세요.

컵	가	나	다	라
수(개)	3	8	10	6

( )

14 약수터에서 유라는 2 L 500 mL의 물을 받아 왔고, 석호는 1 L 200 mL의 물을 받아 왔습니다. 두 사람이 받아 온 물의 양의 합과 차는 몇 L 몇 mL인지 구해 보세요.

합 ( )

차 ( )

15 3 L의 물을 같은 그릇에 똑같이 나누려고 합니다. 가 그릇과 나 그릇의 들이를 구해 보세요.

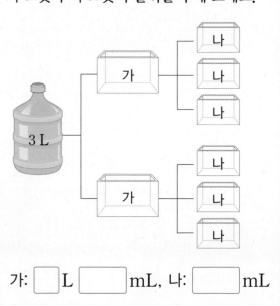

가: ☐ L ☐ mL, 나: ☐ mL

16 빈 곳에 알맞은 무게는 몇 kg 몇 g인지 써넣으세요.

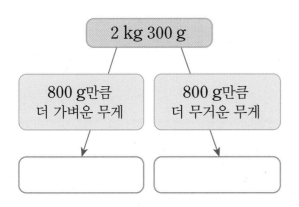

17 들이가 5 L인 주전자에 물이 3300 mL 들어 있습니다. 이 주전자에 물을 가득 채우려면 물을 몇 L 몇 mL 더 부어야 할까요?

(   )

18 저울에 300 g짜리 추 5개와 400 g짜리 추 몇 개를 올려 무게를 재었더니 2 kg 700 g이었습니다. 400 g짜리 추를 몇 개 올렸을까요?

(   )

서술형
19 빨간색 가방과 파란색 가방을 함께 저울에 올려놓았더니 무게가 3 kg 400 g이었습니다. 빨간색 가방의 무게가 1600 g일 때 파란색 가방의 무게는 몇 kg 몇 g인지 풀이 과정을 쓰고 답을 구해 보세요.

풀이

답

서술형
20 오렌지주스가 3 L 있었습니다. 그중에서 민하네 가족이 들이가 300 mL인 컵에 가득 담아 어제는 4컵, 오늘은 3컵을 마셨습니다. 남은 오렌지주스는 몇 mL인지 풀이 과정을 쓰고 답을 구해 보세요.

풀이

답

1 우유갑에 물을 가득 채운 후 물병에 모두 옮겨 담았습니다. 우유갑과 물병 중에서 들이가 더 많은 것은 어느 것일까요?

( )

2 □ 안에 알맞은 수를 써넣으세요.

(1) 1 kg 400 g = □ g

(2) 4500 g = □ kg □ g

3 □ 안에 L와 mL 중 알맞은 단위를 써넣으세요.

(1) 요구르트병의 들이는 약 60 □ 입니다.

(2) 주전자의 들이는 약 5 □ 입니다.

4 배추의 무게는 몇 kg 몇 g일까요?

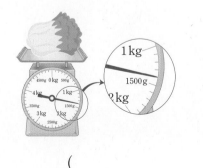

( )

5 계산해 보세요.

(1)   3 L 500 mL
     + 2 L 300 mL

(2)   5 L 100 mL
     − 1 L 500 mL

6 키위와 귤 중 어느 것이 바둑돌 몇 개만큼 더 무거운지 차례로 써 보세요.

( ), ( )

7 무게의 단위를 잘못 사용한 사람의 이름을 써 보세요.

예진: 내 몸무게는 약 35 kg이야.

지윤: 연필 한 자루의 무게는 약 28 g이야.

세희: 버스 한 대의 무게는 약 10 kg이야.

( )

8 들이를 비교하여 ○ 안에 >, =, <를 알맞게 써넣으세요.

(1) 3 L ◯ 3 L 200 mL

(2) 5900 mL ◯ 5 L 90 mL

9 우유갑의 들이를 보고 오른쪽 주스병의 들이를 어림해 보세요.

500 mL   200 mL

약 (   )

10 같은 수조에 물을 가득 채우려면 가, 나, 다 컵으로 각각 다음과 같이 부어야 합니다. 들이가 많은 컵부터 차례로 기호를 써 보세요.

컵	가	나	다
부은 횟수(번)	13	7	8

(   )

11 ☐ 안에 알맞은 수를 써넣으세요.

$$
\begin{array}{r}
5\ \text{L}\ \boxed{}\ \text{mL} \\
-\ \boxed{}\ \text{L}\ \ 400\ \ \text{mL} \\
\hline
2\ \text{L}\ \ 900\ \ \text{mL}
\end{array}
$$

12 영주가 강아지를 안고 저울에 올라가서 무게를 재면 38 kg이고, 영주 혼자 올라가서 무게를 재면 34 kg 500 g입니다. 강아지의 무게는 몇 kg 몇 g일까요?

(   )

13 가장 무거운 무게와 가장 가벼운 무게의 차는 몇 kg 몇 g인지 구해 보세요.

㉠ 5500 g	㉡ 5 kg 800 g
㉢ 7000 g	㉣ 5 kg 30 g

(   )

14 민석이의 몸무게는 약 50 kg이고, 코끼리의 무게는 약 5 t입니다. 코끼리의 무게는 민석이의 몸무게의 약 몇 배인지 구해 보세요.

민석

약 (   )

15 가 그릇과 나 그릇을 모두 이용하여 물통에 물 5 L 100 mL를 담는 방법을 써 보세요.

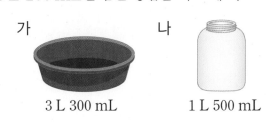

가   나

3 L 300 mL   1 L 500 mL

방법 ....

....

....

16 오이 1개의 무게가 300 g일 때, 당근 1개의 무게는 몇 g일까요? (단, 같은 종류의 채소끼리는 무게가 각각 같습니다.)

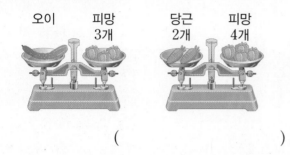

오이 | 피망 3개 | 당근 2개 | 피망 4개

(   )

17 무게가 똑같은 사과 7개를 사서 바구니에 넣고 무게를 재었더니 2 kg 200 g이었습니다. 이 중에서 사과 5개를 먹은 후 무게를 재었더니 1 kg 200 g이 되었습니다. 바구니만의 무게는 몇 g일까요?

(   )

18 4 L들이 수조에 600 mL들이 그릇으로 물을 가득 담아 4번 부었습니다. 수조에 물을 가득 채우려면 400 mL들이 그릇으로 적어도 몇 번 더 부어야 할까요?

(   )

서술형
19 물병과 세숫대야에 물을 가득 채운 후 모양과 크기가 같은 컵에 모두 옮겨 담았습니다. 세숫대야의 들이는 물병의 들이의 몇 배인지 풀이 과정을 쓰고 답을 구해 보세요.

물병

세숫대야

풀이

답

서술형
20 지혜와 은호가 딴 귤의 무게는 모두 20 kg입니다. 지혜가 딴 귤의 무게는 은호가 딴 귤의 무게보다 2 kg 더 무겁습니다. 지혜가 딴 귤의 무게는 몇 kg인지 풀이 과정을 쓰고 답을 구해 보세요.

풀이

답

6 자료의 정리

이번 단원에서
꼭 짚어야 할
핵심 개념을 알아보자.

핵심 1 표

조사한 자료의 수를 [　　]로 나타내면 각 항목별 자료의 수를 쉽게 알아볼 수 있다.

핵심 2 표로 나타내기

- 조사할 내용을 정하고 자료 조사하기
- 조사 항목의 수에 맞게 칸 나누기
- 조사 내용에 맞게 빈칸 채우기
- 합계가 맞는지 확인하기

핵심 3 그림그래프

조사한 수를 그림으로 나타낸 그래프를 [　　　　　]라고 한다.

핵심 4 그림그래프로 나타내기

- 그림을 몇 가지로 나타낼 것인지 정하기
- 어떤 그림으로 나타낼 것인지 정하기
- 조사한 수에 맞도록 [　　　] 그리기
- 알맞은 [　　　] 붙이기

핵심 5 표와 그림그래프의 비교

- [　　]는 자료의 수와 합계를 알기 쉽다.
- [　　　　]는 수의 크기를 실물 모양의 그림과 그림의 수로 나타내므로 이해가 쉽다.

답 1. 표 3. 그림그래프 4. 그림, 개수 5. 표, 그림그래프

1. 표의 내용 알아보기, 자료를 수집하여 표로 나타내기

● **표의 내용 알아보기**

수아네 반 학생들이 좋아하는 과목을 조사하여 표로 나타내었습니다.

좋아하는 과목별 학생 수

과목	국어	수학	사회	과학	영어	합계
학생 수(명)	8	6	5	4	3	26

- **사회**를 좋아하는 학생은 **5명**입니다.
- **가장 많은 학생**이 좋아하는 과목은 **국어**입니다.
- **가장 적은 학생**이 좋아하는 과목은 **영어**입니다.
- 국어를 좋아하는 학생 수는 과학을 좋아하는 학생 수의 2배입니다.
  ↳ $8 \div 4 = 2$

● **자료를 수집하여 표로 나타내기**

수아네 모둠 학생들이 좋아하는 동물을 조사한 자료를 보고 표로 나타내었습니다.

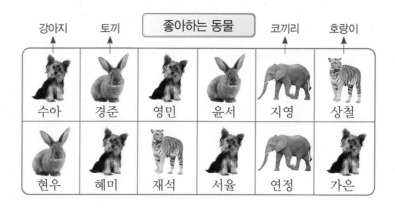

좋아하는 동물별 학생 수

동물	강아지	토끼	코끼리	호랑이	합계
학생 수(명)	5	3	2	2	12

조사한 자료를 표로 나타내면 각 항목별로 조사한 수를 쉽게 알아볼 수 있고, <u>전체 조사 대상의 수를</u> 알아보기 편리합니다.
↳ 합계

개념 **자세히 보기**

● **표로 나타내어 보아요!**

① 자료를 정리하여 표로 나타낼 때 같은 자료를 두 번 세거나 빠뜨리지 않도록 표시를 해 가며 세어 나타냅니다.

② 자료를 센 후 항목별 수를 모두 더하여 합계를 구하고 합계가 자료의 수와 일치하는지 확인합니다.

정답과 풀이 51쪽

1 진수네 반 학생들이 좋아하는 과일을 조사하여 나타낸 표입니다. 물음에 답하세요.

좋아하는 과일별 학생 수

과일	사과	귤	딸기	포도	바나나	합계
학생 수(명)	5		9	6	6	30

① 귤을 좋아하는 학생은 몇 명일까요?

( )

② 조사한 학생은 모두 몇 명일까요?

( )

③ 가장 많은 학생이 좋아하는 과일은 무엇일까요?

( )

④ 포도를 좋아하는 학생은 사과를 좋아하는 학생보다 몇 명 더 많을까요?

( )

2 정민이네 모둠 학생들이 좋아하는 간식을 조사하였습니다. 물음에 답하세요.

좋아하는 간식

떡볶이 / 피자 / 햄버거 / 아이스크림

| 정민 | 희선 | 승민 | 소영 | 우성 | 태희 | 슬기 |
| 서현 | 푸름 | 동건 | 나라 | 찬영 | 명진 | 범수 |

2학년 때 배웠어요
분류하여 세어 보기

| 분류 기준 | 공의 종류 |

종류	축구공	농구공	야구공
수(개)	4	1	3

① 조사한 것은 무엇일까요?

( )

② 자료를 수집한 대상은 누구일까요?

( )

③ 조사한 자료를 보고 표로 나타내어 보세요.

좋아하는 간식별 학생 수

간식	떡볶이	피자	햄버거	아이스크림	합계
학생 수(명)					

조사한 자료를 같은 종류끼리 모아 표로 나타내어요.

2. 그림그래프 알아보기

● **그림그래프 알아보기**

　• 그림그래프: 알려고 하는 수(조사한 수)를 그림으로 나타낸 그래프

좋아하는 운동별 학생 수

운동	학생 수
33명 ◀ 축구	☺ ☺ ☺ ☺ ☺ ☺
25명 ◀ 농구	☺ ☺ ☺ ☺ ☺ ☺ ☺
18명 ◀ 야구	☺ ☺ ☺ ☺ ☺ ☺ ☺ ☺ ☺
21명 ◀ 배드민턴	☺ ☺ ☺

조사한 수를 그림으로 나타낸 그래프야!

☺ 10명
☺ 1명

　• **축구**를 좋아하는 학생은 **33명**입니다.

　• **가장 많은 학생**이 좋아하는 운동은 **축구**입니다.
　　　└▶ 큰 그림의 수가 가장 많은 운동

　• **가장 적은 학생**이 좋아하는 운동은 **야구**입니다.
　　　└▶ 큰 그림의 수가 가장 적은 운동

　• 조사한 학생은 모두 $33+25+18+21=97$(명)입니다.

　• 농구를 좋아하는 학생은 25명, 배드민턴을 좋아하는 학생은 21명이므로
　　농구를 좋아하는 학생이 배드민턴을 좋아하는 학생보다 $25-21=4$(명) 더 많습니다.

개념 자세히 보기

● **그림그래프를 보고 표로 나타내어 보아요!**

축구: ☺ 3개, ☺ 3개이므로 $30+3=33$(명)입니다.

농구: ☺ 2개, ☺ 5개이므로 $20+5=25$(명)입니다.

야구: ☺ 1개, ☺ 8개이므로 $10+8=18$(명)입니다.

배드민턴: ☺ 2개, ☺ 1개이므로 $20+1=21$(명)입니다.

➡ (합계)$=33+25+18+21=97$(명)

좋아하는 운동별 학생 수

운동	축구	농구	야구	배드민턴	합계
학생 수(명)	33	25	18	21	97

◑ 정답과 풀이 52쪽

① 인성이네 학교 3학년 학생들이 가 보고 싶은 나라를 조사하여 그래프로 나타내었습니다. ☐ 안에 알맞은 수나 말을 써넣으세요.

가 보고 싶은 나라별 학생 수

나라	학생 수
미국	✈✈ ✈✈
스위스	✈✈✈ ✈✈✈✈✈
터키	✈✈
호주	✈ ✈✈✈✈✈✈✈

✈ 10명
✈ 1명

조사한 수를 그림으로
나타낸 그래프를 알아보아요.

① 조사한 수를 그림으로 나타낸 그래프를 ☐ (이)라고 합니다.

② ✈은 ☐ 명, ✈은 ☐ 명을 나타냅니다.

③ 미국에 가 보고 싶은 학생은 ☐ 명입니다.

② 유정이가 살고 있는 지역의 학교에 있는 나무의 수를 조사하여 나타낸 그림그래프입니다. 물음에 답하세요.

학교별 나무의 수

학교	나무의 수
별빛	🌳🌲🌲
달빛	🌳🌳🌳🌳
구름	🌳🌳🌳🌲🌲
하늘	🌳🌳🌲🌲🌲

🌳 10그루
🌲 1그루

① 🌳과 🌲은 각각 몇 그루를 나타낼까요?

🌳 (   ), 🌲 (   )

큰 그림의 수가
많을수록 나무가 많아요.

② 구름 학교에 있는 나무는 몇 그루일까요?

(   )

③ 나무가 가장 많은 학교는 어느 학교일까요?

(   )

3. 그림그래프로 나타내기

● **그림그래프로 나타내기**

· 그림그래프로 나타내는 방법 알아보기

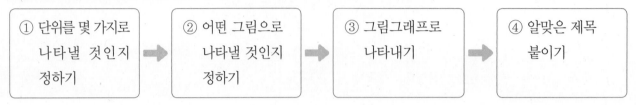

① 단위를 몇 가지로 나타낼 것인지 정하기 ➡ ② 어떤 그림으로 나타낼 것인지 정하기 ➡ ③ 그림그래프로 나타내기 ➡ ④ 알맞은 제목 붙이기

· 표를 보고 그림그래프로 나타내기

농장별 튤립 생산량 ⟶ 그림그래프에 알맞은 제목 붙이기

농장	꽃님	햇님	정원	화원	합계
생산량(송이)	26	33	18	25	102

농장별 튤립 생산량

농장	생산량
꽃님	🌷🌷 🌷🌷🌷🌷🌷🌷
햇님	🌷🌷🌷 🌷🌷🌷
정원	🌷 🌷🌷🌷🌷🌷🌷🌷
화원	🌷🌷 🌷🌷🌷🌷🌷

→ 각 항목의 자료의 수에 맞게 그림으로 나타내기

자료의 항목 ← 빠짐없이 쓰기

🌷 10송이
🌷 1송이

농장별 튤립 생산량이 두 자리 수이므로 그림을 2가지로 나타내기

· 위의 표를 보고 다른 그림그래프로 나타내기

농장별 튤립 생산량

농장	생산량
꽃님	🌷🌷🌷🌷
햇님	🌷🌷🌷🌷🌷🌷
정원	🌷🌷🌷🌷
화원	🌷🌷🌷

🌷 10송이
🌷 5송이
🌷 1송이

개념 자세히 보기

● **표와 그림그래프의 편리한 점을 알아보아요!**

표	각각의 자료의 수와 합계를 쉽게 알 수 있습니다.
그림그래프	각각의 자료의 수와 크기를 그림으로 쉽게 비교할 수 있습니다.

● 정답과 풀이 52쪽

1 지우가 가지고 있는 책의 수를 조사하여 나타낸 표입니다. 물음에 답하세요.

종류별 책의 수

종류	동화책	위인전	만화책	합계
책의 수(권)	56	37	44	137

① 표를 보고 그림그래프를 그릴 때 10권과 1권을 어떤 그림으로 나타내는 것이 좋을지 ☐ 안에 알맞은 수를 써넣으세요.

 ☐ 권, ☐ 권

② 표를 보고 그림그래프를 완성해 보세요.

종류별 책의 수

종류	책의 수
동화책	🟫🟫🟫🟫🟫🔹🔹🔹🔹🔹
위인전	
만화책	

 ☐ 권
🔹 1권

③ 가장 많이 가지고 있는 책의 종류는 무엇일까요?

(   )

②의 그림그래프에서 큰 그림의 수가 많을수록 책의 수가 많아요.

6

2 마을별 자전거 수를 조사하여 나타낸 표입니다. 표를 보고 그림그래프를 완성해 보세요.

마을별 자전거 수

마을	샛별	한마음	큰꿈	합계
자전거 수(대)	24	31	18	73

마을별 자전거 수

마을	자전거 수
샛별	◎◎○○○○
한마음	
큰꿈	

◎ 10대
○ 1대

십의 자리	일의 자리
2	4
◎◎	○○○○

1 자료 정리하기

자료의 수를 세어 나타낼 수 있어.

준비 색깔별 사과의 개수만큼 빈칸에 ×표 해 보세요.

[1~3] 소진이네 반 학생들이 배우고 싶은 악기를 조사하였습니다. 물음에 답하세요.

배우고 싶은 악기

피아노	바이올린	첼로	드럼

1 조사한 자료를 보고 표로 나타내어 보세요.

배우고 싶은 악기별 학생 수

악기	피아노	바이올린	첼로	드럼	합계
학생 수(명)					

2 가장 많은 학생들이 배우고 싶은 악기는 무엇일까요?

(   )

3 악기별 학생 수를 알아보려고 할 때 자료와 표 중에서 어느 것이 더 편리할까요?

(   )

[4~7] 재우네 반 학생들이 좋아하는 중화요리를 조사하였습니다. 물음에 답하세요.

좋아하는 중화요리

짜장면	짬뽕	볶음밥	탕수육

● 남학생   ● 여학생

4 짜장면을 좋아하는 남학생과 여학생은 각각 몇 명일까요?

남학생 (   )
여학생 (   )

5 조사한 자료를 보고 남학생과 여학생으로 나누어 표로 나타내어 보세요.

좋아하는 중화요리별 학생 수

요리	짜장면	짬뽕	볶음밥	탕수육	합계
남학생 수(명)					
여학생 수(명)					

6 조사한 학생은 모두 몇 명일까요?

(   )

서술형
7 탕수육을 좋아하는 여학생 수와 짜장면을 좋아하는 남학생 수의 합은 몇 명인지 풀이 과정을 쓰고 답을 구해 보세요.

풀이 ....

....

....

답 ....

2 그림그래프 알아보기

그림이나 기호(○, / 등)로 수량을 알 수 있어.

준비 빨간색을 좋아하는 학생은 몇 명일까요?

좋아하는 색깔별 학생 수

노란색	/	/			
빨간색	/	/	/	/	
분홍색	/	/	/	/	/
색깔 \ 학생 수(명)	1	2	3	4	5

(   )

[8~10] 지호네 학교 3학년 학생들이 좋아하는 꽃을 조사하여 나타낸 그림그래프입니다. 물음에 답하세요.

좋아하는 꽃별 학생 수

꽃	학생 수
장미	👨👨👨👨👨👤👤👤
튤립	👨👨👨👤👤
국화	👨👨👤👤👤👤👤

👨 10명
👤 1명

8 그림 👨과 👤는 각각 몇 명을 나타낼까요?

👨 (   ), 👤 (   )

9 튤립을 좋아하는 학생은 몇 명일까요?

(   )

10 가장 많은 학생들이 좋아하는 꽃은 무엇일까요?

(   )

[11~12] 어느 가게에서 9월부터 11월까지 팔린 연필의 수를 조사하여 나타낸 그림그래프입니다. 물음에 답하세요.

월별 팔린 연필 수

월	연필 수
9월	✏✏✏✏
10월	✏✏✏✏✏✏
11월	✏✏✏✏✏

✏ 100자루
✏ 10자루

11 11월에 팔린 연필은 몇 자루일까요?

(   )

12 9월부터 11월까지 팔린 연필은 모두 몇 자루일까요?

(   )

13 마을별 귤 수확량을 조사하여 나타낸 그림그래프입니다. 옳지 <u>않은</u> 설명을 찾아 기호를 써 보세요.

마을별 귤 수확량

마을	수확량
가	🍊🍊🟠🟠🔸🔸
나	🍊🍊🍊🟠
다	🍊🟠🟠🟠🟠🔸

🍊 100상자
🟠 10상자
🔸 1상자

┌─────────────────────────────┐
│ ㉠ 가 마을의 귤 수확량은 232상자입니다. │
│ ㉡ 귤 수확량이 가장 많은 마을은 나 마을입니다. │
│ ㉢ 다 마을의 귤 수확량이 나 마을의 귤 수확량보다 더 많습니다. │
└─────────────────────────────┘

(   )

6

3 그림그래프로 나타내기

[14~17] 지아네 학교 3학년 학생들이 좋아하는 과일을 조사한 것입니다. 물음에 답하세요.

좋아하는 과일

사과	포도	참외	키위
🔵🔵🔵🔵🔵🔵🔵🔵🔵	🔵🔵🔵🔵🔵🔵🔵🔵🔵🔵🔵🔵🔵	🔵🔵🔵🔵🔵🔵🔵	🔵🔵🔵🔵🔵🔵

14 조사한 자료를 보고 표로 나타내어 보세요.

좋아하는 과일별 학생 수

과일	사과	포도	참외	키위	합계
학생 수(명)					

15 위의 표를 보고 그림그래프로 나타낼 때 그림의 단위로 알맞은 것을 2개 골라 ○표 하세요.

100명 50명 10명 1명

16 표를 보고 그림그래프로 나타내어 보세요.

좋아하는 과일별 학생 수

과일	학생 수
사과	
포도	
참외	
키위	

◎ 10명
○ 1명

17 가장 적은 학생들이 좋아하는 과일은 무엇일까요?

( )

[18~19] 수애네 반 모둠별 학생들이 받은 붙임딱지 수를 조사하여 나타낸 표입니다. 물음에 답하세요.

모둠별 받은 붙임딱지 수

모둠	가	나	다	라	합계
붙임딱지 수(장)	31	23	13	15	82

18 표를 보고 그림그래프로 나타내어 보세요.

모둠별 받은 붙임딱지 수

모둠	붙임딱지 수
가	
나	
다	
라	

♥ 10장
♥ 1장

19 나 모둠보다 더 많은 붙임딱지를 받은 모둠은 어느 모둠일까요?

( )

20 유리네 학교 학생들이 보고 싶은 문화재를 조사하여 나타낸 것입니다. 문화재별 학생 수를 보고 그림그래프로 나타내어 보세요.

다보탑: 150명   첨성대: 240명   숭례문: 210명

보고 싶은 문화재별 학생 수

문화재	학생 수
다보탑	
첨성대	
숭례문	

☺ 100명
☺ 10명

[21~23] 이야기를 읽고 그림그래프로 나타내려고 합니다. 물음에 답하세요.

> 현재네 학교 3학년 학생들이 좋아하는 운동을 조사하였더니 축구가 46명으로 가장 많고, 농구 35명, 야구 27명, 배구가 22명으로 가장 적었습니다.

21 ◎는 10명, ●는 1명으로 하여 그림그래프로 나타내어 보세요.

좋아하는 운동별 학생 수

운동	학생 수
축구	
농구	
야구	
배구	

◎ 10명
● 1명

😊 내가 만드는 문제

22 그림의 단위를 3가지로 정하여 그림그래프로 나타내어 보세요.

좋아하는 운동별 학생 수

운동	학생 수
축구	
농구	
야구	
배구	

그림과 학생 수를 정해 봐.

서술형
23 그림의 단위가 많아졌을 때의 편리한 점을 써 보세요.

[24~25] 마을별 심은 나무 수를 조사하여 나타낸 표입니다. 물음에 답하세요.

마을별 심은 나무 수

마을	가	나	다	라	합계
나무 수(그루)	140	62		113	420

24 다 마을에 심은 나무는 몇 그루일까요?

( )

25 표를 보고 그림그래프로 나타내어 보세요.

마을별 심은 나무 수

마을	나무 수
가	
나	
다	
라	

🌳 100그루
🌿 10그루
🌱 1그루

26 과수원별 사과 생산량을 조사하여 나타낸 표와 그림그래프를 각각 완성해 보세요.

과수원별 사과 생산량

과수원	사랑	소망	믿음	축복	합계
생산량(상자)		42		24	

과수원별 사과 생산량

과수원	생산량
사랑	🍎🍎🍎🍎🍎🍎🍎
소망	
믿음	🍎🍎🍎🍎🍎
축복	

🍎 10상자
🍎 1상자

4 그림그래프 이용하기

[27~28] 설탕은 젤리를 만들 때 과일즙을 굳게 해 줍니다. 각 젤리에 들어 있는 설탕의 양을 조사하여 나타낸 그림그래프입니다. 물음에 답하세요.

젤리별 들어 있는 설탕의 양

젤리	설탕의 양
가	
나	
다	

■ 10 g
▪ 1 g

27 설탕이 가장 많이 들어 있는 젤리는 어느 것일까요?

( )

28 가 젤리에 들어 있는 설탕은 다 젤리에 들어 있는 설탕보다 몇 g 더 많을까요?

( )

새 교과 반영
29 강수일은 비, 눈, 우박 등이 내린 날입니다. 그림그래프를 보고 내년에 체육 대회를 운동장에서 하려면 어느 계절에 하는 것이 좋을까요?

계절별 강수일수

계절	강수일수
봄	
여름	
가을	
겨울	

☂ 10일
☂ 1일

( )

[30~33] 어느 음식점에서 일주일 동안 팔린 음식의 수를 조사하여 나타낸 그림그래프입니다. 물음에 답하세요.

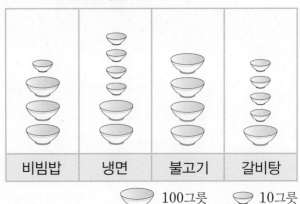

일주일 동안 팔린 음식별 그릇 수

| 비빔밥 | 냉면 | 불고기 | 갈비탕 |

🥣 100그릇   🥣 10그릇

30 그래프를 보고 표로 나타내어 보세요.

일주일 동안 팔린 음식별 그릇 수

음식	비빔밥	냉면	불고기	갈비탕	합계
그릇 수(그릇)					

31 일주일 동안 많이 팔린 음식부터 차례로 써 보세요.

( )

32 팔린 불고기와 비빔밥은 몇 그릇 차이가 날까요?

( )

서술형
33 내가 음식점 주인이라면 다음 주에는 어떤 음식의 재료를 더 많이 또는 더 적게 준비하면 좋을지 써 보세요.

자주 틀리는 유형

응용 유형 중 자주 틀리는 유형을 집중학습함으로써 실력을 한 단계 높여 보세요.

⚡ 표를 보고 그림그래프 완성

1 진호네 마을의 학교별 학생 수를 조사하여 나타낸 표입니다. 표를 보고 그림그래프를 완성해 보세요.

학교별 학생 수

학교	가	나	다	라	합계
학생 수(명)	160	210	220	150	740

학교별 학생 수

학교	학생 수
가	☺☺☺☺☺☺
나	☺☺☺
다	
라	

☺ [ ]명
☺ [ ]명

⚡ 그림그래프에서 수량 비교

3 가구별 닭의 수를 조사하여 나타낸 그림그래프입니다. 나 가구보다 닭의 수가 적은 가구의 닭은 몇 마리일까요?

가구별 닭의 수

가구	닭의 수
가	🐓🐓🐓🐓🐔🐔
나	🐓🐓🐔🐔🐔🐔
다	🐓🐓🐓🐔🐔🐔🐔
라	🐓🐔🐔🐔

🐓 10마리
🐔 1마리

( )

2 유진이네 학교의 학년별 안경을 쓴 학생 수를 조사하여 나타낸 표입니다. 표를 보고 그림그래프를 완성해 보세요.

학년별 안경을 쓴 학생 수

학년	3학년	4학년	5학년	6학년	합계
학생 수(명)	82	90	64	74	310

학년별 안경을 쓴 학생 수

학년	학생 수
3학년	◎○○○●●
4학년	◎○○○○
5학년	◎○●●●●
6학년	

◎ [ ]명
○ [ ]명
● [ ]명

4 마을별 고구마 생산량을 조사하여 나타낸 그림그래프입니다. 나 마을보다 고구마 생산량이 더 많은 마을의 고구마 생산량은 몇 상자일까요?

마을별 고구마 생산량

마을	생산량
가	🍠🍠🍠🍠🍠🍠🍠
나	🍠🍠🍠🍠🍠🍠🍠🍠🍠
다	🍠🍠🍠🍠🍠🍠🍠🍠
라	🍠🍠🍠🍠🍠🍠

🍠 100상자
🍠 10상자

( )

⚡ 서로 다른 그림의 단위

5 유리네 학교 3학년 학생들이 좋아하는 과목을 조사하였습니다. 그림그래프의 그림의 단위를 바꾸어 아래의 그림그래프를 그려 보세요.

좋아하는 과목별 학생 수

수학	국어	영어
◎◎◎○ ○○○○○	◎○○○ ○○	◎◎○○ ○○○○○

◎ 10명 ○ 1명

좋아하는 과목별 학생 수

수학	국어	영어

◎ 10명 △ 5명 ○ 1명

6 재희네 학교 3학년 학생들이 모은 빈병의 수를 조사하였습니다. 그림그래프의 그림의 단위를 바꾸어 아래의 그림그래프를 그려 보세요.

반별 모은 빈병의 수

반	빈병의 수
1반	◎◎○○○○○○○○
2반	◎◎◎○○○○○
3반	◎○○○○○○

◎ 10병 ○ 1병

반별 모은 빈병의 수

반	빈병의 수
1반	
2반	
3반	

◎ 10병 △ 5병 ○ 1병

⚡ 표와 그림그래프 완성

7 반별 학급 문고 수를 조사하였습니다. 표와 그림그래프를 완성해 보세요.

반별 학급 문고 수

반	1반	2반	3반	4반	합계
학급 문고 수(권)			33	22	120

반별 학급 문고 수

반	학급 문고 수
1반	◎◎◎◎
2반	
3반	
4반	◎◎○○

◎ 10권 ○ 1권

8 밭별 수박 생산량을 조사하였습니다. 표와 그림그래프를 완성해 보세요.

밭별 수박 생산량

밭	가	나	다	라	합계
생산량(통)	160			250	950

밭별 수박 생산량

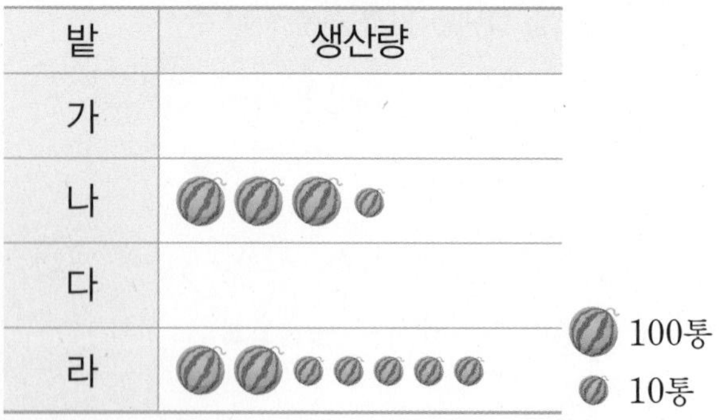

밭	생산량
가	
나	🍉🍉🍉🍈
다	
라	🍉🍉🍈🍈🍈🍈🍈🍈

🍉 100통 🍈 10통

최상위 도전 유형

도전1 표를 보고 예상하기

1 유리네 반과 현아네 반은 함께 체험 학습을 가려고 학생들이 가고 싶은 장소를 조사하였습니다. 두 반은 체험 학습 장소로 어디를 가면 좋을까요?

가고 싶은 체험 학습 장소별 학생 수

장소	박물관	미술관	민속촌	식물원	합계
유리네 반 학생 수(명)	4	6	9	6	25
현아네 반 학생 수(명)	5	2	10	7	24

( )

핵심 NOTE

① 항목별로 각 반 학생 수의 합을 구합니다.
② 학생 수를 비교하여 체험 학습 장소로 좋은 곳을 찾습니다.

2 승호네 반과 민유네 반 학생들이 함께 운동을 하려고 좋아하는 운동을 조사하였습니다. 체육 시간에 어떤 운동을 하면 좋을까요?

좋아하는 운동별 학생 수

운동	축구	배구	농구	야구	합계
승호네 반 학생 수(명)	7	6		5	27
민유네 반 학생 수(명)	6	4	8		25

( )

도전2 다른 그래프를 그림그래프로 나타내기

[3~4] 은수네 학교 3학년 학생들이 좋아하는 곤충과 색깔을 조사하여 나타낸 그래프입니다. 그림그래프로 나타내어 보세요.

3

좋아하는 곤충별 학생 수

나비	○	○	○	○	○	○	○	○
잠자리	○	○	○	○	○			
메뚜기	○	○	○					
곤충＼학생 수(명)	4	8	12	16	20	24	28	32

좋아하는 곤충별 학생 수

나비	잠자리	메뚜기

☺10명 ☺1명

핵심 NOTE

위의 그래프를 보고 각 항목의 수량에 맞게 그림그래프로 나타냅니다.

4

좋아하는 색깔별 학생 수

빨간색	×	×	×	×	×			
노란색	×	×	×	×	×	×	×	
보라색	×	×	×	×				
색깔＼학생 수(명)	4	8	12	16	20	24	28	32

좋아하는 색깔별 학생 수

색깔	학생 수
빨간색	
노란색	
보라색	

◎10명
△5명
○1명

그림그래프 완성하기 (1)

5 피자 가게에서 일주일 동안 팔린 피자의 수를 조사하여 나타낸 그림그래프입니다. 일주일 동안 팔린 피자의 수가 모두 130판일 때 그림 그래프를 완성해 보세요.

일주일 동안 팔린 피자의 수

종류	피자의 수
감자	◎ ◎ ◎ ○ ○ ○
불고기	◎ ◎ ◎ ◎ ○
고구마	◎ ◎ ○ ○ ○ ○ ○
치즈	

◎ 10판
○ 1판

핵심 NOTE
각 항목의 수량을 구한 후 합계를 이용하여 모르는 항목의 수량을 구합니다.

6 농장별 감자 수확량을 조사하여 나타낸 그림 그래프입니다. 네 농장의 감자 수확량이 모두 1320 kg일 때 그림그래프를 완성해 보세요.

농장별 감자 수확량

농장	수확량
가	🥔 🥔 🥔 ● ● ● ● ●
나	🥔 🥔 🥔 🥔 ●
다	🥔 🥔 🥔 🥔 ● ● ● ●
라	

🥔 100 kg
● 10 kg

그림이 나타내는 수량 구하기

7 수애네 모둠 학생들이 줄넘기를 한 횟수를 조사하여 나타낸 그림그래프입니다. 수애와 영진이의 줄넘기 횟수의 합이 250회라면 지아가 넘은 줄넘기 횟수는 몇 회일까요?

학생별 줄넘기를 한 횟수

이름	횟수
수애	🪢 🪢 🪢
영진	🪢 🪢 🪢 🪢
지아	🪢 🪢 🪢

( )

핵심 NOTE
수량의 합을 이용하여 그림이 나타내는 크기를 알아봅니다.

8 지윤이네 모둠 학생들이 접은 종이학의 수를 조사하여 나타낸 그림그래프입니다. 지윤이와 태연이가 접은 종이학의 수가 모두 280마리라면 민아가 접은 종이학은 몇 마리일까요?

학생별 접은 종이학의 수

이름	종이학의 수
지윤	◎ ◎ ○
민아	◎ ○ ○ ○ ○
태연	◎ ◎ ◎ ○ ○

( )

도전5 필요한 개수 구하기

9 소진이네 학교 3학년의 반별 학생 수를 조사하여 나타낸 그림그래프입니다. 3학년 학생들에게 연필을 2자루씩 나누어 주려면 연필을 적어도 몇 자루 준비해야 할까요?

반별 학생 수

반	학생 수
1반	
2반	
3반	
4반	

(큰 얼굴) 10명 (작은 얼굴) 1명

(   )

핵심 NOTE
전체 학생 수를 구한 후 한 학생에게 나누어 줄 연필 수를 곱합니다.

10 가은이네 모둠 학생들이 방학 동안 읽은 책의 수를 조사하여 나타낸 그림그래프입니다. 책을 1권씩 읽을 때마다 붙임딱지를 3장씩 준다면 붙임딱지는 적어도 몇 장 준비해야 할까요?

학생별 읽은 책 수

이름	책 수
가은	
민호	
서아	
재연	

(큰 책) 10권 (작은 책) 1권

(   )

도전6 합계 구하기

11 지연이네 모둠 학생들이 모은 우표 수를 조사하여 나타낸 그림그래프입니다. 준하가 모은 우표 수는 연호가 모은 우표 수의 2배일 때 지연이네 모둠 학생들이 모은 우표는 모두 몇 장일까요?

학생별 모은 우표 수

이름	우표 수
지연	◎ ◎ ◎ ◎ ○ ○
연호	◎ ◎ ○ ○ ○ ○
예은	◎ ○ ○ ○ ○ ○
준하	

◎ 10장 ○ 1장

(   )

핵심 NOTE
준하가 모은 우표 수를 구하여 전체 우표 수의 합을 구합니다.

12 농장별 고추 수확량을 조사하여 나타낸 그림그래프입니다. 나 농장의 수확량이 라 농장의 수확량의 3배일 때 네 농장에서 수확한 고추는 모두 몇 kg일까요?

농장별 고추 수확량

농장	수확량
가	
나	
다	
라	

(큰 고추) 10 kg (작은 고추) 1 kg

(   )

도전7 **판매액 구하기**

13 어느 가게의 하루 동안 판매한 아이스크림 수를 조사하여 나타낸 그림그래프입니다. 아이스크림 1개의 값이 700원일 때 초코 아이스크림 판매액은 딸기 아이스크림 판매액보다 얼마나 더 많을까요?

아이스크림별 판매량

아이스크림	판매량
초코	🍦🍦🍦🍦 🍦🍦
바닐라	🍦🍦🍦🍦 🍦
딸기	🍦🍦🍦 🍦🍦
녹차	🍦🍦🍦🍦

🍦 10개
🍦 1개

(   )

핵심 NOTE
먼저 초코 아이스크림과 딸기 아이스크림의 개수의 차를 구합니다.

14 어느 제과점에서 팔린 빵의 수를 조사하여 나타낸 그림그래프입니다. 빵 1개의 값이 900원일 때 크림빵의 판매액은 팥빵의 판매액보다 얼마나 더 많을까요?

빵별 판매량

빵	판매량
크림빵	🥐🥐🥐 🥐🥐🥐🥐
감자빵	🥔🥔🥔🥔 🥔
팥빵	🥐 🥔🥔🥔🥔🥔🥔
치즈빵	🥐 🥔🥔🥔🥔🥔🥔🥔🥔🥔

🥐 10개
🥔 1개

(   )

도전8 **그림그래프 완성하기** (2)

15 마을별 쌀 생산량을 조사하여 나타낸 그림그래프입니다. 전체 생산량은 100가마이고 알찬 마을의 쌀 생산량은 풍성 마을의 쌀 생산량의 2배일 때 그림그래프를 완성해 보세요.

마을별 쌀 생산량

마을	생산량
풍성	
가득	◎◎○○○○○
알찬	
신선	◎◎○

◎ 10가마
○ 1가마

핵심 NOTE
먼저 알찬 마을과 풍성 마을의 쌀 생산량의 합을 구합니다.

도전 최상위

16 어느 아파트의 동별 소화기 수를 조사하여 나타낸 그림그래프입니다. 전체 소화기가 80대이고 가 동의 소화기 수는 나 동의 소화기 수의 2배일 때 그림그래프를 완성해 보세요.

동별 소화기 수

동	소화기 수
가	
나	
다	◎◎○
라	◎○

◎ 10대
○ 1대

[1~4] 은호네 반 학생들이 좋아하는 음료수를 조사하여 나타낸 것입니다. 물음에 답하세요.

좋아하는 음료수

콜라	주스	사이다	우유

1 콜라를 좋아하는 학생은 몇 명일까요?

( )

2 조사한 자료를 보고 표로 나타내어 보세요.

좋아하는 음료수별 학생 수

음료	콜라	주스	사이다	우유	합계
학생 수(명)					

3 조사한 학생은 모두 몇 명일까요?

( )

4 가장 적은 학생들이 좋아하는 음료수는 무엇일까요?

( )

[5~8] 지훈이네 학교 3학년 학생들이 태어난 계절을 조사하여 나타낸 표입니다. 물음에 답하세요.

태어난 계절별 학생 수

계절	봄	여름	가을	겨울	합계
학생 수(명)	12	26	19	31	88

5 위의 표를 그림그래프로 나타낼 때 그림 ☺과 ☺을 사용하려고 합니다. 각각 몇 명을 나타내는 것이 좋을까요?

☺ ( )

☺ ( )

6 표를 보고 그림그래프를 완성해 보세요.

태어난 계절별 학생 수

계절	학생 수
봄	☺ ☺ ☺
여름	
가을	☺ ☺ ☺ ☺ ☺ ☺ ☺ ☺ ☺
겨울	

☺ ☐ 명 ☺ ☐ 명

7 태어난 학생 수가 가장 많은 계절을 써 보세요.

( )

8 계절별로 태어난 학생 수를 한눈에 비교하는 데 표와 그림그래프 중에서 어느 것이 더 편리할까요?

( )

[9~11] 윤비가 월별로 마신 우유 수를 조사하여 나타낸 표와 그림그래프입니다. 물음에 답하세요.

월별로 마신 우유 수

월	9월	10월	11월	12월	합계
우유 수(개)	18		25		

월별로 마신 우유 수

월	우유 수
9월	
10월	◎◎◎
11월	
12월	◎○○○

◎ 10개
○ 1개

9 그림그래프를 보고 표를 완성해 보세요.

10 표를 보고 그림그래프를 완성해 보세요.

11 10번 그림그래프의 그림의 단위를 바꾸어 그림그래프로 나타내어 보세요.

월별로 마신 우유 수

월	우유 수
9월	
10월	
11월	
12월	

◎ 10개 △ 5개 ○ 1개

[12~15] 마을별 자전거 수를 조사하여 나타낸 표입니다. 물음에 답하세요.

마을별 자전거 수

마을	가	나	다	라	합계
자전거 수(대)	32	41	16	20	109

12 표를 보고 그림그래프로 나타내어 보세요.

마을별 자전거 수

마을	자전거 수
가	
나	
다	
라	

◎ 10대
○ 1대

13 자전거 수가 30대보다 많은 마을을 모두 써 보세요.

( )

14 가 마을의 자전거 수는 다 마을의 자전거 수의 몇 배일까요?

( )

15 라 마을의 자전거 수와 차가 가장 적은 마을은 어느 마을이고, 몇 대 차이가 날까요?

(,)

16 우영이네 모둠 친구들이 가지고 있는 구슬 수를 조사하여 나타낸 그림그래프입니다. 모둠 친구들이 가지고 있는 구슬이 모두 90개라면 예준이가 가지고 있는 구슬은 몇 개일까요?

친구별 가지고 있는 구슬 수

이름	구슬 수
우영	
승주	
예준	
지호	

◯ 10개
◯ 1개

(   )

[17~18] 농장별 오리 수를 조사하여 나타낸 표입니다. 햇살 농장의 오리 수가 하늘 농장의 오리 수보다 10마리 더 많을 때 물음에 답하세요.

농장별 오리 수

농장	하늘	소망	사랑	햇살	합계
오리 수(마리)		31	40		167

17 위 표를 완성해 보세요.

18 오리 수가 가장 많은 농장과 오리 수가 가장 적은 농장의 오리 수의 차를 구해 보세요.

(   )

[19~20] 과수원별 귤 수확량을 조사하여 나타낸 그림그래프입니다. 물음에 답하세요.

과수원별 귤 수확량

과수원	수확량
가	
나	
다	
라	

◯ 10상자
◯ 1상자

서술형
19 귤 수확량이 두 번째로 많은 과수원은 어디인지 풀이 과정을 쓰고 답을 구해 보세요.

풀이 ....

....

....

....

답 ....

서술형
20 네 과수원에서 수확한 귤을 50상자씩 실을 수 있는 트럭으로 한 번에 옮기려고 합니다. 트럭은 적어도 몇 대 필요한지 풀이 과정을 쓰고 답을 구해 보세요.

풀이 ....

....

....

....

답 ....

6

[1~2] 소희네 모둠 학생들이 가지고 있는 연필 수를 조사하여 나타낸 그림그래프입니다. 물음에 답하세요.

학생별 가지고 있는 연필 수

이름	연필 수
소희	✏✏✏✒✒✒✒✒
진아	✏✏✒✒✒✒✒✒
민호	✏✏✏✒✒✒✒

✏10자루
✒1자루

1 그림 ✏과 ✒은 각각 몇 자루를 나타낼까요?

✏ (   ), ✒ (   )

2 소희가 가지고 있는 연필은 몇 자루일까요?

(   )

[3~4] 지수네 학교 3학년 학생들이 좋아하는 계절을 조사하여 나타낸 그림그래프입니다. 물음에 답하세요.

좋아하는 계절별 학생 수

계절	학생 수
봄	☺☺☺☺☻
여름	☺☺☻☻☻
가을	☺☺☻☻☻
겨울	☺☺☻☻☻

☺10명
☻1명

3 가장 많은 학생들이 좋아하는 계절은 언제일까요?

(   )

4 봄을 좋아하는 학생 수와 가을을 좋아하는 학생 수의 차는 몇 명일까요?

(   )

[5~8] 어느 빵집에서 한 달 동안 종류별 팔린 빵의 수를 조사하여 나타낸 그림그래프입니다. 물음에 답하세요.

종류별 팔린 빵의 수

종류	빵의 수
단팥빵	🍞🍞🍞
도넛	🍞🍞🍞🍞🍞🍞
식빵	🍞🍞🍞🍞🍞🍞🍞
크림빵	🍞🍞🍞🍞

🍞100개
🍞10개

5 그림 🍞과 🍞은 각각 몇 개를 나타낼까요?

🍞 (   )

🍞 (   )

6 팔린 개수가 300개인 빵은 무엇인지 써 보세요.

(   )

7 그림그래프를 보고 표로 나타내어 보세요.

종류별 팔린 빵의 수

종류	단팥빵	도넛	식빵	크림빵	합계
빵의 수(개)					

8 가장 적게 팔린 빵은 무엇이고 몇 개인지 써 보세요.

(,   )

[9~11] 은주네 학교 3학년 학생들의 혈액형을 조사하여 나타낸 표입니다. 물음에 답하세요.

혈액형별 학생 수

혈액형	A형	B형	O형	AB형	합계
학생 수(명)	31	27		22	123

9 O형인 학생은 몇 명일까요?

( )

10 표를 보고 그림그래프로 나타내어 보세요.

혈액형별 학생 수

혈액형	학생 수
A형	
B형	
O형	
AB형	

◎ 10명
● 1명

11 학생 수가 많은 혈액형부터 차례로 써 보세요.

( )

12 어선별 생선 어획량을 조사하여 나타낸 그림그래프입니다. 세 어선에서 *어획한 생선은 모두 몇 kg일까요?

어선별 생선 어획량

어선	어획량
가	
나	
다	

🐟 100 kg
🐟 10 kg

*어획: 수산물을 잡거나 채취함.

( )

[13~14] 마을별 음식물 쓰레기 양을 조사하여 나타낸 그림그래프입니다. 물음에 답하세요.

마을별 음식물 쓰레기 양

마을	쓰레기 양
가	◎○
나	◎○●●●
다	○●●●●
라	◎●●●

◎ 100 L
○ 50 L
● 10 L

13 음식물 쓰레기 양이 가 마을보다 많은 마을은 어느 마을일까요?

( )

14 그림그래프를 보고 표로 나타내어 보세요.

마을별 음식물 쓰레기 양

마을	가	나	다	라	합계
쓰레기 양(L)					

15 농장별 토마토 생산량을 조사하여 나타낸 표와 그림그래프를 완성해 보세요.

농장별 토마토 생산량

농장	가	나	다	라	합계
생산량(상자)	420			310	1290

농장별 토마토 생산량

농장	생산량
가	
나	🍅🍅🍅🍅🍅🍅
다	
라	

🍅 100상자
🍅 10상자

16 목장별 우유 생산량을 조사하여 나타낸 그림그래프입니다. 네 목장의 생산량이 모두 140 kg일 때 그림그래프를 완성해 보세요.

목장별 우유 생산량

목장	생산량
가	
나	
다	
라	

🥛 10 kg
🥛 1 kg

[**17~18**] 유진이네 학교 3학년의 반별 학생 수를 조사하여 나타낸 그림그래프입니다. 2반 학생은 1반보다 2명 적고, 3반 학생은 4반 학생보다 1명 많을 때 물음에 답하세요.

반별 학생 수

반	학생 수
1반	
2반	
3반	
4반	

🙂 10명
🙂 1명

17 그림그래프를 완성해 보세요.

18 3학년 학생들에게 사탕을 3개씩 나누어 주려고 합니다. 사탕을 적어도 몇 개 준비해야 할까요?

(   )

19 그림그래프를 보고 학생들에게 김밥을 나누어 줄 때 어떤 김밥을 가장 많이 준비하면 좋을지 풀이 과정을 쓰고 답을 구해 보세요.

좋아하는 김밥별 학생 수

김밥	학생 수
소고기	
참치	
치즈	
돈가스	

🍙 10명
🍙 1명

풀이 _____

_____

답 _____

20 세 마을의 자동차 수는 모두 76대이고 가 마을의 자동차 수는 다 마을의 자동차 수의 2배입니다. 가 마을의 자동차 수는 몇 대인지 풀이 과정을 쓰고 답을 구해 보세요.

마을별 자동차 수

마을	자동차 수
가	
나	
다	

🚗 10대
🚗 1대

풀이 _____

_____

답 _____

계산이 아닌   개념을 깨우치는

수학을 품은 연산

디딤돌
연산
수학

1~6학년(학기용)

수학 공부의 새로운 패러다임

상위권의 기준!

똑같은 DNA를 품은 최상위지만,
심화문제 접근 방법에 따른 구성 차별화!

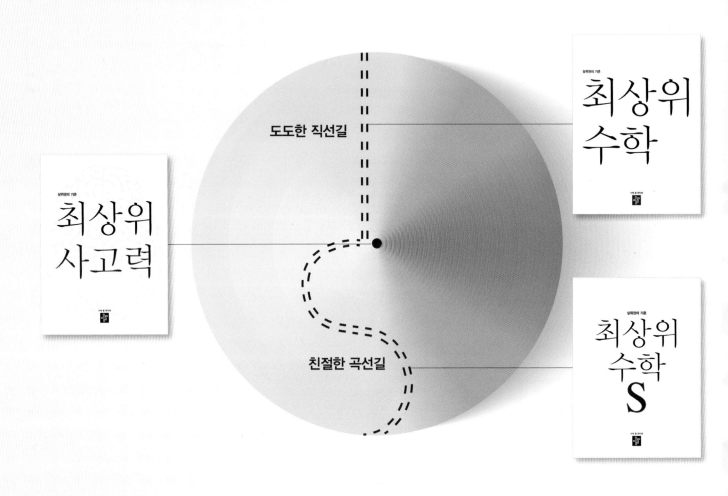

도도한 직선길

최상위
수학

최상위
사고력

친절한 곡선길

최상위
수학
S

최상위를 위한
심화 학습 서비스 제공!

문제풀이 동영상 ➕ 상위권 학습 자료
(QR 코드 스캔 혹은 디딤돌 홈페이지 참고)

수학 좀 한다면

수시 평가
자료집

3
—
2

수학 좀 한다면

초등수학

수시평가 자료집

$$\frac{3}{2}$$

점수

확인

1. 곱셈

1 계산해 보세요.

(1)
```
   2 3 1
 ×     2
```

(2)
```
     3 7
 ×   4 0
```

2 ☐ 안에 알맞은 수를 써넣어 243×4를 계산해 보세요.

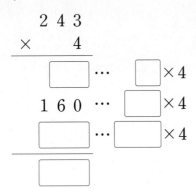

3 ☐ 안에 알맞은 수를 써넣으세요.

316 316 316 316 316 316

☐

4 빈 곳에 알맞은 수를 써넣으세요.

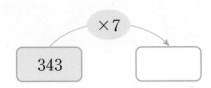

5 계산 결과의 크기를 비교하여 ◯ 안에 $>$, $=$, $<$를 알맞게 써넣으세요.

$541 \times 3 \bigcirc 286 \times 6$

6 두 곱의 합을 구해 보세요.

| 8×32 | 9×76 |

( )

7 계산 결과가 큰 것부터 차례로 기호를 써 보세요.

| ㉠ 47×40 | ㉡ 62×30 |
| ㉢ 98×20 | ㉣ 39×50 |

( )

8 빈칸에 알맞은 수를 써넣으세요.

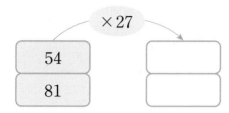

9 <u>잘못</u> 계산한 부분을 찾아 바르게 계산해 보세요.

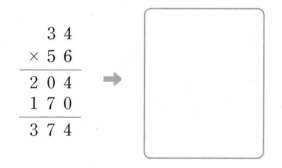

10 ㉠과 ㉡에 알맞은 수의 합을 구해 보세요.

$$49 \times 70 = ㉠0$$
$$35 \times 80 = ㉡0$$

(   )

11 관계있는 것끼리 이어 보세요.

12 ㉮×7은 얼마일까요?

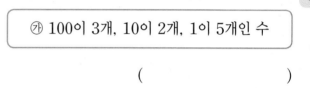

(   )

13 ☐ 안에 알맞은 수를 써넣으세요.

$$46 \times 15 = \boxed{} \times 10$$

14 하루는 24시간입니다. 4월 한 달은 모두 몇 시간일까요?

(   )

정답과 풀이 **60**쪽

서술형 문제

15 운동장에 3학년 학생들이 4명씩 85줄로 서 있습니다. 그중에서 남학생이 182명이라면 여학생은 몇 명일까요?

(   )

16 배는 한 상자에 30개씩 40상자 있고, 사과는 한 상자에 48개씩 24상자 있습니다. 배는 사과보다 몇 개 더 많을까요?

(   )

17 ☐ 안에 알맞은 수를 써넣으세요.

$$\begin{array}{r} \square\,8\,\square \\ \times \qquad 3 \\ \hline 5\ 5\ 2 \end{array}$$

18 4장의 수 카드를 한 번씩만 사용하여 곱이 가장 큰 (두 자리 수)×(두 자리 수)의 곱셈식을 만들고 계산해 보세요.

2   7   5   6

☐☐ × ☐☐ = ☐

19 어떤 수에 41을 곱해야 할 것을 잘못하여 더했더니 63이 되었습니다. 바르게 계산하면 얼마인지 풀이 과정을 쓰고 답을 구해 보세요.

풀이

답

20 선주네 동아리 학생은 36명입니다. 귤을 한 학생에게 16개씩 주었더니 9개가 남았습니다. 처음에 있던 귤은 몇 개인지 풀이 과정을 쓰고 답을 구해 보세요.

풀이

답

1. 곱셈

1 □ 안에 알맞은 수를 써넣으세요.

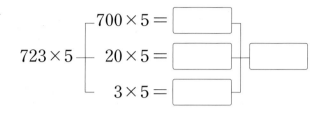

$$700 \times 5 = \boxed{}$$
$$723 \times 5 \begin{cases} 20 \times 5 = \boxed{} \end{cases} \boxed{}$$
$$3 \times 5 = \boxed{}$$

2 계산해 보세요.

(1) 80×40

(2) 48×20

3 60×30의 값과 같은 것은 어느 것일까요?

( )

① 6×3 ② 6×30
③ 60×3 ④ $10 \times 6 \times 3$
⑤ $100 \times 6 \times 3$

4 284×7을 바르게 계산한 것에 ○표 하세요.

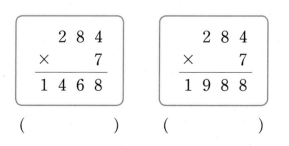

```
    2 8 4
  ×     7
  1 4 6 8
```

```
    2 8 4
  ×     7
  1 9 8 8
```

( )   ( )

5 □ 안에 들어갈 수는 어떤 두 수의 곱일까요?

( )

```
      5 3
  ×   8 2
    1 0 6
  ┌─────┐
  └─────┘
  4 3 4 6
```

① 53×2
② 3×80
③ 50×80
④ 53×80
⑤ 53×82

6 계산 결과의 크기를 비교하여 ○ 안에 >, =, <를 알맞게 써넣으세요.

$$43 \times 80 \bigcirc 62 \times 56$$

7 빈칸에 알맞은 수를 써넣으세요.

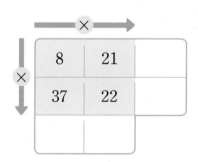

×		
8	21	
37	22	

8 계산 결과가 큰 것부터 차례로 기호를 써 보세요.

㉠ 40×60
㉡ 50×50
㉢ 90×20

( )

9 잘못 계산한 부분을 찾아 바르게 계산해 보세요.

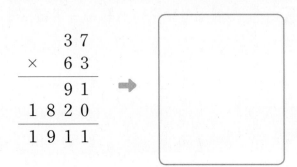

```
      3 7
  ×   6 3
  ─────────
      9 1
  1 8 2 0
  ─────────
  1 9 1 1
```

10 빈 곳에 알맞은 수를 써넣으세요.

(1)
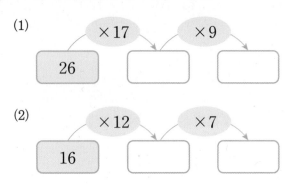

26 ×17 → □ ×9 → □

(2)

16 ×12 → □ ×7 → □

11 주희는 길이가 48 mm인 색 테이프 16장을 그림과 같이 겹치지 않게 이어 붙였습니다. 이어 붙인 색 테이프의 전체 길이는 몇 mm일까요?

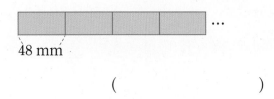

48 mm

(   )

12 아름이는 영어 단어를 하루에 35개씩 2주일 동안 외웠습니다. 아름이가 2주일 동안 외운 영어 단어는 모두 몇 개일까요?

(   )

13 경민이는 540원짜리 연필 9자루를 사고 5000원을 냈습니다. 거스름돈으로 얼마를 받아야 할까요?

(   )

14 인국이와 태희가 각각 나타내는 두 수의 합을 구해 보세요.

247의 4배인 수야!

6과 89의 곱이야!

인국   태희

(   )

15 4장의 수 카드를 한 번씩만 사용하여 곱이 가장 작은 (세 자리 수) × (한 자리 수)의 곱셈식을 만들고 계산해 보세요.

8 4 9 3

□□□ × □ = □

서술형 문제

정답과 풀이 61쪽

16 삼각형과 사각형의 각 변의 길이는 178 cm로 모두 같습니다. 삼각형과 사각형의 모든 변의 길이의 합은 몇 cm일까요?

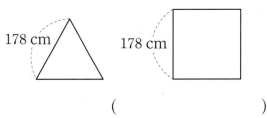

(   )

17 어떤 수에 49를 더했더니 85가 되었습니다. 어떤 수에 28을 곱하면 얼마일까요?

(   )

18 1부터 9까지의 수 중에서 ☐ 안에 들어갈 수 있는 수를 모두 구해 보세요.

$$44 \times 25 > 263 \times \boxed{}$$

(   )

19 나영이는 자전거로 1분에 80 m를 갈 수 있습니다. 자전거를 타고 같은 빠르기로 1시간 동안 몇 m를 갈 수 있는지 풀이 과정을 쓰고 답을 구해 보세요.

풀이

답

20 지용이는 수학 문제를 11일 동안은 하루에 35개씩 풀고, 20일 동안은 하루에 40개씩 풀었습니다. 지용이가 31일 동안 푼 수학 문제는 모두 몇 개인지 풀이 과정을 쓰고 답을 구해 보세요.

풀이

답

2. 나눗셈

1 계산해 보세요.

(1) $40 \div 2$ (2) $60 \div 6$

2 계산을 하고 계산이 맞는지 확인해 보세요.

$43 \div 8 = \boxed{} \cdots \boxed{}$

확인 $\boxed{} \times \boxed{} = 40$

➡ $40 + \boxed{} = \boxed{}$

3 ☐ 안에 알맞은 수를 써넣으세요.

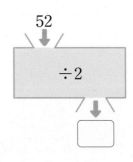

52

$\div 2$

4 몫의 크기를 비교하여 ○ 안에 >, =, <를 알맞게 써넣으세요.

$68 \div 4 \bigcirc 75 \div 5$

5 나눗셈의 몫이 같은 것끼리 이어 보세요.

| $80 \div 4$ | · | | · | $99 \div 9$ |

| $39 \div 3$ | · | | · | $26 \div 2$ |

| $66 \div 6$ | · | | · | $60 \div 3$ |

6 몫이 가장 큰 것은 어느 것일까요? (   )

① $28 \div 2$ ② $36 \div 3$

③ $69 \div 3$ ④ $55 \div 5$

⑤ $84 \div 4$

7 잘못 계산한 부분을 찾아 바르게 계산해 보세요.

```
      1 9 6
  4 ) 9 0 4
      4
      ─────
      5 0
      3 6
      ─────
        4 4
        2 4
      ─────
        2 0
```

➡

8 나누어떨어지는 나눗셈은 어느 것일까요?

( )

① 45÷4   ② 68÷6   ③ 56÷5

④ 78÷7   ⑤ 99÷9

9 나눗셈을 하여 몫은 빈칸에, 나머지는 ◯ 안에 써넣으세요.

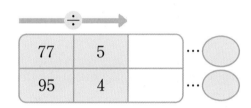

10 나머지가 가장 큰 것은 어느 것일까요?

( )

① 35÷3   ② 46÷4   ③ 50÷3

④ 71÷6   ⑤ 88÷7

11 연필 72자루를 6명에게 똑같이 나누어 주려고 합니다. 한 사람에게 몇 자루씩 주면 될까요?

( )

12 ㉠과 ㉡의 차를 구해 보세요.

225÷5 = ㉠   168÷4 = ㉡

( )

13 1부터 9까지의 수 중에서 다음 나눗셈의 나머지가 될 수 있는 수를 모두 구해 보세요.

★÷4

( )

14 나눗셈을 하고 계산이 맞는지 확인한 식입니다. 계산한 나눗셈식을 쓰고 몫과 나머지를 각각 구해 보세요.

9×5 = 45, 45 + 6 = 51

나눗셈식 ( )

몫 ( )

나머지 ( )

정답과 풀이 62쪽

서술형 문제

15 색 테이프 8 cm로 고리를 한 개 만들 수 있습니다. 색 테이프 89 cm로는 고리를 몇 개까지 만들 수 있을까요?

(   )

16 동화책 486권을 모두 책꽂이에 꽂으려고 합니다. 한 칸에 7권까지 꽂을 수 있다면 책꽂이는 적어도 몇 칸이 필요할까요?

(   )

17 어떤 수를 6으로 나누었더니 몫이 27이고 나머지가 3이 되었습니다. 어떤 수는 얼마일까요?

(   )

18 3장의 수 카드 [5], [3], [6] 을 한 번씩만 사용하여 (몇십몇)÷(몇)의 나눗셈식을 만들려고 합니다. 몫이 가장 큰 나눗셈식을 만들고 계산해 보세요.

$$\square\square \div \square = \square \cdots \square$$

19 탁구공이 한 상자에 8개씩 9상자 있습니다. 이 탁구공을 한 모둠에게 5개씩 나누어 주면 몇 모둠까지 나누어 줄 수 있고, 남은 탁구공은 몇 개인지 풀이 과정을 쓰고 답을 구해 보세요.

풀이

답   ,

20 유진이가 사 온 빵을 한 사람에게 4개씩 나누어 주었더니 13명에게 주고 3개가 남았습니다. 유진이가 사 온 빵은 몇 개인지 풀이 과정을 쓰고 답을 구해 보세요.

풀이

답

2. 나눗셈

1 계산해 보세요.

(1) $63 \div 3$

(2) $738 \div 6$

2 관계있는 것끼리 이어 보세요.

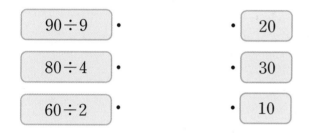

90÷9	20
80÷4	30
60÷2	10

3 ☐ 안에 알맞은 수를 써넣으세요.

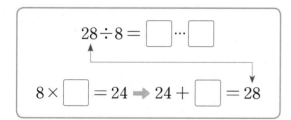

$$28 \div 8 = \boxed{} \cdots \boxed{}$$

$$8 \times \boxed{} = 24 \Rightarrow 24 + \boxed{} = 28$$

4 몫의 크기를 비교하여 ○ 안에 >, =, <를 알맞게 써넣으세요.

(1) $38 \div 2 \bigcirc 51 \div 3$

(2) $80 \div 5 \bigcirc 96 \div 6$

5 빈칸에 알맞은 수를 써넣으세요.

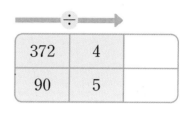

372	4	
90	5	

6 <u>잘못</u> 계산한 부분을 찾아 바르게 계산해 보세요.

```
    1 5
4 ) 6 7
    4
    2 7
    2 0
    ─────
      7
```

➡

7 몫이 가장 큰 것은 어느 것일까요? (   )

① $69 \div 3$ ② $76 \div 4$ ③ $91 \div 7$

④ $72 \div 6$ ⑤ $99 \div 9$

8 나눗셈의 몫과 나머지의 합을 구해 보세요.

$98 \div 5$

(   )

9 나머지가 가장 작은 것은 어느 것일까요?

(   )

① 44÷3   ② 45÷4   ③ 52÷6

④ 83÷3   ⑤ 71÷4

10 빈 곳에 알맞은 수를 써넣으세요.

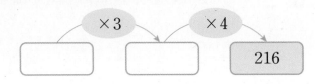

11 ☐ 안에 알맞은 수를 써넣으세요.

$$\boxed{} \div 8 = 3 \cdots 7$$

12 다음 나눗셈에서 나올 수 있는 나머지의 합을 구해 보세요.

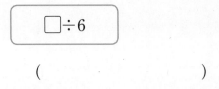

(   )

13 다음 육각형은 여섯 변의 길이가 모두 같습니다. 이 육각형의 여섯 변의 길이의 합이 90 cm 라면 한 변의 길이는 몇 cm일까요?

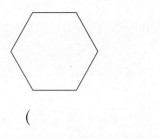

(   )

14 토마토가 75개 있습니다. 이 토마토를 한 봉지에 4개씩 담아 팔려고 합니다. 팔 수 있는 토마토는 몇 봉지일까요?

(   )

15 동현이는 초록색 색종이 34장과 노란색 색종이 39장을 가지고 있습니다. 색종이를 친구들에게 4장씩 나누어 주면 몇 명까지 나누어 줄 수 있고 남은 색종이는 몇 장일까요?

(   ), (   )

16 볼펜 81자루를 한 사람에게 5자루씩 나누어 주었더니 1자루가 남았습니다. 볼펜을 몇 명에게 나누어 주었을까요?

(   )

17 어떤 수를 7로 나누었더니 몫이 13이고 나머지가 4가 되었습니다. 어떤 수를 5로 나눈 몫을 구해 보세요.

(   )

18 나누어떨어지는 나눗셈을 만들려고 합니다. 0부터 9까지의 수 중에서 ☐ 안에 들어갈 수 있는 수를 모두 구해 보세요.

8☐ ÷ 5

(   )

19 정훈이는 풍선 68개를 9명의 친구들에게 똑같이 나누어 주고 남은 풍선을 가졌습니다. 친구들에게 될 수 있는 대로 많이 나누어 주었다면 정훈이가 가진 풍선은 몇 개인지 풀이 과정을 쓰고 답을 구해 보세요.

풀이

답

20 연필 한 타는 12자루입니다. 연필 4타를 한 사람에게 3자루씩 모두 나누어 주려고 합니다. 연필을 몇 명에게 나누어 줄 수 있는지 풀이 과정을 쓰고 답을 구해 보세요.

풀이

답

1 □ 안에 알맞은 말을 써넣으세요.

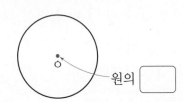

원의 □

2 원 위의 선분 중 가장 긴 선분을 찾아 기호를 써 보세요.

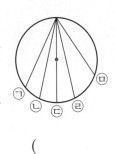

ㄱ ㄴ ㄷ ㄹ ㅁ

( )

3 한 원에서 원의 지름을 나타내는 선분은 몇 개나 그릴 수 있을까요? ( )

① 1개   ② 2개   ③ 3개
④ 0개   ⑤ 무수히 많습니다.

4 원의 반지름은 몇 cm일까요?

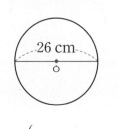

26 cm

( )

5 지름이 18 cm인 원을 그리려고 합니다. 컴퍼스의 침과 연필심 사이의 길이를 몇 cm만큼 벌려야 할까요?

( )

6 원에 대한 설명으로 <u>틀린</u> 것은 어느 것일까요?

( )

① 원의 지름은 원을 똑같이 둘로 나눕니다.
② 반지름은 지름의 2배입니다.
③ 한 원에서 원의 중심은 1개뿐입니다.
④ 한 원에서 지름은 모두 같습니다.
⑤ 원의 반지름은 원의 중심과 원 위의 한 점을 이은 선분입니다.

7 크기가 같은 두 원을 찾아 기호를 써 보세요.

㉠ 지름이 8 cm인 원
㉡ 반지름이 2 cm인 원
㉢ 반지름이 7 cm인 원
㉣ 지름이 4 cm인 원

( )

8 그림과 같은 원에서 선분 ㄱㅇ과 길이가 같은 선분은 몇 개 그릴 수 있을까요?

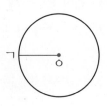

ㄱ

( )

9 원의 반지름은 몇 cm일까요?

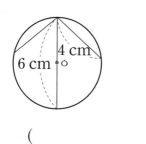

(   )

10 그림은 큰 원 안에 크기가 같은 작은 원 3개를 이어 붙여서 그린 것입니다. 선분 ㄱㄴ의 길이가 9 cm일 때, 작은 원 한 개의 지름은 몇 cm일까요?

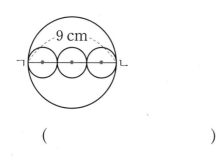

(   )

11 그림과 같은 모양을 그리기 위해서 컴퍼스의 침을 꽂아야 할 곳은 몇 군데일까요?

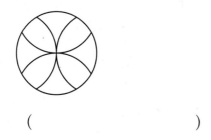

(   )

12 자와 컴퍼스를 이용하여 주어진 모양과 똑같이 그려 보세요.

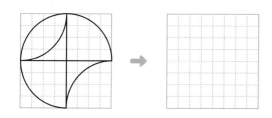

13 선분 ㄱㄴ의 길이는 몇 cm일까요?

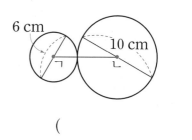

(   )

14 그림과 같이 가장 큰 원 안에 원 2개가 맞닿게 그려져 있습니다. 가장 큰 원의 지름은 몇 cm일까요?

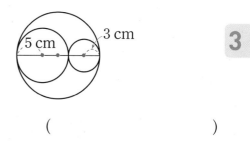

(   )

15 그림은 지름이 6 cm인 원 4개를 맞닿게 그린 것입니다. 원의 중심을 이은 사각형 ㄱㄴㄷㄹ의 네 변의 길이의 합은 몇 cm일까요?

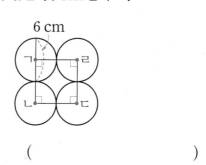

(   )

✏ 서술형 문제　　　　　　　　　　　　　　⭕ 정답과 풀이 **65**쪽

16 100원짜리 동전의 반지름은 12 mm입니다. 그림과 같이 맞닿게 늘어놓았을 때 선분 ㄱㄴ의 길이는 몇 cm일까요?

(　　　　　　　)

17 선분 ㄱㄴ의 길이는 몇 cm일까요?

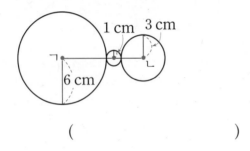

(　　　　　　　)

18 삼각형 ㄱㅇㄴ의 세 변의 길이의 합이 31 cm일 때 원의 지름은 몇 cm일까요?

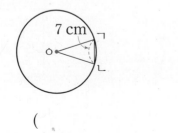

(　　　　　　　)

19 한 변의 길이가 15 cm인 정사각형 안에 가장 큰 원을 그렸습니다. 이 원의 지름은 몇 cm인지 풀이 과정을 쓰고 답을 구해 보세요.

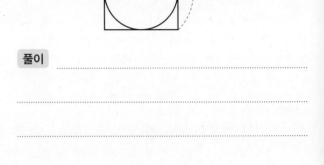

풀이 _____

_____

_____

_____

답 _____

20 4개의 원 중에서 가장 큰 원의 지름은 몇 cm인지 풀이 과정을 쓰고 답을 구해 보세요.

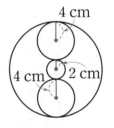

풀이 _____

_____

_____

_____

_____

답 _____

1 ☐ 안에 알맞은 말을 써넣으세요.

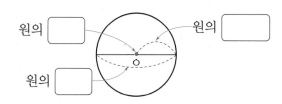

원의 [ ]   원의 [ ]

원의 [ ]

2 원의 중심은 어느 점인지 찾아 써 보세요.

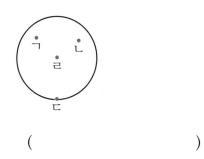

(   )

3 원의 반지름을 찾아 기호를 써 보세요.

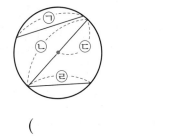

(   )

4 ☐ 안에 알맞은 말이나 수를 써넣으세요.

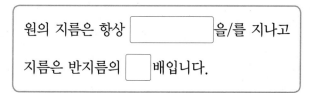

원의 지름은 항상 [   ]을/를 지나고

지름은 반지름의 [ ]배입니다.

5 컴퍼스를 그림과 같이 벌려서 원을 그리면 원의 반지름은 몇 cm가 될까요?

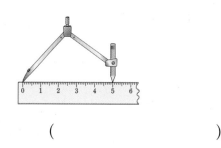

(   )

6 오른쪽 원을 보고 바르게 설명한 것을 찾아 기호를 써 보세요.

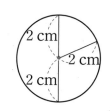

┌─────────────────────────────┐
│ ㉠ 한 원에서 그을 수 있는 반지름은 │
│   3개입니다. │
│ ㉡ 한 원에서 반지름은 모두 같습니다. │
└─────────────────────────────┘

(   )

7 오른쪽 원의 지름은 몇 cm일까요?

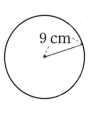

(   )

8 지름이 28 cm인 원의 반지름은 몇 cm일까요?

(   )

9 점 ㅇ을 원의 중심으로 하여 반지름이 1 cm인 원을 그려 보세요.

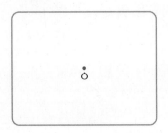

10 ☐ 안에 알맞은 수를 써넣으세요.

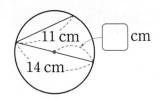

11 오른쪽 그림에서 큰 원의 지름은 몇 cm일까요?

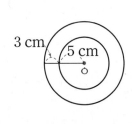

(   )

12 오른쪽 그림은 정사각형 안에 가장 큰 원을 그린 것입니다. 정사각형의 한 변의 길이는 몇 cm일까요?

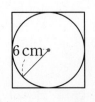

(   )

13 원의 중심을 옮기지 않고 반지름만 다르게 하여 그린 것은 어느 것일까요?   (   )

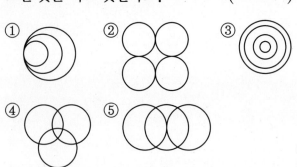

14 주어진 모양을 컴퍼스를 이용하여 그릴 때 원의 중심이 되는 점은 모두 몇 개일까요?

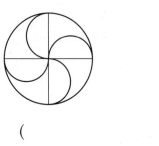

(   )

15 자와 컴퍼스를 이용하여 주어진 모양과 똑같이 그려 보세요.

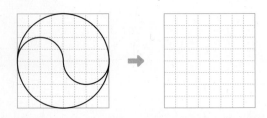

📍 정답과 풀이 66쪽

16 선분 ㄱㄴ의 길이는 몇 cm일까요?

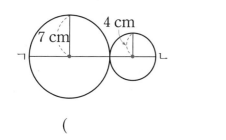

(   )

17 직사각형 안에 크기가 같은 원 2개를 그린 것입니다. 한 원의 지름이 6 cm일 때 직사각형의 네 변의 길이의 합은 몇 cm일까요?

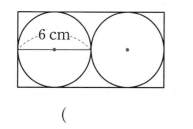

(   )

18 정사각형 안에 가장 큰 원의 반만큼을 그리고 크기가 같은 작은 원 3개를 서로 맞닿게 이어 그린 것입니다. 정사각형의 한 변의 길이는 몇 cm일까요?

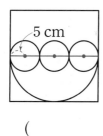

(   )

19 점 ㄴ, 점 ㄷ은 원의 중심입니다. 삼각형 ㄱㄴㄷ의 세 변의 길이의 합이 21 cm일 때 한 원의 반지름은 몇 cm인지 풀이 과정을 쓰고 답을 구해 보세요.

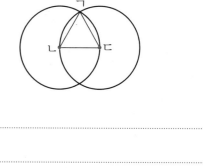

풀이 _____

_____

_____

_____

답 _____

20 점 ㄴ, 점 ㄷ은 원의 중심입니다. 삼각형 ㄱㄴㄷ의 세 변의 길이의 합은 몇 cm인지 풀이 과정을 쓰고 답을 구해 보세요.

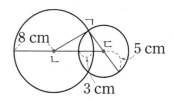

풀이 _____

_____

_____

_____

답 _____

1 계산해 보세요.

(1)
$$\begin{array}{r} 3\ 4\ 5 \\ \times \quad 4 \\ \hline \end{array}$$

(2)
$$\begin{array}{r} 2\ 7 \\ \times\ 6\ 0 \\ \hline \end{array}$$

2 그림과 같이 컴퍼스를 벌려 그린 원의 지름은 몇 cm일까요?

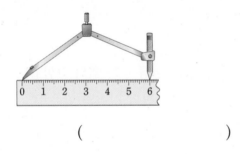

(   )

3 ☐ 안에 알맞은 수를 써넣으세요.

$$55 \div 6 = \boxed{} \cdots \boxed{}$$

$$65 \div 6 = \boxed{} \cdots \boxed{}$$

$$75 \div 6 = \boxed{} \cdots \boxed{}$$

4 계산 결과의 크기를 비교하여 ○ 안에 ＞, ＝, ＜를 알맞게 써넣으세요.

(1) 40×20 ◯ 9×83

(2) 166×5 ◯ 56×17

5 나눗셈의 몫이 같은 것끼리 이어 보세요.

$75 \div 5$	$46 \div 2$	$57 \div 3$

$69 \div 3$	$76 \div 4$	$90 \div 6$

6 원에 대한 설명으로 <u>잘못된</u> 것을 찾아 기호를 써 보세요.

> ㉠ 한 원에서 원의 중심은 1개입니다.
>
> ㉡ 한 원에서 지름은 반지름의 2배입니다.
>
> ㉢ 원의 반지름은 원 위의 두 점을 이은 선분입니다.
>
> ㉣ 한 원에서 지름은 무수히 많이 그릴 수 있습니다.

(   )

7 수빈이는 10월 한 달 동안 매일 80번씩 줄넘기를 했습니다. 수빈이가 10월 한 달 동안 줄넘기를 한 횟수는 모두 몇 번인지 풀이 과정을 쓰고 답을 구해 보세요.

풀이

답

8 가장 큰 원과 가장 작은 원의 반지름의 합은 몇 cm인지 풀이 과정을 쓰고 답을 구해 보세요.

㉠ 지름이 12 cm인 원
㉡ 컴퍼스를 7 cm만큼 벌려서 그린 원
㉢ 지름이 8 cm인 원
㉣ 반지름이 5 cm인 원

풀이

답

9 나머지가 가장 큰 것은 어느 것일까요?

( )

① $54 \div 5$ ② $26 \div 3$ ③ $48 \div 7$
④ $93 \div 8$ ⑤ $82 \div 6$

10 은우는 전체 쪽수가 211쪽인 과학책을 읽으려고 합니다. 하루에 9쪽씩 읽는다면 과학책을 모두 읽는 데 며칠이 걸리는지 풀이 과정을 쓰고 답을 구해 보세요.

풀이

답

11 그림과 같은 모양을 그리기 위하여 컴퍼스의 침을 꽂아야 할 곳은 몇 군데일까요?

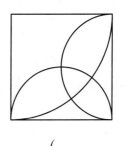

( )

12 ☐ 안에 알맞은 수를 써넣으세요.

$$
\begin{array}{r}
  2\,\boxed{} \\
  \times\ \ \ 4\ 7 \\
  \hline
  1\,\boxed{}\,8 \\
  \boxed{}\,6\ 0 \\
  \hline
  1\ 1\ 2\ 8
\end{array}
$$

13 초콜릿을 한 봉지에 6개씩 담았더니 33봉지가 되고, 사탕을 한 봉지에 8개씩 담았더니 25봉지가 되었습니다. 초콜릿과 사탕 중 어느 것이 몇 개 더 많은지 풀이 과정을 쓰고 답을 구해 보세요.

풀이

답 _____ , _____

14 나누어떨어지는 나눗셈을 만들려고 합니다. 0부터 9까지의 수 중에서 ☐ 안에 들어갈 수 있는 수를 모두 구해 보세요.

$$
\boxed{\ 5\,\boxed{} \div 4\ }
$$

( )

15 그림과 같이 가장 큰 원 안에 원 3개가 맞닿게 그려져 있습니다. 가장 큰 원의 반지름은 몇 cm인지 풀이 과정을 쓰고 답을 구해 보세요.

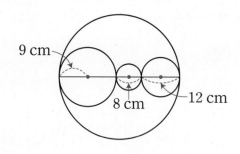

풀이

답

16 1부터 9까지의 수 중에서 ☐ 안에 들어갈 수 있는 수는 몇 개인지 풀이 과정을 쓰고 답을 구해 보세요.

$$
\boxed{\ 309 \times \boxed{} < 52 \times 36\ }
$$

풀이

답

17 어떤 수를 6으로 나누어야 할 것을 잘못하여 9로 나누었더니 몫이 35이고 나머지가 6이 되었습니다. 바르게 계산한 몫과 나머지는 얼마인지 풀이 과정을 쓰고 답을 구해 보세요.

풀이 _____

_____

_____

답 몫: _____ , 나머지: _____

18 직사각형 안에 그림과 같이 원의 중심을 지나도록 원을 그린다면 몇 개까지 그릴 수 있는지 풀이 과정을 쓰고 답을 구해 보세요.

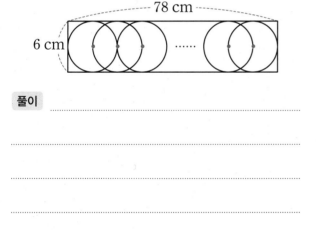

풀이 _____

_____

_____

답 _____

19 길이가 28 cm인 색 테이프 40장을 6 cm씩 겹쳐서 이어 붙이려고 합니다. 이어 붙인 색 테이프의 전체 길이는 몇 cm인지 풀이 과정을 쓰고 답을 구해 보세요.

풀이 _____

_____

_____

_____

답 _____

20 4장의 수 카드 6 , 3 , 8 , 2 를 한 번씩만 사용하여 몫이 가장 작은 (세 자리 수)÷(한 자리 수)의 나눗셈식을 만들려고 합니다. 만든 나눗셈식의 몫은 얼마인지 풀이 과정을 쓰고 답을 구해 보세요.

풀이 _____

_____

_____

_____

답 _____

4. 분수

1 그림을 보고 ☐ 안에 알맞은 수를 써넣으세요.

8을 2씩 묶으면 2는 8의 $\dfrac{\boxed{}}{\boxed{}}$ 입니다.

2 그림을 3개씩 묶고 ☐ 안에 알맞은 수를 써넣으세요.

21의 $\dfrac{4}{7}$ 는 $\boxed{}$ 입니다.

3 색칠한 부분을 가분수와 대분수로 각각 나타내어 보세요.

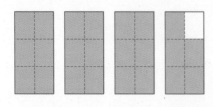

가분수 (   )

대분수 (   )

4 대분수를 가분수로 나타내어 보세요.

$$4\frac{5}{7}$$

(   )

5 진분수는 모두 몇 개일까요?

$$\frac{7}{3} \qquad \frac{4}{9} \qquad 2\frac{1}{8} \qquad \frac{10}{10} \qquad \frac{5}{12} \qquad 4\frac{1}{3}$$

(   )

[6~7] 두 분수의 크기를 비교하여 ○ 안에 >, =, <를 알맞게 써넣으세요.

6 $1\dfrac{7}{9}$ ◯ $1\dfrac{8}{9}$

7 $3\dfrac{2}{5}$ ◯ $\dfrac{13}{5}$

8 $4\dfrac{\square}{7}$ 는 대분수입니다. $\square$ 안에 들어갈 수 <u>없는</u> 수를 모두 고르세요. (   )

① 2   ② 4   ③ 5

④ 7   ⑤ 10

9 그림을 보고 $\square$ 안에 알맞은 수를 써넣으세요.

1시간의 $\dfrac{2}{6}$ 는 $\square$ 분입니다.

10 분모가 6인 대분수입니다. $\square$ 안에 들어갈 수 있는 자연수는 모두 몇 개일까요?

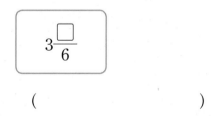

(   )

11 민주네 반 학생 35명이 5명씩 모둠을 만들었습니다. 20명은 전체 학생의 몇 분의 몇일까요?

(   )

12 길이가 20 cm인 색 테이프의 $\dfrac{4}{5}$ 는 몇 cm일까요?

(   )

13 상자에 자두가 54개 들어 있었습니다. 이 자두의 $\dfrac{5}{9}$ 를 먹었다면 먹은 자두는 몇 개일까요?

(   )

14 영주는 감자를 $\dfrac{39}{4}$ kg 캤습니다. 영주가 캔 감자는 몇 kg인지 대분수로 나타내어 보세요.

(   )

15 윤아네 가족은 블루베리 따기 체험 농장에 갔습니다. 블루베리를 윤아는 $\dfrac{12}{7}$ kg, 동생은 $1\dfrac{3}{7}$ kg 땄습니다. 블루베리를 더 많이 딴 사람은 누구일까요?

(   )

✏ 서술형 문제

➡ 정답과 풀이 **69**쪽

16 3장의 수 카드를 한 번씩만 사용하여 자연수 부분이 2인 대분수를 만들었습니다. 이 대분수를 가분수로 나타내어 보세요.

7 2 4

( )

17 분모가 7인 대분수 중에서 $1\frac{4}{7}$보다 크고 $\frac{15}{7}$ 보다 작은 분수를 모두 써 보세요.

( )

18 분모와 분자의 합이 10이고 차가 4인 가분수가 있습니다. 이 가분수를 대분수로 나타내어 보세요.

( )

19 □ 안에 들어갈 수 있는 자연수 중에서 가장 큰 수는 얼마인지 풀이 과정을 쓰고 답을 구해 보세요.

$$\frac{\square}{8} < 4\frac{3}{8}$$

풀이

답

20 어머니의 나이는 40살입니다. 형의 나이는 어머니 나이의 $\frac{3}{8}$이고, 현호의 나이는 형 나이의 $\frac{2}{3}$입니다. 현호의 나이는 몇 살인지 풀이 과정을 쓰고 답을 구해 보세요.

풀이

답

1 그림을 2마리씩 묶고 ☐ 안에 알맞은 수를 써넣으세요.

12를 2씩 묶으면 10은 12의 $\dfrac{\boxed{}}{\boxed{}}$ 입니다.

2 그림을 보고 ☐ 안에 알맞은 수를 써넣으세요.

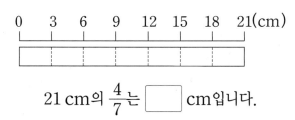

21 cm의 $\dfrac{4}{7}$ 는 ☐ cm입니다.

3 색칠한 부분을 가분수와 대분수로 각각 나타내어 보세요.

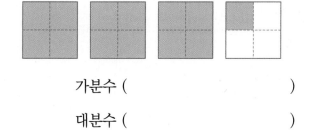

가분수 (   )

대분수 (   )

4 분모가 9인 가분수를 모두 찾아 써 보세요.

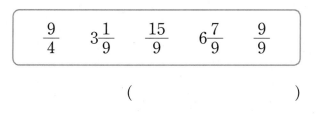

$\dfrac{9}{4}$ $3\dfrac{1}{9}$ $\dfrac{15}{9}$ $6\dfrac{7}{9}$ $\dfrac{9}{9}$

(   )

5 관계있는 것끼리 이어 보세요.

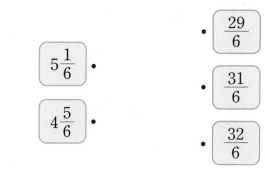

$5\dfrac{1}{6}$ •

$4\dfrac{5}{6}$ •

• $\dfrac{29}{6}$

• $\dfrac{31}{6}$

• $\dfrac{32}{6}$

6 두 분수의 크기를 비교하여 ○ 안에 >, =, < 를 알맞게 써넣으세요.

$\dfrac{40}{11}$ ◯ $3\dfrac{8}{11}$

7 나타내는 수가 가장 큰 것은 어느 것일까요?

(   )

① 21의 $\dfrac{1}{7}$ ② 35의 $\dfrac{1}{5}$

③ 36의 $\dfrac{1}{6}$ ④ 40의 $\dfrac{1}{8}$

⑤ 16의 $\dfrac{1}{4}$

8 다음은 분모가 9인 진분수입니다. □ 안에 들어갈 수 있는 자연수는 모두 몇 개일까요?

$$\frac{\square}{9}$$

( )

9 연필 1타는 12자루입니다. 진욱이는 가지고 있는 연필 3타 중에서 $\frac{5}{6}$ 를 친구에게 주었습니다. 친구에게 준 연필은 몇 자루일까요?

( )

10 분모가 9인 대분수 중에서 $2\frac{3}{9}$ 과 $\frac{25}{9}$ 사이에 있는 분수를 모두 써 보세요.

( )

11 큰 수부터 차례로 써 보세요.

$$\frac{8}{5} \qquad 2\frac{2}{5} \qquad \frac{17}{5} \qquad 1$$

( )

12 혜지와 친구들의 제자리 멀리뛰기 기록입니다. 가장 멀리 뛴 사람은 누구일까요?

혜지: $1\frac{3}{7}$ m   원석: $\frac{13}{7}$ m   희준: $1\frac{5}{7}$ m

( )

13 4장의 수 카드 중에서 2장을 뽑아 한 번씩만 사용하여 만들 수 있는 가분수는 모두 몇 개일까요?

2   9   8   6

( )

14 길이가 2 m인 색 테이프의 $\frac{3}{8}$ 은 몇 cm일까요?

( )

15 지현이네 반 학생은 35명입니다. 이 중에서 $\frac{3}{7}$ 이 안경을 썼다면 지현이네 반 학생 중 안경을 쓰지 않은 학생은 몇 명일까요?

( )

➡️ 정답과 풀이 **70**쪽

16 지혜는 3장씩 묶여 있는 색종이 24장을 동생과 친구에게 나누어 주었습니다. 6장은 동생에게 주고 9장은 친구에게 주었습니다. 지혜에게 남은 색종이의 묶음은 전체의 몇 분의 몇일까요?

(   )

17 조건을 만족하는 분수는 모두 몇 개일까요?

> • 분모가 13인 가분수입니다.
> • 분자는 16보다 작습니다.

(   )

18 4장의 수 카드 중에서 3장을 한 번씩만 사용하여 분모가 8인 대분수를 만들려고 합니다. 가장 큰 대분수를 만들고, 가분수로 나타내어 보세요.

| 1 | 4 | 8 | 5 |

대분수 (   )

가분수 (   )

19 어떤 수의 $\frac{2}{7}$ 는 16입니다. 어떤 수는 얼마인지 풀이 과정을 쓰고 답을 구해 보세요.

풀이 _____

_____

_____

답 _____

20 ☐ 안에 들어갈 수 있는 자연수는 모두 몇 개인지 풀이 과정을 쓰고 답을 구해 보세요.

$$4\frac{1}{4} < \frac{\square}{4} < \frac{21}{4}$$

풀이 _____

_____

_____

답 _____

1 L 단위로 들이를 나타내기에 알맞은 것을 모두 고르세요. ( )

① 요구르트병　　② 양동이

③ 종이컵　　　　④ 욕조

⑤ 음료수 캔

2 양동이에 물을 가득 채운 후 물통에 부었더니 물통을 가득 채우고 양동이에 물이 남았습니다. 양동이와 물통 중 어느 것의 들이가 더 많을까요?

( )

3 ☐ 안에 알맞은 수를 써넣으세요.

$$8000\,kg = \boxed{}\,t$$

4 국어사전의 무게는 몇 kg 몇 g일까요?

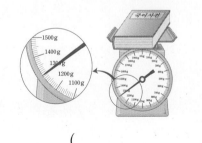

( )

5 저울과 클립을 사용하여 크레파스와 물감의 무게를 재어 나타낸 표입니다. 크레파스와 물감 중에서 어느 것이 더 무거울까요?

물건	크레파스	물감
클립의 수(개)	29	37

( )

6 무게를 비교하여 ○ 안에 ＞ , ＝ , ＜ 를 알맞게 써넣으세요.

$$8100\,g \bigcirc 8\,kg\ 10\,g$$

[7~8] 계산해 보세요.

7
$$\begin{array}{r} 3\,L\ \ 400\,mL \\ +\,4\,L\ \ 700\,mL \\ \hline \end{array}$$

8
$$\begin{array}{r} 9\,kg\ \ 300\,g \\ -\,2\,kg\ \ 800\,g \\ \hline \end{array}$$

9 무게가 무거운 것부터 차례로 기호를 써 보세요.

| ㉠ 3 t | ㉡ 300 kg |
| ㉢ 1500 kg | ㉣ 30000 g |

(   )

10 양동이에 물이 6020 mL 들어 있습니다. 양동이에 들어 있는 물의 양은 몇 L 몇 mL일까요?

(   )

11 저울을 사용하여 영어책과 국어책의 무게를 재었습니다. 영어책의 무게는 1 kg 870 g이고 국어책의 무게는 1530 g입니다. 어느 것이 더 무거울까요?

(   )

12 들이가 가장 많은 것을 찾아 기호를 써 보세요.

| ㉠ 9 L 40 mL | ㉡ 940 mL |
| ㉢ 9004 mL | ㉣ 9 L 400 mL |

(   )

13 실제 무게가 12 kg인 자전거의 무게를 세 사람이 각각 다음과 같이 어림하였습니다. 실제 무게에 가장 가깝게 어림한 사람은 누구일까요?

찬우	태희	지선
11 kg	12 kg 200 g	11 kg 700 g

(   )

14 ㉮, ㉯, ㉰ 컵에 물을 가득 담아 모양과 크기가 같은 그릇에 각각 다음 횟수만큼 부으면 가득 찬다고 합니다. 들이가 많은 컵부터 차례로 기호를 써 보세요.

㉮	㉯	㉰
13번	18번	10번

(   )

15 성은이의 몸무게는 31 kg 650 g입니다. 성은이가 3 kg 500 g인 강아지를 안고 저울에 올라가면 무게는 몇 kg 몇 g이 될까요?

(   )

5

정답과 풀이 71쪽

16 빨간색 페인트 2 L 400 mL와 파란색 페인트 3900 mL를 섞어서 보라색 페인트를 만들었습니다. 만든 보라색 페인트의 양은 모두 몇 L 몇 mL일까요?

( )

17 들이가 4 L인 주전자에 물이 2800 mL 들어 있습니다. 이 주전자에 물을 가득 채우려면 물을 몇 L 몇 mL 더 부어야 할까요?

( )

18 설탕은 5 kg 350 g 있고 소금은 설탕보다 3 kg 500 g 더 적게 있습니다. 설탕과 소금의 무게는 모두 몇 kg 몇 g일까요?

( )

19 호박과 수박을 함께 저울에 올려놓았더니 무게가 7 kg 750 g이었습니다. 호박의 무게가 2900 g일 때 수박의 무게는 몇 kg 몇 g인지 풀이 과정을 쓰고 답을 구해 보세요.

풀이

답

20 포도주스가 2 L 있었습니다. 그중에서 은정이가 300 mL들이의 컵에 가득 담아 오전에 3컵, 오후에 2컵을 마셨습니다. 남은 포도주스는 몇 mL인지 풀이 과정을 쓰고 답을 구해 보세요.

풀이

답

5. 들이와 무게

1 용준이가 가지고 있는 물통에 가득 들어 있던 물을 현우가 가지고 있는 빈 물통에 모두 부었더니 물이 흘러 넘쳤습니다. 누가 가진 물통의 들이가 더 많을까요?

(   )

2 우유병과 생수병에 물을 가득 채운 후 모양과 크기가 같은 컵에 옮겨 담았습니다. 우유병과 생수병 중에서 어느 것의 들이가 더 많을까요?

(   )

3 1 kg보다 가벼운 것을 모두 고르세요.

(   )

① 라면 1개   ② 내 몸무게

③ 자동차 1대   ④ 냉장고 1대

⑤ 테니스공 1개

4 관계있는 것끼리 이어 보세요.

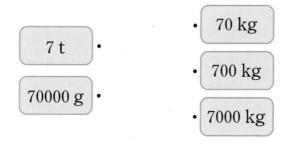

[5~6] 계산해 보세요.

5
$$5\,\text{kg}\ \ 800\,\text{g}$$
$$+\,3\,\text{kg}\ \ 400\,\text{g}$$

6
$$8\,\text{kg}\ \ 200\,\text{g}$$
$$-\,3\,\text{kg}\ \ 600\,\text{g}$$

[7~8] 약수터에서 지혜는 4 L 600 mL의 물을 받아왔고 동민이는 2 L 700 mL의 물을 받아왔습니다. 물음에 답하세요.

7 지혜와 동민이가 받아온 물은 모두 몇 L 몇 mL일까요?

(   )

8 지혜는 동민이보다 물을 몇 L 몇 mL 더 많이 받아왔을까요?

(   )

9 들이가 많은 것부터 차례로 기호를 써 보세요.

> ⊙ 4500 mL   ⓒ 4 L 450 mL
>
> ⓒ 4 L 15 mL   ⓔ 4050 mL

(   )

10 헌 종이를 수진이는 3 kg 300 g, 재훈이는 3090 g 모았습니다. 누가 헌 종이를 더 많이 모았을까요?

(   )

11 물통에 물이 450 mL 들어 있습니다. 이 중에서 150 mL의 물만 남기고 모두 덜어 내려고 합니다. 100 mL 그릇으로 몇 번 덜어 내야 할까요?

(   )

12 냉장고에 우유 1 L 750 mL와 토마토주스 1400 mL가 있습니다. 우유와 토마토주스는 모두 몇 L 몇 mL일까요?

(   )

13 왼쪽의 사과와 귤을 모두 오른쪽 바구니에 담아 무게를 재면 몇 kg 몇 g이 될까요?

(   )

14 양동이에 뜨거운 물이 9 L 900 mL 들어 있습니다. 이 양동이에 찬 물을 섞었더니 모두 15 L 400 mL가 되었습니다. 찬 물을 몇 L 몇 mL 섞었을까요?

(   )

15 기철이의 몸무게는 35 kg 500 g이고 효린이의 몸무게는 기철이보다 250 g 더 가볍습니다. 기철이와 효린이의 몸무게의 합은 몇 kg 몇 g일까요?

(   )

● 정답과 풀이 72쪽

16 항아리에 수정과가 15 L 들어 있었습니다. 그 중에서 경은이와 승현이가 각각 1 L 300 mL 씩 마셨습니다. 항아리에 남아 있는 수정과는 몇 L 몇 mL일까요?

(   )

17 저울에 200 g짜리 추 6개와 90 g짜리 추 몇 개를 올려 무게를 재었더니 2 kg 100 g이었 습니다. 90 g짜리 추를 몇 개 올렸을까요?

(   )

18 상진이와 혜지가 캔 고구마의 무게는 모두 15 kg입니다. 상진이가 캔 고구마의 무게가 혜지가 캔 고구마의 무게보다 2 kg 400 g 더 무겁습니다. 상진이가 캔 고구마의 무게는 몇 kg 몇 g일까요?

(   )

19 매실 원액 2 L 300 mL에 물 4800 mL를 부은 후 섞어 음료수를 만들었습니다. 그중에서 500 mL를 마셨다면 마시고 남은 음료수는 몇 L 몇 mL인지 풀이 과정을 쓰고 답을 구해 보세요.

풀이

답

20 지영이의 몸무게는 현희의 몸무게보다 1 kg 500 g 더 가볍고 민석이의 몸무게는 지영이의 몸무게보다 2 kg 200 g 더 무겁습니다. 현희 의 몸무게가 32 kg 900 g이라면 민석이의 몸무게는 몇 kg 몇 g인지 풀이 과정을 쓰고 답을 구해 보세요.

풀이

답

[1~4] 재인이네 반 학생들이 좋아하는 과목을 조사하였습니다. 물음에 답하세요.

좋아하는 과목

국어	수학	사회	영어	과학

1 조사한 자료를 보고 표를 완성해 보세요.

좋아하는 과목별 학생 수

과목	국어	수학	사회	영어	과학	합계
학생 수 (명)	6					

2 조사한 학생은 모두 몇 명일까요?

( )

3 가장 많은 학생이 좋아하는 과목은 무엇일까요?

( )

4 수학을 좋아하는 학생 수는 사회를 좋아하는 학생 수의 몇 배일까요?

( )

[5~6] 마을별 초등학생 수를 조사하여 나타낸 그림그래프입니다. 물음에 답하세요.

마을별 초등학생 수

마을	초등학생 수
하얀	☆☆☆☆
반달	☆☆☆☆☆☆☆☆☆
매화	☆☆☆☆
은하	☆☆☆☆☆☆

☆ 10명
☆ 1명

5 그림 ☆과 ☆은 각각 몇 명을 나타낼까요?

☆ ( )

☆ ( )

6 초등학생 수가 가장 적은 마을은 어느 마을일까요?

( )

[7~8] 준영이네 반 학생들이 좋아하는 민속놀이를 조사하여 나타낸 표입니다. 물음에 답하세요.

좋아하는 민속놀이별 학생 수

민속놀이	자치기	윷놀이	널뛰기	투호 던지기	합계
학생 수(명)	12		6	8	40

7 윷놀이를 좋아하는 학생은 몇 명일까요?

( )

8 가장 많은 학생이 좋아하는 민속놀이와 가장 적은 학생이 좋아하는 민속놀이의 학생 수의 차는 몇 명일까요?

( )

[9~12] 스노보드 타기를 좋아하는 학생 수를 학교별로 조사하여 나타낸 그림그래프입니다. 네 학교에서 스노보드 타기를 좋아하는 학생이 모두 810명일 때 물음에 답하세요.

학교별 학생 수

학교	학생 수
가	☺☺☺☺
나	☺☺☺☺☺☺☺
다	☺☺☺☺☺☺☺
라	

☺ 100명
☺ 10명

9 라 학교에서 스노보드 타기를 좋아하는 학생은 몇 명일까요?

( )

10 위의 그림그래프를 완성해 보세요.

11 그림그래프를 보고 표로 나타내어 보세요.

학교별 학생 수

학교	가	나	다	라	합계
학생 수(명)					

12 스노보드 타기를 좋아하는 학생 수가 다 학교의 반인 학교는 어느 학교일까요?

( )

[13~15] 아파트 동별로 배달되는 신문 부수를 조사하여 나타낸 표와 그림그래프입니다. 물음에 답하세요.

동별로 배달되는 신문 부수

동	1동	2동	3동	4동	합계
신문 부수(부)	35		56		165

동별로 배달되는 신문 부수

동	신문 부수
1동	
2동	◎◎○○○○○○○○
3동	
4동	◎◎◎◎○○○○○○

◎ 10부
○ 1부

13 그림그래프를 보고 표를 완성해 보세요.

14 표를 보고 그림그래프를 완성해 보세요.

15 표를 보고 ◎는 10부, △는 5부, ○는 1부로 하여 그림그래프로 나타내어 보세요.

동별로 배달되는 신문 부수

동	신문 부수
1동	
2동	
3동	
4동	

◎ 10부
△ 5부
○ 1부

🔵 정답과 풀이 **74**쪽

[16~17] 학교 주변의 어느 가게에서 하루 동안 팔린 음료수별 판매량을 조사하여 나타낸 표입니다. 물음에 답하세요.

음료수별 판매량

음료수	콜라	사이다	주스	우유	합계
판매량(개)	12	9	24	18	63

16 표를 보고 그림그래프로 나타내어 보세요.

음료수별 판매량

음료수	판매량
콜라	
사이다	
주스	
우유	

◎10개
○ 1개

17 하루 동안 많이 팔린 음료수부터 차례로 써 보세요.

(   )

18 민호와 친구들이 모은 우표 수를 조사하여 그림그래프로 나타내었습니다. 민호와 친구들이 모은 우표가 모두 129장이라면 준혁이가 모은 우표는 몇 장일까요?

모은 우표 수

이름	우표 수
민호	🐞🐞🐞🐞🐞🐞
연아	🐞🐞🐞🐞🐞
예은	🐞🐞🐞🐞🐞🐞
준혁	

🐞10장
🐞 1장

(   )

[19~20] 어느 지역의 과수원별 배 생산량을 조사하여 나타낸 그림그래프입니다. 물음에 답하세요.

과수원별 배 생산량

과수원	생산량
싱싱	🍐🍐🍐🍐🍐🍐
달콤	🍐🍐🍐🍐🍐🍐
새콤	🍐🍐🍐🍐🍐🍐
풍년	🍐🍐🍐🍐🍐🍐

🍐10상자
🍐1상자

19 배를 가장 적게 생산한 과수원은 어느 과수원인지 풀이 과정을 쓰고 답을 구해 보세요.

풀이

답

20 네 과수원에서 생산한 배는 모두 몇 상자인지 풀이 과정을 쓰고 답을 구해 보세요.

풀이

답

[1~4] 소연이네 반 학급 문고의 종류별 책 수를 조사하여 나타낸 그림그래프입니다. 물음에 답하세요.

종류별 책 수

종류	책 수
동화책	
과학책	
영어책	
위인전	

📕 10권
📄 1권

1 그림 📕 과 📄 은 각각 몇 권을 나타내고 있는지 이어 보세요.

📕 ·   · 1권

📄 ·   · 10권

2 그림그래프를 보고 표로 나타내어 보세요.

종류별 책 수

종류	동화책	과학책	영어책	위인전	합계
책 수(권)					

3 책 수가 가장 적은 책은 무엇이고 몇 권일까요?

(   ), (   )

4 과학책 수의 2배인 책은 어느 것일까요?

(   )

[5~8] 제과점별 팔린 빵의 수를 조사하여 나타낸 표입니다. 물음에 답하세요.

제과점별 팔린 빵의 수

제과점	맛나	행복	기쁨	사랑	합계
빵의 수(개)	56	45	34	28	163

5 위의 표를 그림그래프로 나타낼 때 그림 🍞과 🍞을 사용하려고 합니다. 각각 몇 개를 나타내는 것이 좋을까요?

🍞 (   )

🍞 (   )

6 표를 보고 그림그래프로 나타내어 보세요.

제과점별 팔린 빵의 수

제과점	빵의 수
맛나	
행복	
기쁨	
사랑	

🍞 ☐ 개   🍞 ☐ 개

7 빵이 가장 많이 팔린 제과점은 어디일까요?

(   )

8 제과점별 팔린 빵의 수를 한눈에 비교하는 데 표와 그림그래프 중 어느 것이 더 편리할까요?

(   )

[9~12] 과수원별 배나무의 수를 조사하여 나타낸 표입니다. 물음에 답하세요.

과수원별 배나무의 수

과수원	해	달	별	구름	합계
배나무의 수(그루)	23	17	26	34	100

9 표를 보고 그림그래프로 나타내어 보세요.

과수원별 배나무의 수

과수원	배나무의 수
해	
달	
별	
구름	

◎10그루
○ 1그루

10 구름 과수원의 배나무의 수는 달 과수원의 배나무의 수의 몇 배일까요?

(   )

11 배나무의 수가 가장 많은 과수원은 어느 과수원일까요?

(   )

12 해 과수원의 배나무 수와 차가 가장 적은 과수원은 어느 과수원이고, 몇 그루 차이가 날까요?

(   ), (   )

[13~15] 윤아네 학교 학생들이 좋아하는 운동을 조사하여 나타낸 표입니다. 물음에 답하세요.

좋아하는 운동별 학생 수

운동	축구	농구	피구	배구	야구	합계
학생 수(명)	19	11	17	16		85

13 표를 보고 그림그래프로 나타내어 보세요.

좋아하는 운동별 학생 수

운동	학생 수
축구	
농구	
피구	
배구	
야구	

◎10명
○ 1명

14 조사한 학생 중에서 여학생이 남학생보다 3명 더 적을 때 조사한 여학생은 몇 명일까요?

(   )

15 가장 많은 학생이 좋아하는 운동과 가장 적은 학생이 좋아하는 운동의 학생 수의 합을 구해 보세요.

(   )

➡️ 정답과 풀이 **75**쪽

[16~17] 과수원별 사과나무의 수를 조사하여 나타낸 표입니다. 햇살 과수원의 사과나무의 수가 사랑 과수원의 사과나무의 수보다 12그루 더 많을 때, 물음에 답하세요.

과수원별 사과나무의 수

과수원	푸른	햇살	사랑	보람	합계
사과나무의 수(그루)	33			15	114

16 위의 표를 완성해 보세요.

17 사과나무의 수가 가장 많은 과수원과 가장 적은 과수원의 사과나무 수의 차를 구해 보세요.

(   )

18 정현이네 학교 학생들이 좋아하는 음식을 조사하여 표로 나타내었습니다. 어린이날 간식으로 준비하면 좋을 음식은 무엇일까요?

좋아하는 음식별 학생 수

음식	짜장면	김밥	피자	떡볶이	합계
남학생 수(명)	18	10	12	15	55
여학생 수(명)	13	15	9	25	62

(   )

[19~20] 주변에 있는 마을에서 이번 달에 태어난 강아지의 수를 조사하여 나타낸 그림그래프입니다. 물음에 답하세요.

마을별 태어난 강아지의 수

마을	강아지의 수
가	🐕 🐶 🐶
나	🐕 🐶 🐶 🐶
다	🐕 🐶 🐶 🐶
라	🐕 🐕 🐶 🐶

🐕 10마리
🐶 5마리
🐶 1마리

19 강아지가 가장 많이 태어난 마을과 가장 적게 태어난 마을의 강아지 수의 차는 몇 마리인지 풀이 과정을 쓰고 답을 구해 보세요.

풀이

답

20 가 마을과 나 마을은 강의 동쪽에, 다 마을과 라 마을은 강의 서쪽에 있습니다. 강의 동쪽과 서쪽 중에서 어느 쪽에서 태어난 강아지의 수가 몇 마리 더 많은지 풀이 과정을 쓰고 답을 구해 보세요.

풀이

답

1 □ 안에 알맞은 수를 써넣으세요.

(1) 25를 5씩 묶으면 15는 25의 $\dfrac{\square}{5}$ 입니다.

(2) 30을 6씩 묶으면 24는 30의 $\dfrac{\square}{5}$ 입니다.

[2~3] 학교별 심은 나무 수를 조사하여 나타낸 그림그래프입니다. 물음에 답하세요.

학교별 심은 나무 수

학교	나무 수
가	🌳🌳🌳🌲
나	🌳🌳🌲🌲🌲🌲
다	🌳🌳🌲
라	🌳🌳🌳🌲🌲

🌳 10그루
🌲 1그루

2 가 학교에 심은 나무는 몇 그루일까요?

(   )

3 나무를 가장 많이 심은 학교는 어디일까요?

(   )

4 의자의 무게를 가장 가깝게 어림한 것을 찾아 기호를 써 보세요.

㉠ 약 100 kg	㉡ 약 10 kg
㉢ 약 500 g	㉣ 약 8 g

(   )

5 가분수를 대분수로 나타내었을 때 자연수 부분이 가장 큰 분수는 어느 것일까요? (   )

① $\dfrac{13}{5}$ ② $\dfrac{7}{2}$ ③ $\dfrac{21}{10}$

④ $\dfrac{14}{3}$ ⑤ $\dfrac{25}{7}$

6 들이가 많은 것부터 차례로 기호를 써 보세요.

㉠ 4050 mL	㉡ 4 L 500 mL	㉢ 5 L

(   )

[7~8] 마을별 감자 생산량을 조사하여 나타낸 표입니다. 물음에 답하세요.

마을별 감자 생산량

마을	가	나	다	라	합계
생산량(kg)	430	520		250	1540

7 다 마을의 감자 생산량은 몇 kg인지 풀이 과정을 쓰고 답을 구해 보세요.

풀이

답

8 표를 보고 그림그래프로 나타내어 보세요.

마을별 감자 생산량

마을	생산량
가	
나	
다	
라	

⬤ 100 kg
◦ 10 kg

9 자연수 부분이 2이고 분모가 7인 대분수는 모두 몇 개일까요?

(   )

10 지현이는 1시간의 $\frac{1}{4}$ 만큼, 유리는 1시간의 $\frac{2}{3}$ 만큼 동안 수학 공부를 하였습니다. 두 사람이 수학 공부를 한 시간은 모두 몇 분인지 풀이 과정을 쓰고 답을 구해 보세요.

풀이

답

11 물건을 5 kg까지 담을 수 있는 가방 속에 1 kg 300 g인 물건과 2 kg 500 g인 물건이 들어 있습니다. 더 담을 수 있는 무게는 몇 kg 몇 g인지 풀이 과정을 쓰고 답을 구해 보세요.

풀이

답

12 4장의 수 카드 중에서 2장을 골라 한 번씩만 사용하여 분모가 2인 가장 큰 가분수를 만들었습니다. 만든 가분수를 대분수로 나타내어 보세요.

$$\boxed{2} \quad \boxed{4} \quad \boxed{5} \quad \boxed{7}$$

(   )

13 진호는 어제 고구마를 20 kg 500 g 캤고, 오늘은 어제보다 1 kg 400 g 더 많이 캤습니다. 진호가 어제와 오늘 캔 고구마는 모두 몇 kg 몇 g인지 풀이 과정을 쓰고 답을 구해 보세요.

풀이 _____

_____

_____

답 _____

14 ☐ 안에 들어갈 수 있는 자연수 중에서 가장 큰 수와 가장 작은 수의 합은 얼마인지 풀이 과정을 쓰고 답을 구해 보세요.

$$2\frac{3}{8} < \frac{\boxed{}}{8} < 3\frac{1}{8}$$

풀이 _____

_____

_____

답 _____

15 서진이와 재희가 산 사과주스와 딸기주스의 양입니다. 누가 산 주스가 몇 mL 더 많은지 풀이 과정을 쓰고 답을 구해 보세요.

	사과주스	딸기주스
서진	1 L 300 mL	1 L 700 mL
재희	900 mL	1 L 600 mL

풀이 _____

_____

_____

_____

답 _____ ,

16 치킨 가게에서 하루 동안 팔린 치킨의 수를 조사하여 나타낸 그림그래프입니다. 하루 동안 팔린 치킨이 모두 95마리이고 양념치킨 수가 마늘치킨 수의 2배일 때 그림그래프를 완성해 보세요.

하루 동안 팔린 치킨의 수

종류	치킨의 수
양념치킨	
프라이드치킨	🍗🍗🍗🍗🍗🍗
간장치킨	🍗🍗🍗🍗🍗🍗
마늘치킨	

🍗10마리 🍗1마리

17 조건을 만족하는 가분수는 무엇인지 풀이 과정을 쓰고 답을 구해 보세요.

> • 분모와 분자의 합은 23입니다.
> • 분모와 분자의 차는 13입니다.

풀이 _____

_____

_____

_____

답 _____

18 물이 1분 동안 2 L 500 mL씩 나오는 수도가 있습니다. 이 수도로 빈 어항에 3분 동안 물을 받았더니 700 mL의 물이 넘쳤습니다. 어항의 들이는 몇 L 몇 mL인지 풀이 과정을 쓰고 답을 구해 보세요.

풀이 _____

_____

_____

_____

답 _____

19 무게가 똑같은 당근 7개를 그릇에 담아 무게를 재었더니 3 kg 500 g이었습니다. 이 중에서 당근 3개를 먹은 후 무게를 재었더니 2300 g이 되었습니다. 그릇만의 무게는 몇 g인지 풀이 과정을 쓰고 답을 구해 보세요.

풀이 _____

_____

_____

답 _____

20 나 마을의 사과 수확량은 다 마을보다 20 kg 더 많고 네 마을의 사과 수확량은 모두 700 kg 입니다. 도로의 위쪽 마을의 사과 수확량은 모두 몇 kg인지 풀이 과정을 쓰고 답을 구해 보세요.

마을별 사과 수확량

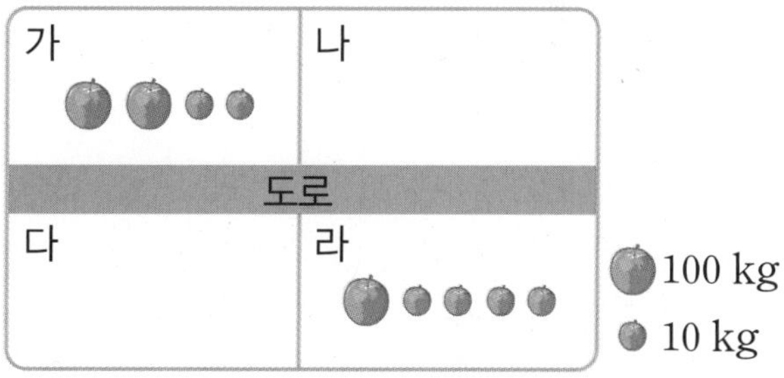

가	나
🍎🍎🍎🍎	
도로	
다	라
	🍎🍎🍎🍎🍎

🍎 100 kg
🍎 10 kg

풀이 _____

_____

_____

_____

답 _____

사고력이 반짝

● 규칙을 찾아 ㉠에 알맞은 수를 구해 보세요.

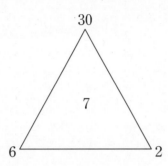

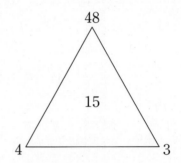

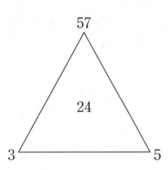

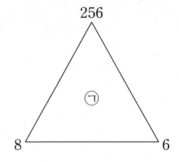

사고력이 반짝

● 준서네 집에서 공원을 지나 도서관까지 가는 가장 짧은 길은 몇 가지인지 구해 보세요.

국어, 사회, 과학을
한 권으로 끝내는 교재가 있다?

이 한 권에 다 있다! 국·사·과 교과개념 통합본

디딤돌
통합본

국어·사회·과학

3~6학년(학기용)

" 그건 바로 디딤돌만이 가능한 3 in 1 "

한걸음 한걸음 디딤돌을 걷다 보면
수학이 완성됩니다.

- **개념 다지기**
  원리, 기본

- **문제해결력 강화**
  문제유형, 응용

- **심화 완성**
  최상위 수학S, 최상위 수학

- **연산 개념 다지기**
  디딤돌 연산

- **개념+문제해결력 강화를 동시에**
  기본+유형, 기본+응용

- **상위권의 힘, 사고력 강화**
  최상위 사고력

개념 이해 > **개념 응용** > **개념 확장**

학습 능력과 목표에 따라
맞춤형이 가능한 디딤돌 초등 수학

● 개념 이해
디딤돌수학 개념연산

● 개념 응용
최상위수학 라이트

● 개념 이해 · 적용
디딤돌수학 고등 개념기본

● 개념 적용
디딤돌수학 개념기본

● 개념 확장
최상위수학

고등 수학

중학 수학

초등부터
고등까지

수학 좀 한다면

개념을 이해하고, 깨우치고, 꺼내 쓰는
올바른 중고등 개념 학습서

수능까지 연결되는 독해 로드맵

디딤돌 독해력은 수능까지 연결되는 체계적인 라인업을 통하여

수능에서 요구하는 핵심 독해 원리에 대한 이해는 물론,

단계 별로 심화되며 연결되는 학습의 과정을 통해

깊이 있고 종합적인 독해 사고의 능력까지 기를 수 있도록 도와줍니다.

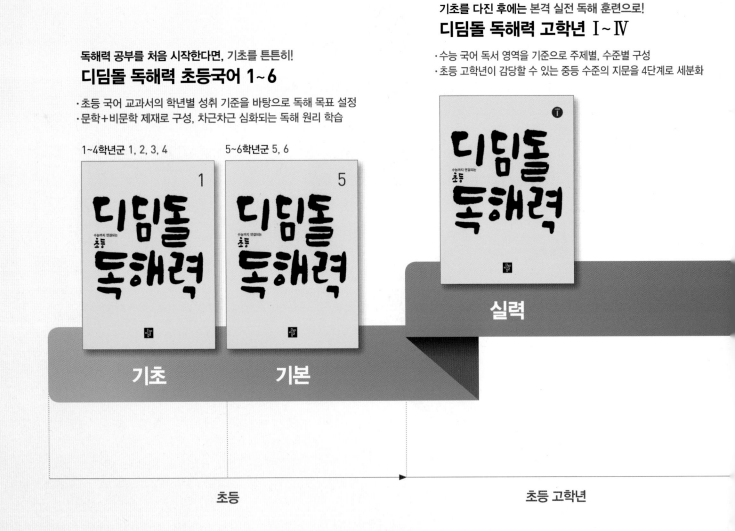

기초를 다진 후에는 본격 실전 독해 훈련으로!
디딤돌 독해력 고학년 Ⅰ~Ⅳ

· 수능 국어 독서 영역을 기준으로 주제별, 수준별 구성
· 초등 고학년이 감당할 수 있는 중등 수준의 지문을 4단계로 세분화

독해력 공부를 처음 시작한다면, 기초를 튼튼히!
디딤돌 독해력 초등국어 1~6

· 초등 국어 교과서의 학년별 성취 기준을 바탕으로 독해 목표 설정
· 문학+비문학 제재로 구성, 차근차근 심화되는 독해 원리 학습

1~4학년군 1, 2, 3, 4   5~6학년군 5, 6

기초   기본   실력

초등   초등 고학년

기본+유형 │ 정답과 풀이

3
—
2

수학 좀 한다면

디딤돌

진도책 정답과 풀이

1 곱셈

학생들은 일상생활에서 배열이나 묶음과 같은 곱셈 상황을 경험합니다. 예를 들면 교실에서 사물함, 책상, 의자 등 줄을 맞춰 배열된 사물들과 묶음 단위로 판매되는 학용품이나 간식 등이 곱셈 상황입니다. 학생들은 이 같은 상황에서 사물의 수를 세거나 필요한 금액 등을 계산할 때 곱셈을 적용할 수 있습니다. 여러 가지 곱셈을 배우는 이번 단원에서는 다양한 형태의 곱셈 계산 원리와 방법을 스스로 발견할 수 있도록 지도합니다. 수 모형 놓아 보기, 모눈의 수 묶어 세기 등의 다양한 활동을 통해 곱셈의 알고리즘이 어떻게 형성되는지를 스스로 탐구할 수 있도록 합니다. 이 단원에서 학습하는 다양한 형태의 곱셈은 고학년에서 학습하게 되는 넓이, 확률 개념 등의 바탕이 됩니다.

STEP 1 교과개념 1. (세 자리 수) × (한 자리 수)(1) 7쪽

1 2, 4 / 2, 8 / 2, 6 / 4, 8, 6, 486

2 ①
	1	3	3	
×			3	
			9	←3×3
		9	0	←30×3
	3	0	0	←100×3
	3	9	9	

②
	1	3	3	
×			3	
	3	0	0	←100×3
		9	0	←30×3
			9	←3×3
	3	9	9	

3 6 / 4, 6 / 8, 4, 6

4 ① 400, 80, 4, 484 ② 600, 90, 3, 693

1 백 모형이 4개, 십 모형이 8개, 일 모형이 6개이므로 $243 \times 2 = 400 + 80 + 6 = 486$입니다.

2 계산 순서가 달라져도 계산 결과가 같습니다.

3 일의 자리, 십의 자리, 백의 자리 순서로 계산합니다.

4 ① $121 = 100 + 20 + 1$로 가르기 하여 곱합니다.
② $231 = 200 + 30 + 1$로 가르기 하여 곱합니다.

STEP 1 교과개념 2. (세 자리 수) × (한 자리 수)(2) 9쪽

1 3, 6 / 3, 6 / 3, 12 / 6, 6, 12, 672

2 ①
	1	1	8	
×			3	
		2	4	←8×3
		3	0	←10×3
	3	0	0	←100×3
	3	5	4	

②
	1	1	8	
×			3	
	3	0	0	←100×3
		3	0	←10×3
		2	4	←8×3
	3	5	4	

3 1, 2 / 1, 9, 2 / 1, 8, 9, 2

4 ① 800, 40, 18, 858 ② 600, 60, 24, 684

1 백 모형이 6개, 십 모형이 6개, 일 모형이 12개이므로 $224 \times 3 = 600 + 60 + 12 = 672$입니다.

3 십의 자리의 계산 결과에 일의 자리에서 올림한 수 1을 잊지 말고 더합니다.

4 ① $429 = 400 + 20 + 9$로 가르기 하여 곱합니다.
② $228 = 200 + 20 + 8$로 가르기 하여 곱합니다.

STEP 1 교과개념 3. (세 자리 수) × (한 자리 수)(3) 11쪽

1 3, 6 / 3, 12 / 3, 9 / 6, 12, 9, 729

2 ① 6 / 1, 8, 6 / 1, 4, 8, 6
② 8 / 1, 2, 8 / 1, 1, 7, 2, 8

3 ① 9, 180, 600, 789 ② 8, 320, 4000, 4328

1 백 모형이 6개, 십 모형이 12개, 일 모형이 9개이므로 $243 \times 3 = 600 + 120 + 9 = 729$입니다.

2 십의 자리에서 올림한 수는 백의 자리의 계산 결과에 더하고, 백의 자리에서 올림한 수는 계산 결과의 천의 자리에 씁니다.

3 ①
	2	6	3	
×			3	
			9	←3×3
	1	8	0	←60×3
	6	0	0	←200×3
	7	8	9	

②
	5	4	1		
×			8		
			8		←1×8
		3	2	0	←40×8
4	0	0	0		←500×8
4	3	2	8		

STEP 1 교과개념 4. (몇십)×(몇십), (몇십몇)×(몇십) 13쪽

1 ① (계산 순서대로) 120, 360, 360
　　② (계산 순서대로) 36, 360, 360

2 ① 300, 3000　② 245, 2450

3 ① 100, 2400　② 10, 1620

4 ① 1500　② 1360

---

1 ① $12 \times 30 = 12 \times 10 \times 3 = 120 \times 3 = 360$
　② $12 \times 30 = 12 \times 3 \times 10 = 36 \times 10 = 360$

2 ① (몇십)×(몇십)은 (몇십)×(몇)의 10배입니다.
　② (몇십몇)×(몇십)은 (몇십몇)×(몇)의 10배입니다.

3 ① $30 \times 80 = 3 \times 10 \times 8 \times 10 = 3 \times 8 \times 100$
　　　　$= 24 \times 100 = 2400$
　② $27 \times 60 = 27 \times 6 \times 10 = 162 \times 10 = 1620$

4 ① $5 \times 3 = 15$이므로 $50 \times 30 = 1500$입니다.
　② $34 \times 4 = 136$이므로 $34 \times 40 = 1360$입니다.

STEP 1 교과개념 5. (몇)×(몇십몇) 15쪽

1 (왼쪽에서부터) 6×10, 6×4 / 60, 24 / 60, 24, 84

2 ①
		3
×	2	4
	1	2	←3×4
	6	0	←3×20
	7	2

②
		5
×	2	1
		5	←5×1
1	0	0	←5×20
1	0	5

3
		4
×	4	5
	2	0	←4×5
1	6	0	←4×40
1	8	0

	4	5
×		4
	2	0	←5×4
1	6	0	←40×4
1	8	0

/ 같습니다에 ○표

4 ① 54, 54, 108　② 48, 60, 108

4 ① 18=9+9로 생각하여 계산합니다.
　② 18=8+10으로 생각하여 계산합니다.

STEP 1 교과개념 6. (몇십몇)×(몇십몇) 17쪽

1 (위에서부터) 7×10, 20×2, 7×2
　/ 200, 70, 40, 14, 324, 324

2 6, 5 / 6, 5, 5, 2, 0, 5, 8, 5

3 ①
		2	3
	×	3	4
		9	2	←23×4
	6	9	0	←23×30
	7	8	2

②
		6	7
	×	4	2
	1	3	4	←67×2
2	6	8	0	←67×40
2	8	1	4

4 (위에서부터) ① 792 / 88　② 792 / 132

2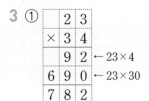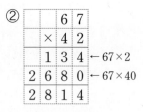

4 ① 22×36의 곱은 22×4의 곱을 구한 후 그 곱을 9배 한 값과 같습니다.
　② 22×36의 곱은 22×6의 곱을 구한 후 그 곱을 6배 한 값과 같습니다.

STEP 1 교과개념 7. 곱셈의 활용 19쪽

1 ① 15, 사과　② 사과, 상자
　③ 21, 15　④ 21, 15, 315

2 ① 22, 장미　② 장미, 다발
　③ 24, 22　④ 24, 22, 528

3 305, 2440 / 2440자루

1 (전체 사과의 수)
　=(한 상자에 들어 있는 사과의 수)×(상자의 수)
　$=21 \times 15 = 315$(개)

2 (전체 장미의 수)
　=(한 다발에 들어 있는 장미의 수)×(다발의 수)
　$=24 \times 22 = 528$(송이)

3 (필요한 연필의 수)
　=(3학년 학생 수)×(한 명에게 줄 연필의 수)
　$=305 \times 8 = 2440$(자루)

1 (1) 286 (2) 609 (3) 963 (4) 848

2 (1) 6, 60, 300, 366 (2) 8, 80, 400, 488

3 693　　　　　**4** (1) 3 (2) 2

준비 (1) > (2) <　　**5** (1) < (2) >

6 식 302×3=906　답 906 km

7 예 1, 3, 4 / 268

8 (1) 852 (2) 540 (3) 696 (4) 951

준비 (1) 6, 9, 15 (2) 60, 80, 140

9 (1) 206, 309, 515 (2) 336, 448, 784

10 800, 40, 16 / 856

11
```
      1
    4 3 7
  ×     2
  ─────
    8 7 4
```
이유 예 일의 자리에서 올림한 수 1을 십의 자리 계산에 더하지 않아 잘못되었습니다.

12 곱셈식 219×4=876

13 식 137×2=274　답 274원

14 1, 0, 2 / 8 또는 2, 0, 4 / 4

15 (1) 568 (2) 1419 (3) 3105 (4) 4336

16 예 600, 1800 / 작습니다에 ○표

17 (1) 2 / 448 / 1344 (2) 3 / 969 / 2907

18 1300 / 2478 / 2136

준비 4 / 3 / 2　　**19** (1) 231 (2) 231

20 3150 m　　**21** 예 660 g

22 (1) 2000 (2) 560 (3) 4200 (4) 380

23 (왼쪽에서부터) 800, 800, 1600 / 1200, 400, 1600

준비 18 / 18

24 (1) 2400 / 2400 (2) 2800 / 2800

25 2940, 2940　　**26** 2240 / 3950

27 (그림)　　**28** 3600초

29 (1) 78 (2) 185 (3) 276 (4) 588

30 (위에서부터) (1) 192 / 64 (2) 192 / 48

31 (1) 12, 320 / 332 (2) 120, 32 / 152

32 예 아령 들기, 196회　**33** 366개

34 (1) 16 (2) 25

35 (1) 884 (2) 1944 (3) 1003 (4) 1316

36 (왼쪽에서부터) 2520, 756, 3276 / 3120, 156, 3276

준비 (계산 순서대로) 10, 30 / 15, 30

37 (계산 순서대로) (1) 60, 480 / 120, 480 (2) 260, 2340 / 468, 2340

38 (1) 400 (2) 3404　**39** 924, =, 924

40 식 89×14=1246　답 1246 m

41 예 15, 42

---

2 (1) 122=100+20+2이므로 122×3은 100×3, 20×3, 2×3의 합과 같습니다.
(2) 122×4는 100×4, 20×4, 2×4의 합과 같습니다.

3 231씩 3번 뛰어 세었으므로 231×3=693입니다.

4 (1) 999=333×3이고 333=111×3이므로 공통으로 들어가는 수는 3입니다.
(2) 808=404×2이고 404=202×2이므로 공통으로 들어가는 수는 2입니다.

5 곱해지는 수가 같을 때에는 곱하는 수가 클수록 곱이 큽니다.

6 1시간에 302 km만큼 이동하므로 3시간 동안 이동할 수 있는 거리는 302×3=906(km)입니다.

😊 내가 만드는 문제
7 수 카드에 적힌 1, 3, 4를 □ 안에 써넣어 곱셈식을 만들면 134×2=268, 143×2=286, 314×2=628, 341×2=682, 413×2=826, 431×2=862를 완성할 수 있습니다.

8 (1)
```
      1
    2 1 3
  ×     4
  ─────
    8 5 2
```
(2)
```
        4
    1 0 8
  ×     5
  ─────
    5 4 0
```
(3)
```
      3
    1 1 6
  ×     6
  ─────
    6 9 6
```
(4)
```
      2
    3 1 7
  ×     3
  ─────
    9 5 1
```

9 (1) $103 \times 5 \genfrac{}{}{0pt}{}{\;103 \times 2}{\;103 \times 3}$
$_{2\;\;3}$

(2) $112 \times 7 \genfrac{}{}{0pt}{}{\;112 \times 3}{\;112 \times 4}$
$_{3\;\;4}$

10 200×4, 10×4, 4×4의 합은 214×4와 같습니다.
➡ $800 + 40 + 16 = 856$

11

평가 기준
잘못 계산한 부분의 이유를 설명했나요?
잘못 계산한 부분을 바르게 계산했나요?

12 219를 4번 더한 값은 219×4와 같습니다.

13 1크로나가 137원이므로 2크로나는 $137 \times 2 = 274$(원)입니다.

14 일의 자리 곱이 6이 되는 (세 자리 수)×(한 자리 수)를 먼저 찾습니다. $102 \times 8 = 816$, $204 \times 4 = 816$을 완성할 수 있습니다.

15 (1)
```
  1
  2 8 4
×     2
─────────
  5 6 8
```
(2)
```
  2
  4 7 3
×     3
─────────
1 4 1 9
```
(3)
```
  1
  6 2 1
×     5
─────────
3 1 0 5
```
(4)
```
  3 1
  5 4 2
×     8
─────────
4 3 3 6
```

16 (예) 594를 백의 자리로 어림하면 600이므로 594×3은 $600 \times 3 = 1800$보다 작습니다.

17 (1) $224 \times \boxed{6} = 1344$
$\underbrace{224 \times 2}_{448} \times 3 = 1344$

(2) $323 \times \boxed{9} = 2907$
$\underbrace{323 \times 3}_{969} \times 3 = 2907$

18 $325 \times 4 = 1300$
$413 \times 6 = 2478$
$267 \times 8 = 2136$

19 (1) $231 \times 6 = \underbrace{231 + 231 + 231 + 231 + 231}_{231 \times 5} + 231$

(2) $231 \times 4 = \underbrace{231 + 231 + 231 + 231 + 231}_{231 \times 5} - 231$

20 지구는 1초 동안 450 m를 움직이므로 7초 동안 $450 \times 7 = 3150$(m) 움직입니다.

😊 내가 만드는 문제
21 (빨간색 쌓기나무를 선택한 경우)$= 132 \times 5 = 660$(g)
(파란색 쌓기나무를 선택한 경우)$= 658 \times 5 = 3290$(g)
(초록색 쌓기나무를 선택한 경우)$= 276 \times 5 = 1380$(g)
(보라색 쌓기나무를 선택한 경우)$= 493 \times 5 = 2465$(g)

22 (3) $60 \times 70 = 4200$ (4) $19 \times 20 = 380$

23 · $80 = 40 + 40$이므로 20×80은 20×40과 20×40의 합과 같습니다.
· $80 = 60 + 20$이므로 20×80은 20×60과 20×20의 합과 같습니다.

24 (1) $80 \times 30 = 2400$
$\downarrow$
$2400 \div 30 = 80$
(2) $70 \times 40 = 2800$
$\downarrow$
$2800 \div 40 = 70$

25 곱셈에서 두 수를 바꾸어 곱해도 계산 결과는 같습니다.

26 빈칸은 양쪽의 두 수를 곱한 값이므로
$56 \times 40 = 2240$, $79 \times 50 = 3950$입니다.

27
15×40 45×80 35×60
$\times 2 \downarrow\;\;\uparrow \times 2$ $\times 2 \downarrow\;\;\uparrow \times 2$ $\times 2 \downarrow\;\;\uparrow \times 2$
30×20 90×40 70×30
$(= 20 \times 30)$ $(= 40 \times 90)$ $(= 30 \times 70)$

28 (예) 1시간은 60분이고 1분은 60초이므로
$60 \times 60 = 3600$(초)입니다.

평가 기준
1시간은 몇 초인지 구하는 식을 세웠나요?
1시간은 몇 초인지 구했나요?

29 (1)
```
    1
    3
× 2 6
───────
  7 8
```
(2)
```
    3
    5
× 3 7
───────
1 8 5
```
(3)
```
    3
    4
× 6 9
───────
2 7 6
```
(4)
```
    2
    7
× 8 4
───────
5 8 8
```

30 (1) $8 \times \overset{24}{\underset{\underset{64}{8 \times 8 \times 3}}{}} = 192$

(2) $8 \times \overset{24}{\underset{\underset{48}{8 \times 6 \times 4}}{}} = 192$

31 (1) $83 = 80 + 3$이므로 4×83은 4×3과 4×80의 합과 같습니다.

(2) $38 = 30 + 8$이므로 4×38은 4×30과 4×8의 합과 같습니다.

😊 내가 만드는 문제

32 일주일은 7일이므로 $7 \times$ (선택한 운동의 하루에 해야 하는 횟수)를 계산합니다.

(윗몸 말아 올리기를 선택한 경우) $= 7 \times 13 = 91$(회)

(아령 들기를 선택한 경우) $= 7 \times 28 = 196$(회)

(줄넘기를 선택한 경우) $= 7 \times 44 = 308$(회)

(훌라후프 돌리기를 선택한 경우) $= 7 \times 52 = 364$(회)

33 예 3월은 31일, 4월은 30일로 3월과 4월의 날수를 모두 더하면 61일입니다. 하루에 6개씩 먹어야 하므로 두 달 동안 모두 $6 \times 61 = 366$(개)를 먹어야 합니다.

평가 기준
3월과 4월의 날수를 구했나요?
3, 4월 두 달 동안 섭취한 딸기의 개수를 구했나요?

34 (1) ★을 4번 더하면 64이므로 $4 \times$ ★ $= 64$입니다.
$4 \times 16 = 64$이므로 ★ $= 16$입니다.

(2) ●을 5번 더하면 125이므로 $5 \times$ ● $= 125$입니다.
$5 \times 25 = 125$이므로 ● $= 25$입니다.

35
(1)
$$\begin{array}{r} 68 \\ \times\ 13 \\ \hline 204 \\ 680\ \\ \hline 884 \end{array}$$

(2)
$$\begin{array}{r} 36 \\ \times\ 54 \\ \hline 144 \\ 1800\ \\ \hline 1944 \end{array}$$

(3)
$$\begin{array}{r} 59 \\ \times\ 17 \\ \hline 413 \\ 590\ \\ \hline 1003 \end{array}$$

(4)
$$\begin{array}{r} 47 \\ \times\ 28 \\ \hline 376 \\ 940\ \\ \hline 1316 \end{array}$$

36
$\cdot\ 84 \times 39 \Rightarrow$
$\underset{30\ 9}{84 \times 39}$

$$\begin{array}{r} 84 \times 30 = 2520 \\ 84 \times\ 9 =\ 756 \\ \hline 84 \times 39 = 3276 \end{array}$$

$\cdot\ 84 \times 39 \Rightarrow$
$\underset{80\ 4}{84 \times 39}$

$$\begin{array}{r} 80 \times 39 = 3120 \\ 4 \times 39 =\ 156 \\ \hline 84 \times 39 = 3276 \end{array}$$

37 (1) $4 \times 8 = 8 \times 4 = 32$이므로
$15 \times 4 \times 8 = 15 \times 8 \times 4 = 15 \times 32$입니다.

(2) $5 \times 9 = 9 \times 5 = 45$이므로
$52 \times 5 \times 9 = 52 \times 9 \times 5 = 52 \times 45$입니다.

38 (1) 삼각형 안에 있는 수는 25와 16이므로
$25 \times 16 = 400$입니다.

(2) 사각형 안에 있는 수는 37과 92이므로
$37 \times 92 = 3404$입니다.

39 곱해지는 수가 커진 만큼 곱하는 수가 작아지면 곱의 결과는 같습니다.

40 재채기를 할 때 내뱉는 숨은 1초에 89 m만큼 이동하므로 14초 동안 $89 \times 14 = 1246$(m) 이동합니다.

😊 내가 만드는 문제

41 42와 곱할 곱하는 수를 정하고 42×16과 등식이 성립하기 위해 더해야 할 수를 정합니다.

예 $42 \times 16 = \underset{42 \times 15}{\underline{42 + 42 + \cdots + 42 + 42}} + 42$

$= \underset{①}{\underline{42 \times 15}} + \underset{②}{\underline{42}}$

STEP 3 자주 틀리는 유형 26~28쪽

1 244 / 366 / 610

2 306 / 408 / 7, 714

3 669, 446 / 1115

4 2000 / 4000

5 900 / 1800

6 3000 / 3000

7
$$\begin{array}{r} {\scriptstyle 1\ 2} \\ 539 \\ \times\quad 3 \\ \hline 1617 \end{array}$$

8
$$\begin{array}{r} {\scriptstyle 1\ 4} \\ 427 \\ \times\quad 6 \\ \hline 2562 \end{array}$$

9
$$\begin{array}{r} {\scriptstyle 5} \\ 206 \\ \times\quad 9 \\ \hline 1854 \end{array}$$

10 3

11 38 / 76

12 21 / 48

13 20

14 16 / 64

15 25 / 15

16 280분

17 798쪽

18 1680개

19 1395분

1 $5=2+3$이므로 122×5는 122×2와 122×3의 합과 같습니다.

2 $3+4=7$이므로 102×7은 102×3과 102×4의 합과 같습니다.

3 $223\times5 \Rightarrow$ $\begin{matrix} 223\times3=&669 \\ 223\times2=&446 \\ \hline 223\times5=&1115 \end{matrix}$
(3 2)

4 $40\times50=2000,\quad 80\times50=4000$

5 $45\times20=900,\quad 45\times40=1800$

6 $75\times40=3000,\quad 50\times60=3000$

7 일의 자리 계산 $9\times3=27$에서 2는 십의 자리로 올림하고, 십의 자리 계산 $3\times3+2=11$에서 1은 백의 자리로 올림합니다. 백의 자리 계산 $5\times3+1=16$에서 1은 천의 자리에 씁니다.

8 일의 자리 계산 $7\times6=42$에서 4는 십의 자리로 올림하고, 십의 자리 계산 $2\times6+4=16$에서 1은 백의 자리로 올림합니다. 백의 자리 계산 $4\times6+1=25$에서 2는 천의 자리에 씁니다.

9 일의 자리 계산 $6\times9=54$에서 5는 십의 자리로 올림하고, 십의 자리 계산 $0\times9+5=5$이므로 5는 십의 자리에 씁니다. 백의 자리 계산 $2\times9=18$에서 1은 천의 자리에 씁니다.

10 $243\times4=\underbrace{243+243+243}_{243\times3}+243$

11 $38\times12=\underbrace{38+38+\cdots+38}_{38\times11}+38+38$
$=\underbrace{38+38+\cdots+38}_{38\times10}+\underbrace{38+38}_{38\times2}$

12 $7\times53=\underbrace{7+7+\cdots+7}_{7\times50}+\underbrace{7+7+7}_{7\times3}$
$=\underbrace{7+7+\cdots+7}_{7\times48}+\underbrace{7+7+7+7+7}_{7\times5}$

13 13에서 39로 곱해지는 수가 커진 만큼 곱하는 수가 60에서 작아지면 20입니다.

다른 풀이
$13\times60=39\times20$
($\times3$ / $\times3$)

14 24에서 48로 곱해지는 수가 커진 만큼 곱하는 수가 32에서 작아지면 16입니다.
24에서 12로 곱해지는 수가 작아진 만큼 곱하는 수가 32에서 커지면 64입니다.

다른 풀이
$24\times32=48\times16$ ($\times2$ / $\times2$)
$24\times32=12\times64$ ($\times2$ / $\times2$)

15 8에서 24로 곱해지는 수가 커진 만큼 곱하는 수가 75에서 작아지면 25입니다.
8에서 40으로 곱해지는 수가 커진 만큼 곱하는 수가 75에서 작아지면 15입니다.

다른 풀이
$8\times75=24\times25$ ($\times3$ / $\times3$)
$8\times75=40\times15$ ($\times5$ / $\times5$)

16 2주일은 $7\times2=14$(일)입니다.
(2주일 동안 축구를 한 시간)
$=$(하루에 축구를 한 시간)$\times$(날수)
$=20\times14=280$(분)

17 3주일은 $7\times3=21$(일)입니다.
(3주일 동안 읽은 역사책 쪽수)
$=$(하루에 읽은 역사책 쪽수)$\times$(날수)
$=38\times21=798$(쪽)

18 9월 한 달은 30일입니다.
(9월 한 달 동안 접은 종이학의 수)
$=$(하루에 접는 종이학 수)$\times$(날수)
$=56\times30=1680$(개)

19 10월 한 달은 31일입니다.
(10월 한 달 동안 독서를 한 시간)
$=$(하루의 독서 시간)$\times$(날수)
$=45\times31=1395$(분)

1 3295   **2** 2590   **3** 387

4 5248   **5** 520분   **6** 252개

7 455쪽   **8** 8, 9   **9** 5

10 4, 5, 6   **11** (위에서부터) 2 / 6

12 (위에서부터) 7 / 5

13 (위에서부터) 6 / 8 / 8 / 7   **14** 535개

15 771개   **16** 663개   **17** 3시간 20분

18 5시간 4분   **19** 4시간 48분   **20** 1413

21 1238   **22** 3069

23 예 8, 2 / 5, 4 / 4428

24 예 3, 6 / 4, 9 / 1764

25 예 83, 75, 6225 / 예 15, 37, 555

1 $\square \div 5 = 659$
$\quad 5 \times 659 = \square,\ \square = 3295$

2 $\square \div 70 = 37$
$\quad 70 \times 37 = \square,\ \square = 2590$

3 어떤 수를 □라고 하면
$\square \div 9 = 43$
$\quad 9 \times 43 = \square,\ \square = 387$입니다.

4 어떤 수를 □라고 하면
$\square \div 64 = 82$
$\quad 64 \times 82 = \square,\ \square = 5248$입니다.

5 월요일, 수요일, 금요일은 모두 13일입니다.
따라서 윤성이가 한 달 동안 태권도를 한 시간은 모두
$13 \times 40 = 520$(분)입니다.

6 월요일, 화요일, 목요일은 모두 14일입니다.
따라서 아영이가 한 달 동안 외운 한자의 개수는 모두
$14 \times 18 = 252$(개)입니다.

7 수요일, 토요일, 일요일은 모두 13일입니다.
따라서 성아가 한 달 동안 읽은 과학책의 쪽수는 모두
$13 \times 35 = 455$(쪽)입니다.

8 $24 \times 70 = 1680 < 1800$, $24 \times 80 = 1920 > 1800$,
$24 \times 90 = 2160 > 1800$이므로 □ 안에 들어갈 수 있는 수는 8, 9입니다.

9 $36 \times 19 = 684$이므로 $125 \times \square < 684$입니다.
$125 \times 5 = 625 < 684$, $125 \times 6 = 750 > 684$이므로
□ 안에 들어갈 수 있는 가장 큰 수는 5입니다.

10 77을 80으로 생각하면 $80 \times 30 = 2400$,
$80 \times 70 = 5600$이므로 □ 안에 4, 5, 6, 7을 넣어 봅니다.
$77 \times 40 = 3080(\bigcirc)$, $77 \times 50 = 3850(\bigcirc)$,
$77 \times 60 = 4620(\bigcirc)$, $77 \times 70 = 5390(\times)$이므로
□ 안에 들어갈 수 있는 수는 4, 5, 6입니다.

11
$$\begin{array}{r} ㉠\ 1\ 3 \\ \times \qquad ㉡ \\ \hline 1\ 2\ 7\ 8 \end{array}$$
• 일의 자리 계산에서 $3 \times ㉡$의 일의 자리 숫자가 8이므로 $㉡ = 6$입니다.
• $㉡ = 6$일 때 백의 자리 계산에서 $㉠ \times 6 = 12$이므로 $㉠ = 2$입니다.

12
$$\begin{array}{r} ㉠ \\ \times\ ㉡\ 3 \\ \hline 3\ 7\ 1 \end{array}$$
• 일의 자리 계산에서 $㉠ \times 3$의 일의 자리 숫자가 1이므로 $㉠ = 7$입니다.
• $7 \times 3 = 21$이고 $7 \times ㉡ + 2 = 37$에서 $7 \times ㉡ = 35$, $㉡ = 5$입니다.

13
$$\begin{array}{r} ㉠\ 4 \\ \times\ 2\ ㉡ \\ \hline 5\ 1\ 2 \\ 1\ 2\ ㉢\ 0 \\ \hline 1\ ㉣\ 9\ 2 \end{array}$$
• $㉢ = 4 \times 2 = 8$, $㉠ \times 2 = 12$이므로 $㉠ = 6$입니다.
• $4 \times ㉡$의 일의 자리 숫자가 2이므로 $㉡ = 3$ 또는 $㉡ = 8$입니다. $64 \times 3 = 192(\times)$, $64 \times 8 = 512(\bigcirc)$이므로 $㉡ = 8$입니다.
• $㉣ = 5 + 2 = 7$입니다.

14
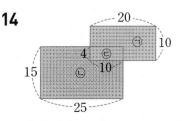
㉠의 개수: $20 \times 10 = 200$(개)

ⓒ의 개수: $25 \times 15 = 375$(개)
ⓒ의 개수: $10 \times 4 = 40$(개)
➡ (색칠한 칸의 개수)＝㉠＋㉡－㉢
　　　　　　　＝$200 + 375 - 40 = 535$(개)

15

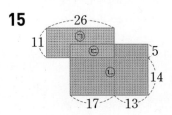

㉠의 개수: $26 \times 11 = 286$(개)
㉡의 개수: $30 \times 19 = 570$(개)
㉢의 개수: $17 \times 5 = 85$(개)
➡ (색칠한 칸의 개수)＝㉠＋㉡－㉢
　　　　　　　＝$286 + 570 - 85 = 771$(개)

16

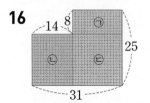

㉠의 개수: $17 \times 8 = 136$(개)
㉡의 개수: $14 \times 17 = 238$(개)
㉢의 개수: $17 \times 17 = 289$(개)
➡ (색칠한 칸의 개수)＝㉠＋㉡＋㉢
　　　　　　　＝$136 + 238 + 289 = 663$(개)

17 통나무를 1번 자르면 2도막, 2번 자르면 3도막이 되므로 11도막이 되려면 10번 잘라야 합니다.
통나무를 1번 자르는 데 20분이 걸리므로 10번을 자르는 데 $10 \times 20 = 200$(분)이 걸립니다.
따라서 60분＝1시간이므로 200분은 3시간 20분입니다.

18 통나무가 20도막이 되려면 19번 잘라야 합니다.
통나무를 1번 자르는 데 16분이 걸리므로 19번을 자르는 데 $19 \times 16 = 304$(분)이 걸립니다.
따라서 60분＝1시간이므로 304분은 5시간 4분입니다.

19 통나무가 25도막이 되려면 24번 잘라야 합니다.
통나무를 3번 자르는 데 36분이 걸리므로 24번을 자르는 데 $8 \times 36 = 288$(분)이 걸립니다.
따라서 60분＝1시간이므로 288분은 4시간 48분입니다.

20 $157 ♥ 3 = 157 \times 3 \times 3 = 471 \times 3 = 1413$

21 $28 ♣ 41 = 28 \times 41 + 90 = 1148 + 90 = 1238$

22 ㉠＝63, ㉡＝30이므로 ㉢＝$63 + 30 = 93$,
㉣＝$63 - 30 = 33$입니다.
따라서 $63 ★ 30 = 93 \times 33 = 3069$입니다.

23 ㉠＞㉡＞㉢＞㉣의 숫자로 곱이 가장 큰 (두 자리 수)×(두 자리 수)를 만드는 방법은 ㉠㉣×㉡㉢ 또는 ㉡㉢×㉠㉣입니다.
따라서 8＞5＞4＞2이므로 곱이 가장 큰 곱셈식은
$82 \times 54 = 4428$ 또는 $54 \times 82 = 4428$입니다.

24 ㉠＞㉡＞㉢＞㉣의 숫자로 곱이 가장 작은 (두 자리 수)×(두 자리 수)를 만드는 방법은 ㉣㉡×㉢㉠ 또는 ㉢㉠×㉣㉡입니다.
따라서 9＞6＞4＞3이므로 곱이 가장 작은 곱셈식은
$36 \times 49 = 1764$ 또는 $49 \times 36 = 1764$입니다.

25 • 곱이 가장 큰 경우: 가장 작은 수인 1을 빼면 나머지 4장은 8＞7＞5＞3이므로 곱이 가장 큰 곱셈식은
$83 \times 75 = 6225$ 또는 $75 \times 83 = 6225$입니다.
• 곱이 가장 작은 경우: 가장 큰 수인 8을 빼면 나머지 4장은 7＞5＞3＞1이므로 곱이 가장 작은 곱셈식은
$15 \times 37 = 555$ 또는 $37 \times 15 = 555$입니다.

수시 평가 대비 Level ❶
33~35쪽

1 4, 808	**2** 예 200, 800
3 (1) 27, 450 / 477	(2) 270, 45 / 315
4 (1) 217　(2) 217	**5** 3 / 339 / 1017
6 940, 47	**7** 2600 / 195 / 2795

8
$$\begin{array}{r} 4\,3 \\ \times \; 7\,2 \\ \hline 8\,6 \\ 3\,0\,1\,0 \\ \hline 3\,0\,9\,6 \end{array}$$

9 84

10 ㉣, ㉡, ㉢, ㉠

11 81	**12** 5652
13 720시간	**14** 1291
15 875 cm	**16** 8
17 5, 6, 9 / 4 / 2276	**18** 3개
19 4200 m	**20** 1260개

1 202를 4번 더했으므로 202×4로 나타냅니다.
따라서 $202 \times 4 = 808$입니다.

2 198을 몇백으로 어림하면 200이므로
198×4는 $200 \times 4 = 800$보다 작습니다.

3 (1) $53 = 50 + 3$이므로 9×53은 9×3과 9×50의 합과 같습니다.
(2) $35 = 30 + 5$이므로 9×35는 9×30과 9×5의 합과 같습니다.

4 (1) 217×7
$= \underbrace{217 + 217 + 217 + 217 + 217 + 217}_{217 \times 6} + 217$
(2) 217×5
$= \underbrace{217 + 217 + 217 + 217 + 217 + 217}_{217 \times 6} - 217$

5 $9 = 3 \times 3$이므로 113×9는 113×3을 계산한 값에 3을 곱한 것과 같습니다.

6 곱셈에서 두 수를 바꾸어 곱해도 계산 결과는 같습니다.

7 $65 \times 43 \Rightarrow$
$\overset{\displaystyle 40 \quad 3}{\wedge}$
$65 \times 40 = 2600$
$65 \times \ 3 = \ \ 195$
$65 \times 43 = 2795$

8 43×7은 실제로 43×70을 나타내므로
$43 \times 70 = 3010$을 자리에 맞춰 써야 합니다.

9 $4 \times 71 = 284$, $8 \times 25 = 200$
$\Rightarrow 284 - 200 = 84$

10 ㉠ $60 \times 30 = 1800$ ㉡ $94 \times 20 = 1880$
㉢ $37 \times 50 = 1850$ ㉣ $50 \times 40 = 2000$
$2000 > 1880 > 1850 > 1800$이므로 곱이 큰 것부터 차례로 기호를 쓰면 ㉣, ㉡, ㉢, ㉠입니다.

11 $18 \times 45 = 810$
$810 = \square \times 10$이므로 $\square = 81$입니다.

12 100이 6개, 10이 2개, 1이 8개인 수는 628입니다.
$\Rightarrow 628 \times 9 = 5652$

13 6월 한 달은 30일입니다.
하루는 24시간이므로 30일은 모두 $24 \times 30 = 720$(시간)입니다.

14 주영: $215 \times 5 = 1075$, 민석: $6 \times 36 = 216$
$\Rightarrow 1075 + 216 = 1291$

15 삼각형의 세 변과 사각형의 네 변의 길이가 모두 같습니다.
삼각형의 변은 3개, 사각형의 변은 4개이므로 변은 모두 7개입니다.
$\Rightarrow 125 \times 7 = 875$(cm)

16 $\square \times 6$의 일의 자리 숫자가 8이므로 $\square$는 3 또는 8입니다.
$\square = 3$인 경우 $23 \times 6 = 138$, $\square = 8$인 경우
$28 \times 6 = 168$이므로 $\square$ 안에 알맞은 수는 8입니다.

17 한 자리 수를 세 자리 수의 백의 자리, 십의 자리, 일의 자리에 각각 곱하므로 곱이 가장 작은 곱셈식은 한 자리 수에 가장 작은 수를 놓습니다.
수 카드의 수의 크기를 비교하면 $4 < 5 < 6 < 9$이므로 곱이 가장 작은 곱셈식은 $569 \times 4 = 2276$입니다.

18 $63 \times 26 = 1638$이므로 $459 \times \square < 1638$입니다.
$459 \times 1 = 459(\bigcirc)$, $459 \times 2 = 918(\bigcirc)$,
$459 \times 3 = 1377(\bigcirc)$, $459 \times 4 = 1836(\times)$이므로
$\square$ 안에 들어갈 수 있는 수는 1, 2, 3으로 3개입니다.

서술형
19 ⑩ 1시간은 60분이므로 1시간 동안 걸어갈 수 있는 거리는 (1분에 걸어갈 수 있는 거리) $\times$ 60입니다.
따라서 예준이가 1시간 동안 걸어갈 수 있는 거리는
$70 \times 60 = 4200$(m)입니다.

평가 기준	배점
1시간 동안 걸어갈 수 있는 거리를 구하는 식을 세웠나요?	2점
1시간 동안 걸어갈 수 있는 거리를 구했나요?	3점

서술형
20 ⑩ 12일 동안 푼 수학 문제는 $45 \times 12 = 540$(개)입니다.
20일 동안 푼 수학 문제는 $36 \times 20 = 720$(개)입니다.
따라서 세혁이가 32일 동안 푼 수학 문제는 모두
$540 + 720 = 1260$(개)입니다.

평가 기준	배점
12일 동안 푼 수학 문제 수를 구했나요?	2점
20일 동안 푼 수학 문제 수를 구했나요?	2점
32일 동안 푼 수학 문제 수를 구했나요?	1점

수시 평가 대비 Level ❷
36~38쪽

1 603

2 (1) 975 (2) 4167

3 (1) 9, 30, 300, 339 (2) 12, 40, 400, 452

4 666 / 888 / 7, 1554

5 (1) 6 / 90 / 540 (2) 4 / 100 / 900

6 (1) < (2) >

7

×	30	31	32
50	1500	1550	1600

8 (1) 245, 5 (2) 528, 8   **9** ㉠

10
```
      7 3
    × 2 3
    ─────
    2 1 9
  1 4 6 0
  ─────────
  1 6 7 9
```

11 (1) 60 (2) 40

12 (1) 12 (2) 23

13 ㉡, ㉢, ㉠

14 312 / 936

15 350개

16 (위에서부터) 6 / 7 / 2

17 5887

18 1, 2, 3, 4

19 1668 kcal

20 6643

---

1 201을 3번 더하는 것이므로 $201 \times 3 = 603$입니다.

2 (1)
```
      1
    3 2 5
  ×     3
  ───────
    9 7 5
```
(2)
```
    5 2
    4 6 3
  ×     9
  ───────
  4 1 6 7
```

3 (1) $113 = 100 + 10 + 3$이므로 113×3은 100×3, 10×3, 3×3의 합과 같습니다.
(2) 113×4는 100×4, 10×4, 3×4의 합과 같습니다.

4 $3 + 4 = 7$이므로 222×7은 222×3과 222×4의 합과 같습니다.

5 (1) $15 \times \overset{\triangle}{36} = 540$
$\underset{90}{15 \times 6 \times 6} = 540$

(2) $25 \times \overset{\triangle}{36} = 900$
$\underset{100}{25 \times 4 \times 9} = 900$

6 (1) $8 \times 97 = 776$, $40 \times 20 = 800$이므로 $776 < 800$입니다.
(2) $7 \times 68 = 476$, $21 \times 21 = 441$이므로 $476 > 441$입니다.

7 곱하는 수가 1씩 커질 때마다 계산 결과는 50씩 커집니다.

8 곱셈에서 두 수를 바꾸어 곱해도 계산 결과는 같습니다.

9 ㉠ $275 \times 3 = 825$
㉡ $416 \times 2 = 832$
㉢ $208 \times 4 = 832$
따라서 곱이 다른 하나는 ㉠입니다.

10 73×2는 실제로 73×20을 나타내므로 $73 \times 20 = 1460$을 자리에 맞춰 써야 합니다.

11 (1) $60 \times 80 = 4800$
(2) $17 \times 40 = 680$

12 (1) $6 \times 84 = 42 \times \square$ ($\times 7$)
$12 \times 7 = 84$이므로 $\square = 12$입니다.
(2) $9 \times 92 = 36 \times \square$ ($\times 4$)
$23 \times 4 = 92$이므로 $\square = 23$입니다.

13 ㉠ $809 + 809 + 809 = 809 \times 3 = 2427$
㉡ $73 \times 40 = 2920$
㉢ $32 \times 90 = 2880$
따라서 $2920 > 2880 > 2427$이므로 계산 결과가 큰 것부터 차례로 기호를 쓰면 ㉡, ㉢, ㉠입니다.

14 312×8
$= \underset{312 \times 7}{312 + 312 + 312 + 312 + 312 + 312 + 312} + 312$
$= \underset{312 \times 5}{312 + 312 + 312 + 312 + 312} + \underset{312 \times 3}{312 + 312 + 312}$

15 월요일, 수요일, 금요일은 모두 14일입니다.
따라서 윤지가 한 달 동안 외운 영어 단어의 개수는 모두
$14 \times 25 = 350$(개)입니다.

16
$$
\begin{array}{r}
4\ \bigcirc \\
\times\quad \bigcirc\ 3 \\
\hline
1\ 3\ 8 \\
3\ \bigcirc\ 2\ 0 \\
\hline
3\ 3\ 5\ 8
\end{array}
$$

- $\bigcirc \times 3$의 일의 자리 숫자가 8이므로 $\bigcirc = 6$입니다.
- $\bigcirc \times \bigcirc = 6 \times \bigcirc$의 일의 자리 숫자가 2이므로 $\bigcirc = 2$
  또는 $\bigcirc = 7$입니다.
  $46 \times 2 = 92(\times)$, $46 \times 7 = 322(\bigcirc)$
  ➡ $\bigcirc = 7$, $\bigcirc = 2$

17 $29 \blacklozenge 7 = 29 \times 29 \times 7$
$\qquad\qquad = 841 \times 7$
$\qquad\qquad = 5887$

18 $52 \times 34 = 1768$이므로 $1768 > 418 \times \square$입니다.
$418 \times 1 = 418(\bigcirc)$, $418 \times 2 = 836(\bigcirc)$,
$418 \times 3 = 1254(\bigcirc)$, $418 \times 4 = 1672(\bigcirc)$,
$418 \times 5 = 2090(\times)$이므로
$\square$ 안에 들어갈 수 있는 수는 1, 2, 3, 4입니다.

서술형
19 예 케이크 한 조각의 열량은 417 kcal이므로 케이크 4
조각의 열량은 케이크 한 조각의 열량의 4배입니다.
따라서 $417 \times 4 = 1668$(kcal)입니다.

평가 기준	배점
케이크 4조각의 열량을 구하는 식을 세웠나요?	2점
케이크 4조각의 열량을 구했나요?	3점

서술형
20 예 $\bigcirc > \bigcirc > \bigcirc > \bigcirc$의 숫자로 곱이 가장 큰
(두 자리 수)×(두 자리 수)를 만드는 방법은
$\bigcirc\bigcirc \times \bigcirc\bigcirc$ 또는 $\bigcirc\bigcirc \times \bigcirc\bigcirc$입니다.
따라서 $9 > 7 > 3 > 1$이므로 곱이 가장 큰 곱셈식은
$91 \times 73 = 6643$ 또는 $73 \times 91 = 6643$입니다.

평가 기준	배점
곱이 가장 큰 (두 자리 수)×(두 자리 수)의 곱셈식을 만드는 방법을 알았나요?	3점
가장 큰 곱셈식을 만들고 그 곱을 구했나요?	2점

2 나눗셈

우리는 일상생활 속에서 많은 양의 물건을 몇 개의 그릇에 나누어 담거나 일정한 양을 몇 사람에게 똑같이 나누어 주어야 하는 경우를 종종 경험하게 됩니다. 이렇게 나눗셈이 이루어지는 실생활에서 나눗셈의 의미를 이해하고 식을 세워 문제를 해결할 수 있어야 합니다. 이 단원에서는 이러한 나눗셈 상황의 문제를 해결하기 위해 수 모형으로 조작해 보고 계산 원리를 발견하게 됩니다. 또한 나눗셈의 몫과 나머지의 의미를 바르게 이해하고 구하는 과정을 학습합니다. 이때 단순히 나눗셈 알고리즘의 훈련만으로 학습하는 것이 아니라 실생활의 문제 상황을 적절히 도입하여 곱셈과 나눗셈의 학습이 자연스럽게 이루어지도록 합니다.

STEP 1 교과개념 1. (몇십) ÷ (몇) 41쪽

1 ① (위에서부터) 3, 0 / 3 ② 25

2 ① 1, 10 ② 4, 40

3 (왼쪽에서부터) 1, 2, 1, 0 / 1, 5, 2, 1, 0, 1, 0

4 ① (위에서부터) 5 / 6 / 3, 0, 5
   ② (위에서부터) 2 / 5, 10 / 1, 0, 2

1 ① $9 \div 3 = 3$ ➡ $90 \div 3 = 30$

2 나누는 수가 같을 때 나누어지는 수가 10배가 되면 몫도
10배가 됩니다.
① $5 \div 5 = 1$ ➡ $50 \div 5 = 10$
② $8 \div 2 = 4$ ➡ $80 \div 2 = 40$

4 ①
$$
\begin{array}{r}
1\ 5 \\
6\,)\overline{9\ 0} \\
\underline{6\ 0}\ \leftarrow 6 \times 10 \\
3\ 0 \\
\underline{3\ 0}\ \leftarrow 6 \times 5 \\
0
\end{array}
$$
②
$$
\begin{array}{r}
1\ 2 \\
5\,)\overline{6\ 0} \\
\underline{5\ 0}\ \leftarrow 5 \times 10 \\
1\ 0 \\
\underline{1\ 0}\ \leftarrow 5 \times 2 \\
0
\end{array}
$$

STEP 1 교과개념 2. (몇십몇)÷(몇)(1) 43쪽

1 ① 23 ② 25

2 ① (왼쪽에서부터) 3, 9, 6 / 3, 2, 9, 6, 6
   ② (왼쪽에서부터) 2, 1, 2 / 2, 4, 1, 2, 1, 2

3 ① (위에서부터) 1, 2 / 4, 10 / 8, 2
   ② (위에서부터) 1, 6 / 3, 10 / 1, 8, 6

2 ① 십의 자리 계산: $90 \div 3 = 30$
   일의 자리 계산: $6 \div 3 = 2$ $\Rightarrow 96 \div 3 = 32$
   ② 십의 자리 계산: $60 \div 3 = 20$
   일의 자리 계산: $12 \div 3 = 4$ $\Rightarrow 72 \div 3 = 24$

3 ①
```
      1 2
   4 ) 4 8
      4 0  ← 4×10
        8
        8  ← 4×2
        0
```
②
```
      1 6
   3 ) 4 8
      3 0  ← 3×10
      1 8
      1 8  ← 3×6
        0
```

STEP 1 교과개념 3. (몇십몇)÷(몇)(2) 45쪽

1 ① 5, 3, 0, 5
   ② (왼쪽에서부터) 1, 4, 1, 8 / 1, 4, 4, 1, 8, 1, 6, 2

2 ① (위에서부터) 1, 2 / 3, 10 / 6, 2 / 1
   ② (위에서부터) 1, 2 / 5, 10 / 1, 0, 2 / 2

3 ① 13, 0 ② 17, 3

2 나누어지는 수의 십의 자리부터 계산합니다. 십의 자리 계산에서 남은 수와 일의 자리 수를 합하여 나누는 수로 나눈 몫을 몫의 일의 자리에 씁니다.
①
```
      1 2
   3 ) 3 7
      3 0  ← 3×10
        7
        6  ← 3×2
        1
```
②
```
      1 2
   5 ) 6 2
      5 0  ← 5×10
      1 2
      1 0  ← 5×2
        2
```

STEP 1 교과개념 4. (세 자리 수)÷(한 자리 수)(1) 47쪽

1 (   )(   )(○)

2 ① (왼쪽에서부터)
   1, 3 / 1, 8, 3, 2, 4 / 1, 8, 0, 3, 2, 4
   ② (왼쪽에서부터) 5, 3, 0 / 5, 7, 3, 0, 4, 2

3 ① (위에서부터) 2, 4, 5 / 6, 200 / 1, 2, 40 / 1, 5, 5 / 0
   ② (위에서부터) 8, 2 / 5, 6, 80 / 1, 4, 2 / 0

1 $\underline{4}00 \div \underline{5}$에서 $4 < 5$이므로 몫이 두 자리 수입니다.
   $\underline{4}76 \div \underline{7}$에서 $4 < 7$이므로 몫이 두 자리 수입니다.
   $\underline{6}04 \div \underline{4}$에서 $6 > 4$이므로 몫이 세 자리 수입니다.

3 ①
```
        2 4 5
   3 ) 7 3 5
      6 0 0  ← 3×200
      1 3 5
      1 2 0  ← 3×40
        1 5
        1 5  ← 3×5
          0
```
②
```
          8 2
   7 ) 5 7 4
      5 6 0  ← 7×80
        1 4
        1 4  ← 7×2
          0
```

STEP 1 교과개념 5. (세 자리 수)÷(한 자리 수)(2) 49쪽

1 (왼쪽에서부터)
   1, 3 / 1, 5, 3, 1, 5 / 1, 5, 3, 3, 1, 5, 9, 2

2 ① (위에서부터) 1, 9, 3 / 2, 100 / 1, 8, 90 / 6, 3 / 1
   ② (위에서부터) 4, 4 / 1, 6, 40 / 1, 6, 4 / 3

3 ① 49, 245, 245, 4, 249
   ② 157, 471, 471, 1, 472

2 ①
```
        1 9 3
  2 ) 3 8 7
      2 0 0   ← 2×100
      1 8 7
      1 8 0   ← 2×90
          7
          6   ← 2×3
          1
```
②
```
          4 4
  4 ) 1 7 9
      1 6 0   ← 4×40
        1 9
        1 6   ← 4×4
          3
```

3 ① 나누는 수: 5, 몫: 49, 나머지: 4
　　확인 5×49=245 ➡ 245+4=249
② 나누는 수: 3, 몫: 157, 나머지: 1
　　확인 3×157=471 ➡ 471+1=472

STEP 2 꼭 나오는 유형　　50~55쪽

1 (1) 4, 40　(2) 3, 30　　**2** (1) 10　(2) 12
준비 6 / 6　　**3** 35 / 35
4 12　　**5** (1) 15 / 30　(2) 15 / 45
6 ㉢　　**7** 식 40÷4=10　답 10개
8 예 (1) 8, 0, 4　(2) 9, 0, 3
9 (1) 21　(2) 12
10 (1) 1 / 30 / 31　(2) 2 / 10 / 12
11 (1) 33 / 22 / 11　(2) 12 / 22 / 32
12 12, 3　　**13** 63 / 63
14 (1) 5　(2) 2　　**15** 21 cm
16 34　　**17** (1) 13　(2) 14
18

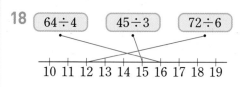

준비 (위에서부터) 3 / 9　　**19** (위에서부터) 14 / 42
20 (1) 2　(2) 6　　**21** 114
22 15 g
23 (위에서부터) (1) 6 / 1 / 1, 6　(2) 5 / 2 / 2, 5
24 (1) 4…3　(2) 3…5　　**25** 7, 8에 ×표
26 (위에서부터) 9, 1 / 45, 45, 46
27 지윤　　**28** (1) 9, 4　(2) 11, 2
29 나눗셈식 52÷9=5…7
　　 뺄셈식 52−9−9−9−9−9=7
30 6　　**31** (1) 25…2　(2) 26…1
32 (1) 10 / 5, 2 / 15, 2　(2) 30 / 7, 1 / 37, 1
33

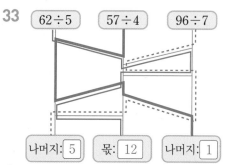

나머지: 5 　 몫: 12 　 나머지: 1

34 예 9, 5, 4, 23, 3　　**35** 59÷3=19…2
준비 (　)(○)(　)　　**36** 16 cm, 1 cm
37 (1) 112　(2) 87…1
38 예 318÷6 ➡
```
300  18          300÷6 = 50
                  18÷6 =  3
                 318÷6 = 53
```
39

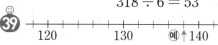

120　　130　　예↑140

예 34 / 예 2
40 2, 4에 ○표　　**41** 35마리
42 (1) 240　(2) 528　　**43** ㉮
44 32

---

1 나누어지는 수가 10배가 되면 몫도 10배가 됩니다.

2 (1)
```
        1 0
  5 ) 5 0
      5
      0
```
(2)
```
        1 2
  5 ) 6 0
      5
      1 0
      1 0
        0
```

3 $70 \div 2 = 35$
➡ $2 \times 35 = 70$

4 $60 \div 5 = 12$

5 (1) 나누어지는 수가 2배가 되면 몫도 2배가 됩니다.
(2) 나누어지는 수가 3배가 되면 몫도 3배가 됩니다.

6 ㉠ $60 \div 4 = 15$ ㉡ $90 \div 6 = 15$
㉢ $80 \div 5 = 16$
따라서 몫이 다른 하나는 ㉢입니다.

7 (전체 잎의 수)÷(네잎클로버 한 개의 잎의 수)
$= 40 \div 4 = 10$(개)

😊 내가 만드는 문제
8 (1) $8 \div 4 = 2$ $80 \div 4 = 20$
$6 \div 3 = 2$ $60 \div 3 = 20$
$4 \div 2 = 2$ ➡ $40 \div 2 = 20$
$2 \div 1 = 2$ $20 \div 1 = 20$

9 (1)
```
    2 1
3 ) 6 3
    6
    ─
      3
      3
      ─
      0
```
(2)
```
    1 2
4 ) 4 8
    4
    ─
      8
      8
      ─
      0
```

10 (1) $62 = 2 + 60$이므로 $62 \div 2$의 몫은 $2 \div 2$와 $60 \div 2$의
몫의 합과 같습니다.
(2) $36 = 6 + 30$이므로 $36 \div 3$의 몫은 $6 \div 3$과 $30 \div 3$의
몫의 합과 같습니다.

11 (1) 나누어지는 수가 같고 나누는 수가 커지면 몫은 작아
집니다.
(2) 나누는 수가 같고 나누어지는 수가 커지면 몫도 커집
니다.

12 앞의 수를 2로 나누는 규칙입니다.
$24 \div 2 = 12$, $6 \div 2 = 3$

13 $3 \times 21 = 63$
➡ $63 \div 3 = 21$

14 (1) 보기 의 수를 넣어 보면 $55 \div 5 = 11$이므로 □=5입
니다.

(2) 보기 의 수를 넣어 보면 $26 \div 2 = 13$이므로 □=2입
니다.

15 점과 점을 이은 선이 4개이므로 점과 점 사이의 거리는
$84 \div 4 = 21$(cm)입니다.

16 예 ●●●●●●◆♥♥♥는 ●이 6개이므로 60,
◆이 1개이므로 5, ♥이 3개이므로 3입니다.
따라서 $60 + 5 + 3 = 68$이므로 $68 \div 2 = 34$입니다.

평가 기준
나눗셈식으로 바르게 나타냈나요?
나눗셈의 몫을 구했나요?

17 (1)
```
    1 3
4 ) 5 2
    4
    ─
    1 2
    1 2
    ───
      0
```
(2)
```
    1 4
4 ) 5 6
    4
    ─
    1 6
    1 6
    ───
      0
```

18 $64 \div 4 = 16$, $45 \div 3 = 15$,
$72 \div 6 = 12$

19 $6 = 2 \times 3$이므로 $84 \div 6$은 84를 2로 나눈 후 그 몫을 3
으로 나눈 것과 같습니다.

20 (1) 나누어지는 수가 반이 되었으므로 나누는 수도 반이
되어야 몫이 같습니다.
(2) 나누어지는 수가 2배가 되었으므로 나누는 수도 2배
가 되어야 몫이 같습니다.

21 $57 \uparrow = 57 \div 3 = 19$
$19 ➡ = 19 \times 6 = 114$

22 전체 무게에서 초록색 구슬의 무게를 빼면
$79 - 4 = 75$(g)입니다.
따라서 빨간색 구슬 한 개의 무게는 $75 \div 5 = 15$(g)입니다.

23 (1)
```
      2 4
4 ) 9 ㉠
    8
    ─
    ㉡ 6
  ㉢ ㉣
  ─────
      0
```
㉠=㉣=6, ㉡=9-8=1,
$4 \times 4 = 16$에서 ㉢=1입니다.

(2)

$$5 \overline{)7 \, ⑦}$$
$$\underline{5}$$
$$⑥ \, 5$$
$$⑤ \, ⑭$$
$$0$$

⑦=⑭=5, ⑥=7−5=2,
5×5=25에서 ⑤=2입니다.

24 (1)
$$5 \overline{)2 \, 3}$$
$$\underline{2 \, 0}$$
$$3$$

(2)
$$6 \overline{)2 \, 3}$$
$$\underline{1 \, 8}$$
$$5$$

25 어떤 수를 7로 나누면 나올 수 있는 나머지는 7보다 작은 수입니다.

26 나누는 수와 몫의 곱에 나머지를 더하면 나누어지는 수가 되는지 확인합니다.

27 $69 \div 6 = 11 \cdots 3$이므로 몫은 11이고 나머지는 3입니다.

28 (1) ♥÷▲=$76 \div 8 = 9 \cdots 4$
(2) ★÷●=$57 \div 5 = 11 \cdots 2$

29 $52 \div 9 = 5 \cdots 7$이므로 52에서 9를 5번 빼면 7이 남습니다.

30 ⑩ 나눗셈식으로 나타내면 $44 \div ■ = 7 \cdots 2$입니다.
$■ \times 7 = 44 - 2$이므로 $■ \times 7 = 42$입니다.
따라서 $■ = 42 \div 7 = 6$입니다.

평가 기준
나눗셈식으로 바르게 나타냈나요?
■에 알맞은 수를 구했나요?

31 (1)
$$3 \overline{)7 \, 7}$$
$$\underline{6}$$
$$1 \, 7$$
$$\underline{1 \, 5}$$
$$2$$

(2)
$$3 \overline{)7 \, 9}$$
$$\underline{6}$$
$$1 \, 9$$
$$\underline{1 \, 8}$$
$$1$$

32 (1) 47은 30과 17의 합이므로 $47 \div 3$의 몫과 나머지는 $30 \div 3$과 $17 \div 3$의 몫과 나머지의 합과 같습니다.
(2) 75는 60과 15의 합이므로 $75 \div 2$의 몫과 나머지는 $60 \div 2$와 $15 \div 2$의 몫과 나머지의 합과 같습니다.

33 $62 \div 5 = 12 \cdots 2$, $57 \div 4 = 14 \cdots 1$,
$96 \div 7 = 13 \cdots 5$

☺ 내가 만드는 문제
34 다양한 나눗셈식을 만들 수 있습니다.
$45 \div 9 = 5 \cdots 0$ $49 \div 5 = 9 \cdots 4$
$54 \div 9 = 6 \cdots 0$ $59 \div 4 = 14 \cdots 3$
$94 \div 5 = 18 \cdots 4$

35 $59 \div 3 = 19 \cdots 2$를 확인한 식이므로 계산한 나눗셈식의 몫은 19, 나머지는 2입니다.

36 $65 \div 4 = 16 \cdots 1$이므로 한 변의 길이는 $16 \, cm$이고 남는 철사는 $1 \, cm$입니다.

37 (1)
$$7 \overline{)7 \, 8 \, 4} \quad 1 \, 1 \, 2$$
$$\underline{7}$$
$$8$$
$$\underline{7}$$
$$1 \, 4$$
$$\underline{1 \, 4}$$
$$0$$

(2)
$$9 \overline{)7 \, 8 \, 4} \quad 8 \, 7$$
$$\underline{7 \, 2}$$
$$6 \, 4$$
$$\underline{6 \, 3}$$
$$1$$

38 계산하기 편한 방법으로 가르기 하여 계산할 수 있습니다.

☺ 내가 만드는 문제
39 수직선의 눈금 한 칸의 크기는 2입니다.
⑩ 138을 고른다면 $138 \div 4 = 34 \cdots 2$입니다.

40 $164 \div 2 = 82$, $164 \div 3 = 54 \cdots 2$,
$164 \div 4 = 41$, $164 \div 5 = 32 \cdots 4$,
$164 \div 6 = 27 \cdots 2$
따라서 ♥에 알맞은 수는 2, 4입니다.

41 박쥐의 다리는 4개이므로 $140 \div 4 = 35$(마리)입니다.

42 나누는 수가 2배가 되면 나누어지는 수도 2배가 되어야 몫이 같습니다.

43 ⑦ $114 \div 3 = 38$, ⑭ $114 \div 4 = 28 \cdots 2$이므로 ⑦ 서랍장에 넣어야 합니다.

44 $130 \div 4 = 32 \cdots 2$이므로 $4 \times 32 = 128$, $4 \times 33 = 132$에서 □ 안에 들어갈 수 있는 가장 큰 자연수는 32입니다.

STEP 3 자주 틀리는 유형

1 8에 ×표 **2** 4, 2에 ○표 **3** ㉠, ㉢

4 8 **5** ㉠ **6** ㉢

7 84, 336 **8** 마카롱 **9** ㉡

10 ㉢ **11** ㉢ **12** ④, ⑤

13
$$8)\overline{52} \\ \underline{48} \\ 4$$
몫 6

14
$$2)\overline{54} \\ \underline{4} \\ 14 \\ \underline{14} \\ 0$$
몫 27

15
$$5)\overline{88} \\ \underline{5} \\ 38 \\ \underline{35} \\ 3$$
몫 17
이유 예 나머지 8이 나누는 수 5보다 크므로 잘못되었습니다.

16 144 **17** 94 **18** 79

19 204 **20** 12봉지 **21** 11상자

22 22일 **23** 9번

1 어떤 수를 8로 나누면 나머지는 0, 1, 2, 3, 4, 5, 6, 7이 될 수 있습니다.

2 나머지는 항상 나누는 수보다 작아야 합니다.
따라서 어떤 수를 6으로 나누었을 때 나머지가 될 수 있는 수는 6보다 작은 수입니다.

3 나머지가 5가 될 수 있는 식은 나누는 수가 5보다 큰 □÷6과 □÷8입니다.

4 나머지는 나누는 수보다 항상 작아야 합니다. 나머지가 될 수 있는 수 중에서 가장 큰 자연수는 (나누는 수)−1이므로 8입니다.

5 ㉠ $68÷4=17$ ㉡ $78÷4=19\cdots2$
따라서 나누어떨어지는 나눗셈은 ㉠입니다.

6 ㉠ $46÷6=7\cdots4$ ㉡ $141÷9=15\cdots6$
㉢ $98÷7=14$
따라서 나누어떨어지는 나눗셈은 ㉢입니다.

7 $172÷7=24\cdots4$, $84÷7=12$
$198÷7=28\cdots2$, $336÷7=48$
따라서 7로 나누어떨어지는 수는 84, 336입니다.

8 쿠키: $96÷8=12$, 마카롱: $115÷8=14\cdots3$,
사탕: $80÷8=10$

9 ㉠ $88÷6=14\cdots4$ ㉡ $81÷5=16\cdots1$
㉢ $115÷8=14\cdots3$
따라서 몫이 15보다 큰 것은 ㉡입니다.

10 ㉠ $89÷4=22\cdots1$ ㉡ $150÷7=21\cdots3$
㉢ $112÷6=18\cdots4$
따라서 몫이 20보다 작은 것은 ㉢입니다.

11 ㉠ $77÷9=8\cdots5$ ㉡ $92÷8=11\cdots4$
㉢ $502÷8=62\cdots6$ ㉣ $325÷7=46\cdots3$
따라서 나머지가 5보다 큰 것은 ㉢입니다.

12 ① $58÷3=19\cdots1$ ② $94÷8=11\cdots6$
③ $62÷4=15\cdots2$ ④ $44÷7=6\cdots2$
⑤ $85÷9=9\cdots4$

13 나머지 12가 나누는 수 8보다 크므로 몫을 1 크게 합니다.

14 십의 자리를 나누고 남은 수 1은 내림하여 일의 자리와 함께 계산합니다.

15 나머지는 나누는 수보다 작아야 하므로 몫을 1 크게 합니다.

16 □$÷6=24$ ➡ □$=6×24=144$

17 $4×23=92$, $92+2=94$이므로 □$=94$입니다.

18 ㉠$÷7=11\cdots2$
➡ $7×11=77$, $77+2=79$, ㉠$=79$

19 어떤 수를 □라 하면 □$÷9=22\cdots6$입니다.
$9×22=198$, $198+6=204$이므로 어떤 수는 204입니다.

20 $77÷6=12\cdots5$이므로 12봉지를 팔 수 있습니다.

21 $95÷8=11\cdots7$이므로 11상자를 팔 수 있습니다.

22 $192÷9=21\cdots3$
남은 3쪽을 읽는 데도 하루가 걸리므로 동화책을 다 읽는 데는 $21+1=22$(일)이 걸립니다.

23 (전체 학생 수)$=25+27=52$(명)

$52\div6=8\cdots4$에서 남는 4명도 놀이 기구에 타야 하므로 놀이 기구는 적어도 $8+1=9$(번) 운행해야 합니다.

STEP 4 최상위 도전 유형 59~62쪽

1 12	**2** 35	**3** 3
4 (위에서부터) 6 / 7 / 4, 2		
5 (위에서부터) 6 / 9 / 5, 4		
6 (위에서부터) 4 / 2 / 3 / 2		
7 2, 5, 8	**8** 2개	**9** 1, 6
10 16그루	**11** 18그루	**12** 66그루
13 2	**14** 3	**15** 4
16 22	**17** 28	**18** 43
19 31	**20** 31, 1	**21** 3, 4
22 246, 1	**23** 52, 59	**24** 61, 70
25 46, 54		

1 $\blacksquare\div3=16 \Rightarrow \blacksquare=3\times16=48$

$\blacksquare\div4=48\div4=12$이므로 $\heartsuit=12$입니다.

2 $\bullet\div5=14 \Rightarrow \bullet=5\times14=70$

$\bullet\div2=70\div2=35$이므로 $\blacksquare=35$입니다.

3 $\blacksquare\div5=24\cdots3 \Rightarrow 5\times24=120, 120+3=123$이므로 $\blacksquare=123$입니다.

$\blacksquare\div4=123\div4=30\cdots3$이므로 $\bigstar=3$입니다.

4

$$\begin{array}{r} ㉠ \\ ㉡)\overline{4\ 8} \\ \underline{㉢\ ㉣} \\ 6 \end{array}$$

나누는 수는 나머지 6보다 커야 합니다.

$48-㉢㉣=6$이므로 $㉢㉣=42$입니다.

$\Rightarrow ㉢=4, ㉣=2$

$㉡\times㉠=42$이므로 $㉡=7, ㉠=6$ 또는 $㉡=6, ㉠=7$입니다. 이때 나머지가 6이므로 나누는 수 $㉡=7$이고 몫 $㉠=6$이 됩니다.

5

$$\begin{array}{r} ㉠ \\ ㉡)\overline{6\ 1} \\ \underline{㉢\ ㉣} \\ 7 \end{array}$$

$61-㉢㉣=7$에서 $㉢㉣=61-7=54$입니다.

$\Rightarrow ㉢=5, ㉣=4$

$㉡\times㉠=54$이므로 $㉡=6, ㉠=9$ 또는 $㉡=9, ㉠=6$입니다. 이때 나머지가 7이므로 나누는 수는 7보다 큰 9입니다.

따라서 $㉡=9, ㉠=6$입니다.

6

$$\begin{array}{r} ㉠ \quad 1 \\ ㉡)\overline{8\ 3} \\ \underline{8\quad} \\ ㉢ \\ ㉣ \\ 1 \end{array}$$

$㉢$은 3이고 나머지가 1이므로 $㉣$은 2입니다.

$㉡\times1=2$이므로 $㉡=2$,

$㉡\times㉠=2\times㉠=8$이므로 $㉠=4$입니다.

따라서 $㉠=4, ㉡=2, ㉢=3, ㉣=2$입니다.

7

$$\begin{array}{r} 2\ \bigstar \\ 3)\overline{7\ \square} \\ \underline{6\quad} \\ 1\square \end{array}$$

$1\square\div3$이 나누어떨어져야 합니다.

$3\times4=12, 3\times5=15, 3\times6=18$이므로 $\square$ 안에 들어갈 수 있는 수는 2, 5, 8입니다.

8

$$\begin{array}{r} 1\ \bigstar \\ 5)\overline{6\ \square} \\ \underline{5\quad} \\ 1\square \end{array}$$

$1\square\div5$가 나누어떨어져야 합니다.

$5\times2=10, 5\times3=15$이므로 $\square$ 안에 들어갈 수 있는 수는 0, 5로 2개입니다.

9

$$\begin{array}{r} 1\ \bigstar \\ 5)\overline{8\ \square} \\ \underline{5\quad} \\ 3\square \end{array}$$

$3\square\div5=\bigstar\cdots1$에서

$5\times6=30 \Rightarrow 30+1=31 \Rightarrow \square=1$

$5\times7=35 \Rightarrow 35+1=36 \Rightarrow \square=6$

따라서 $\square$ 안에 들어갈 수 있는 수는 1, 6입니다.

10 도로의 처음과 끝에도 나무를 심으므로

(나무 수)$=$(간격의 수)$+1$입니다.

(간격의 수)$=75\div5=15$(개)이므로 필요한 나무의 수는 $15+1=16$(그루)입니다.

11 (나무 수)$=$(간격의 수)이므로 필요한 나무의 수는 $108\div6=18$(그루)입니다.

12 (간격의 수)$=256\div8=32$(개)

$\Rightarrow$ (도로의 한쪽에 필요한 나무의 수)

$=32+1=33$(그루)

따라서 도로의 양쪽에 필요한 나무의 수는 $33\times2=66$(그루)입니다.

13 2, 4, 5의 3개의 숫자가 반복되는 규칙입니다.
31번째 오는 숫자는 $31 \div 3 = 10 \cdots 1$이므로 2, 4, 5가 10번 반복되고 첫 번째 오는 숫자인 2입니다.

14 1, 3, 3, 2의 4개의 숫자가 반복되는 규칙입니다.
42번째 오는 숫자는 $42 \div 4 = 10 \cdots 2$이므로 1, 3, 3, 2가 10번 반복되고 두 번째 오는 숫자인 3입니다.

15 1, 2, 5, 4, 6, 8의 6개의 숫자가 반복되는 규칙입니다.
100번째 오는 숫자는 $100 \div 6 = 16 \cdots 4$이므로 1, 2, 5, 4, 6, 8이 16번 반복되고 네 번째 오는 숫자인 4입니다.

16 연속한 세 자연수를 $\square - 1$, $\square$, $\square + 1$이라 하면 세 수의 합은 $\square - 1 + \square + \square + 1$입니다.
따라서 $\square + \square + \square = 66$이므로 $\square \times 3 = 66$입니다.
➡ $\square = 66 \div 3 = 22$이므로 가운데 수는 22입니다.

17 연속한 세 자연수를 $\square - 1$, $\square$, $\square + 1$이라 하면 세 수의 합은 $\square - 1 + \square + \square + 1$입니다.
따라서 $\square + \square + \square = 84$이므로 $\square \times 3 = 84$입니다.
➡ $\square = 84 \div 3 = 28$이므로 가운데 수는 28입니다.

18 연속한 세 자연수를 $\square - 1$, $\square$, $\square + 1$이라 하면 세 수의 합은 $\square - 1 + \square + \square + 1$입니다.
따라서 $\square + \square + \square = 126$이므로 $\square \times 3 = 126$입니다.
➡ $\square = 126 \div 3 = 42$이므로 가장 큰 수는 $42 + 1 = 43$입니다.

19 연속한 네 자연수를 $\square - 1$, $\square$, $\square + 1$, $\square + 2$라 하면 네 수의 합은 $\square - 1 + \square + \square + 1 + \square + 2$입니다.
따라서 $\square + \square + \square + \square + 2 = 118$이므로
$\square + \square + \square + \square = 116$입니다.
$\square = 116 \div 4 = 29$이므로 가장 큰 수는 $29 + 2 = 31$입니다.

20 몫이 가장 크려면 가장 큰 두 자리 수를 가장 작은 한 자리 수로 나누어야 합니다. 만들 수 있는 가장 큰 두 자리 수는 94이므로 $94 \div 3 = 31 \cdots 1$입니다.

21 몫이 가장 작으려면 가장 작은 두 자리 수를 가장 큰 한 자리 수로 나누어야 합니다. 만들 수 있는 가장 작은 두 자리 수는 25이므로 $25 \div 7 = 3 \cdots 4$입니다.

22 몫이 가장 크려면 가장 큰 세 자리 수를 가장 작은 한 자리 수로 나누어야 합니다. 만들 수 있는 가장 큰 세 자리 수는 985이므로 $985 \div 4 = 246 \cdots 1$입니다.

23 7단 곱셈구구 중에서 그 곱보다 3 큰 수를 구합니다.
$7 \times 6 = 42 \Rightarrow 42 + 3 = 45(\times)$
$7 \times 7 = 49 \Rightarrow 49 + 3 = 52(\bigcirc)$
$7 \times 8 = 56 \Rightarrow 56 + 3 = 59(\bigcirc)$
$7 \times 9 = 63 \Rightarrow 63 + 3 = 66(\times)$
이 중에서 50보다 크고 65보다 작은 수는 52, 59입니다.

24 9단 곱셈구구 중에서 그 곱보다 7 큰 수를 구합니다.
$9 \times 5 = 45 \Rightarrow 45 + 7 = 52(\times)$
$9 \times 6 = 54 \Rightarrow 54 + 7 = 61(\bigcirc)$
$9 \times 7 = 63 \Rightarrow 63 + 7 = 70(\bigcirc)$
$9 \times 8 = 72 \Rightarrow 72 + 7 = 79(\times)$
이 중에서 60보다 크고 75보다 작은 수는 61, 70입니다.

25 8단 곱셈구구 중에서 그 곱보다 6 큰 수를 구합니다.
$8 \times 4 = 32 \Rightarrow 32 + 6 = 38(\times)$
$8 \times 5 = 40 \Rightarrow 40 + 6 = 46(\bigcirc)$
$8 \times 6 = 48 \Rightarrow 48 + 6 = 54(\bigcirc)$
$8 \times 7 = 56 \Rightarrow 56 + 6 = 62(\times)$
이 중에서 45보다 크고 60보다 작은 수는 46, 54입니다.

수시 평가 대비 Level ❶
63~65쪽

1 (1) 3, 30 (2) 2, 20

2 44 / 22 / 11

3 확인 7, 1 / 5, 7, 1, 36

4 6 / 30 / 36

5 90 / 90

6 8 / 16

7
$$\begin{array}{r} 1\ 7 \\ 4\overline{)6\ 8} \\ \underline{4} \\ 2\ 8 \\ \underline{2\ 8} \\ 0 \end{array}$$

8 <

9 8

10 20

11 ③

12 1, 2, 3, 4

13 4, 8

14 $89 \div 3 = 29 \cdots 2$ / 29, 2

15 19 cm

16 14개

17 73칸

18 7, 5, 4, 18, 3

19 15명

20 27

1 나누어지는 수가 10배가 되면 몫도 10배가 됩니다.

4 108은 18과 90의 합이므로 $108 \div 3$의 몫은 $18 \div 3$과 $90 \div 3$의 몫의 합과 같습니다.

5 $5 \times 18 = 90 \Rightarrow 90 \div 5 = 18$

7 십의 자리를 나누고 남은 수는 내림하여 일의 자리와 함께 계산합니다.

8 $96 \div 8 = 12$, $189 \div 9 = 21 \Rightarrow 12 < 21$

9 $64 \div 2 = 32$
$4 \times \square = 32$이므로 □ 안에 알맞은 수는 8입니다.

10 $95 \div 6 = 15 \cdots 5$
몫은 15, 나머지는 5이므로 합은 $15 + 5 = 20$입니다.

11 ① $42 \div 4 = 10 \cdots \underline{2}$ ② $74 \div 5 = 14 \cdots \underline{4}$
③ $77 \div 6 = 12 \cdots \underline{5}$ ④ $80 \div 7 = 11 \cdots \underline{3}$
⑤ $97 \div 8 = 12 \cdots \underline{1}$

12 나머지는 나누는 수보다 작아야 합니다.
따라서 나머지가 될 수 있는 수는 나누는 수 5보다 작은 수인 1, 2, 3, 4입니다.

13 $272 \div \underline{4} = 68$, $272 \div 5 = 54 \cdots 2$, $272 \div 6 = 45 \cdots 2$, $272 \div 7 = 38 \cdots 6$, $272 \div \underline{8} = 34$
따라서 ★에 알맞은 수는 4, 8입니다.

14 나누는 수가 몇이므로 나누는 수는 3, 몫은 29, 나머지는 2, 나누어지는 수는 89인 나눗셈식입니다.

15 정사각형의 네 변의 길이는 모두 같습니다.
(한 변의 길이) $= 76 \div 4 = 19$(cm)

16 $99 \div 7 = 14 \cdots 1$
남은 1 cm로는 고리를 만들 수 없으므로 색 테이프 99 cm로는 고리를 14개까지 만들 수 있습니다.

17 $653 \div 9 = 72 \cdots 5$
남은 동화책 5권도 책꽂이에 꽂아야 하므로 책꽂이는 적어도 $72 + 1 = 73$(칸)이 필요합니다.

18 몫이 가장 크려면 (가장 큰 몇십몇) ÷ (가장 작은 몇)이어야 합니다.
가장 큰 몇십몇: 75, 가장 작은 몇: 4
$\Rightarrow 75 \div 4 = 18 \cdots 3$

19 예 초콜릿 6상자는 $10 \times 6 = 60$(개)입니다.
따라서 초콜릿을 한 사람에게 4개씩 나누어 주면 $60 \div 4 = 15$(명)에게 나누어 줄 수 있습니다.

평가 기준	배점
초콜릿이 몇 개인지 구했나요?	2점
몇 명에게 나누어 줄 수 있는지 구했나요?	3점

20 예 어떤 수를 □라고 하면 $\square \div 6 = 22 \cdots 3$입니다.
$6 \times 22 = 132$, $132 + 3 = 135 \Rightarrow \square = 135$
어떤 수는 135입니다.
따라서 어떤 수를 5로 나누면 $135 \div 5 = 27$입니다.

평가 기준	배점
어떤 수를 구했나요?	3점
어떤 수를 5로 나눈 몫을 구했나요?	2점

수시 평가 대비 Level ❷
66~68쪽

1 (1) 40 (2) 30

2 (1) 1 / 20 / 21 (2) 3 / 10 / 13

3 (1) 17 (2) 36

4 13, 2 / 확인 13, 65 / 65, 2, 67

5 12 / 24   **6** ㉢

7 (선 연결)   **8** (1) > (2) <

9 나눗셈식 $44 \div 8 = 5 \cdots 4$
뺄셈식 $44 - 8 - 8 - 8 - 8 - 8 = 4$

10 11 g

11 (1) 136 / 136 (2) 168 / 168

12 6, 3   **13** 173개

14 89   **15** 45

16 6

17 (위에서부터) 2 / 8 / 8 / 1, 8 / 6

18 291, 1   **19** 12개

20 56그루

1 (1) $80 \div 2 = 40$ (2) $90 \div 3 = 30$

2 (1) $63 = 3 + 60$이므로 $63 \div 3$의 몫은 $3 \div 3$과 $60 \div 3$의 몫의 합과 같습니다.
(2) $52 = 12 + 40$이므로 $52 \div 4$의 몫은 $12 \div 4$와 $40 \div 4$의 몫의 합과 같습니다.

3 (1)
$$\begin{array}{r} 17 \\ 4\overline{)68} \\ 4 \\ \hline 28 \\ 28 \\ \hline 0 \end{array}$$
(2)
$$\begin{array}{r} 36 \\ 5\overline{)180} \\ 15 \\ \hline 30 \\ 30 \\ \hline 0 \end{array}$$

4 나누는 수와 몫의 곱에 나머지를 더하면 나누어지는 수가 되는지 확인합니다.

5 나누어지는 수가 2배가 되면 몫도 2배가 됩니다.

6 나머지는 나누는 수보다 항상 작아야 하므로 나머지가 5가 될 수 없는 식은 ⓒ입니다.

7 $78 \div 6 = 13$, $48 \div 4 = 12$, $70 \div 5 = 14$

8 (1) $78 \div 5 = 15 \cdots 3$, $92 \div 6 = 15 \cdots 2$
➡ $3 > 2$
(2) $74 \div 4 = 18 \cdots 2$, $125 \div 7 = 17 \cdots 6$
➡ $2 < 6$

9 $44 \div 8 = 5 \cdots 4$이므로 44에서 8을 5번 빼면 4가 남습니다.

10 (구슬 한 개의 무게)$= 55 \div 5 = 11(g)$

11 (1) $\square \div 8 = 17 \Rightarrow \square = 8 \times 17 = 136$
(2) $\square \div 6 = 28 \Rightarrow \square = 6 \times 28 = 168$

12 일주일은 7일입니다.
$45 \div 7 = 6 \cdots 3$이므로 미라의 생일은 오늘부터 6주일과 3일 후입니다.

13 처음에 있던 감자의 수를 $\square$개라 하면 $\square \div 7 = 24 \cdots 5$입니다.
$7 \times 24 = 168$, $168 + 5 = 173$이므로 처음에 있던 감자는 173개입니다.

14 $7 \times 12 = 84$, $84 + 5 = 89 \Rightarrow \square = 89$

15 $\bullet \div 6 = 15 \Rightarrow \bullet = 6 \times 15 = 90$
$\bullet \div 2 = 90 \div 2 = 45$이므로 $\blacksquare = 45$입니다.

16
$$\begin{array}{r} 1\ ☆ \\ 8\overline{)9\square} \\ 8 \\ \hline 1\square \end{array}$$
$1\square \div 8$이 나누어떨어져야 합니다.
$8 \times 2 = 16$이므로 □ 안에 들어갈 수 있는 수는 6입니다.

17
$$\begin{array}{r} ㉠\ 4 \\ 4\overline{)9\ ㉡} \\ ㉢ \\ \hline ㉣\ ㉤ \\ 1\ ㉥ \\ \hline 2 \end{array}$$
$4 \times 2 = 8$이므로 ㉠$=2$, ㉢$=8$입니다.
$4 \times 4 = 16$이므로 ㉥$=6$입니다.
㉣㉤$-16 = 2$이므로 ㉣$=1$, ㉤$=$㉡$=8$입니다.

18 몫이 가장 크려면 가장 큰 세 자리 수를 가장 작은 한 자리 수로 나누어야 합니다. 만들 수 있는 가장 큰 세 자리 수는 874이므로 $874 \div 3 = 291 \cdots 1$입니다.

서술형
19 ⓔ (전체 귤의 수)$= 18 \times 4 = 72$(개)
(한 상자에 담을 귤의 수)$= 72 \div 6 = 12$(개)

평가 기준	배점
전체 귤의 수를 구했나요?	2점
한 상자에 담을 귤의 수를 구했나요?	3점

서술형
20 ⓔ (간격의 수)$= 162 \div 6 = 27$(개)
➡ (도로의 한쪽에 필요한 나무의 수)
$= 27 + 1 = 28$(그루)
따라서 도로의 양쪽에 필요한 나무의 수는
$28 \times 2 = 56$(그루)입니다.

평가 기준	배점
간격의 수를 구하여 도로 한쪽에 심을 나무의 수를 구했나요?	3점
도로 양쪽에 심을 나무의 수를 구했나요?	2점

3 원

학생들은 2학년 1학기에 기본적인 평면도형과 입체도형의 구성과 함께 원을 배웠습니다. 일상생활에서 둥근 모양의 물체를 찾아보고 그러한 모양을 원이라고 학습하였으므로 학생들은 원을 찾아 보고 본뜨는 활동을 통해 원을 이해하고 있습니다. 이 단원은 원을 그리는 방법을 통하여 원의 의미를 이해하는 데 중점을 두고 있습니다. 정사각형 안에 꽉 찬 원 그리기, 점을 찍어 원 그리기, 자를 이용하여 원 그리기 활동 등을 통하여 원의 의미를 이해할 수 있을 것입니다. 또한 원의 지름과 반지름의 성질, 원의 지름과 반지름 사이의 관계를 이해함으로써 6학년 1학기 원의 넓이 학습을 준비합니다.

※ 선분 ㄱㄴ과 같이 기호를 나타낼 때 선분 ㄴㄱ으로 읽어도 정답으로 인정합니다.

STEP 1 교과개념 1. 원의 중심, 반지름, 지름 알아보기 71쪽

1 ① 중심   ② 반지름

2 ㄹ

3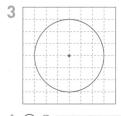

4 ① 예 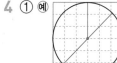   ② 예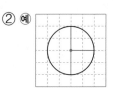

1 ① 원의 중심은 고정된 부분이므로 점 ㅇ은 원의 중심입니다.

2 연필을 꽂는 칸이 누름 못에서 멀어질수록 원의 크기도 커집니다.

3 누름 못을 원의 중심에 꽂고 누름 못과 원 위의 한 점까지의 길이가 모눈 3칸이 되도록 띠 종이에 구멍을 뚫어 원을 그립니다.

STEP 1 교과개념 2. 원의 성질 알아보기 73쪽

1 ① 지름   ② 지름

2 ① 선분 ㄹㅈ   ② 선분 ㄹㅈ

3 ① 4   ② 7, 7

4 ① 10   ② 2

1 ② 원의 지름은 원을 똑같이 둘로 나눕니다.

2 ② 원의 지름은 원 위의 두 점을 이은 선분 중 가장 깁니다.

3 한 원에서 지름은 길이가 모두 같습니다.

4 ① (원의 지름)=(원의 반지름)×2=5×2=10(cm)
   ② (원의 반지름)=(원의 지름)÷2=4÷2=2(cm)

STEP 1 교과개념 3. 컴퍼스를 이용하여 원 그리기, 원을 이용하여 여러 가지 모양 그리기 75쪽

1 ① 예   ② 2cm   ③ ㄷ

2 ㄴ

3 꼭짓점, 4

1 ① 원의 중심과 원 위의 한 점을 이은 선분을 긋습니다.
   ② 원의 반지름을 재어 보면 2 cm입니다.
   ③ 컴퍼스의 침과 연필심 사이의 길이는 원의 반지름과 같습니다.

2 ㉠ 원의 중심은 다르게, 반지름은 같게 하여 그렸습니다.
   ㉡ 원의 중심은 같게, 반지름은 다르게 하여 그렸습니다.

3 컴퍼스의 침을 정사각형의 꼭짓점에 꽂고 컴퍼스를 모눈 3칸만큼 벌린 후 원의 일부분을 4개 그립니다.

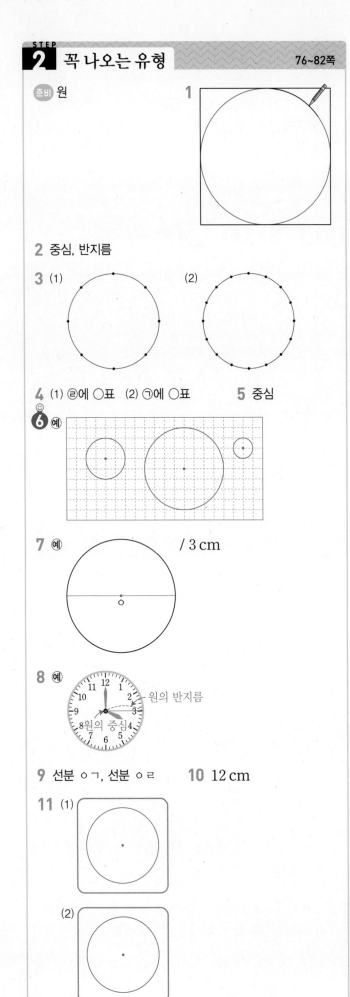

STEP 2 꼭 나오는 유형

준비 원

1

2 중심, 반지름

3 (1) (2)

4 (1) ㄹ에 ◯표 (2) ㉠에 ◯표   **5** 중심

6 예

7 예   / 3 cm

8 예   원의 반지름   8원의 중심

9 선분 ㅇㄱ, 선분 ㅇㄹ   **10** 12 cm

11 (1) (2)

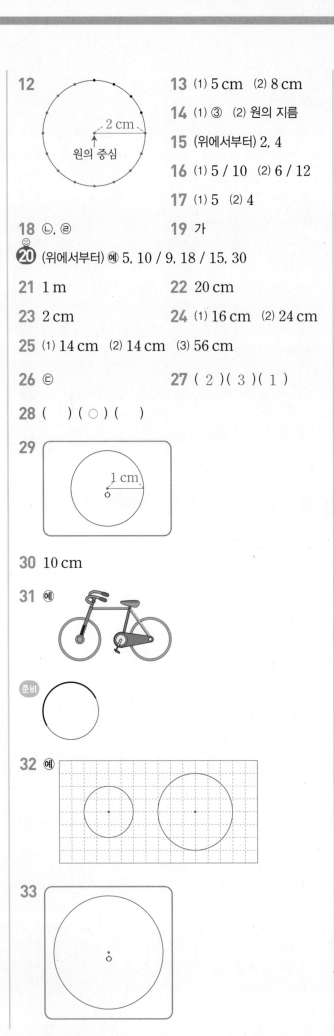

12   2 cm   원의 중심

13 (1) 5 cm (2) 8 cm

14 (1) ③ (2) 원의 지름

15 (위에서부터) 2, 4

16 (1) 5 / 10 (2) 6 / 12

17 (1) 5 (2) 4

18 ㉡, ㉣   **19** 가

20 (위에서부터) 예 5, 10 / 9, 18 / 15, 30

21 1 m   **22** 20 cm

23 2 cm   **24** (1) 16 cm (2) 24 cm

25 (1) 14 cm (2) 14 cm (3) 56 cm

26 ㉢   **27** (2)(3)(1)

28 ( )(◯)( )

29   1 cm

30 10 cm

31 예

준비

32 예

33

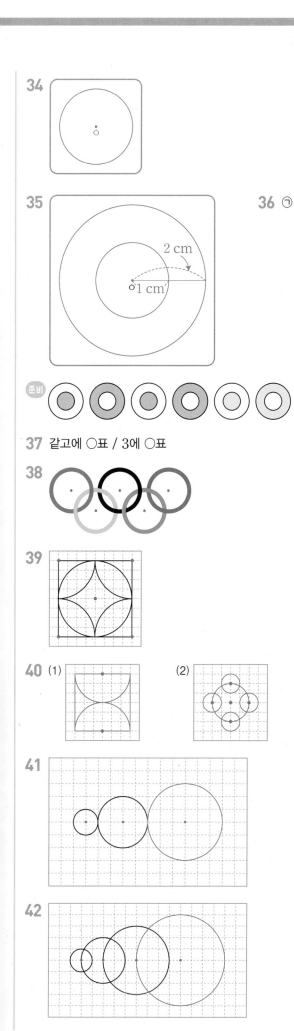

34

35 **36** ㉠

2 cm

○1 cm'

준비

37 같고에 ○표 / 3에 ○표

38

39

40 (1)　(2)

41

42

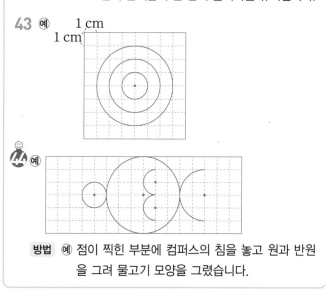

규칙　예 원의 중심이 오른쪽으로 2칸, 3칸, ...씩 옮겨 가고 원의 반지름이 한 칸씩 늘어나는 규칙입니다.

43 예
1 cm
1 cm

44 예

방법　예 점이 찍힌 부분에 컴퍼스의 침을 놓고 원과 반원을 그려 물고기 모양을 그렸습니다.

2 원의 중심은 누름 못과 띠 종이로 원을 그렸을 때 누름 못이 꽂혔던 곳이고, 원의 반지름은 원의 중심과 원 위의 한 점을 이은 선분입니다.

3 참고 | 점이 많아질수록 원 모양에 가까워집니다.

4 (1) 가장 큰 원을 그리려면 누름 못에서 가장 멀리 있는 구멍에 연필심을 넣어야 하므로 ㉣입니다.
　(2) 가장 작은 원을 그리려면 누름 못에서 가장 가까이 있는 구멍에 연필심을 넣어야 하므로 ㉠입니다.

5 원의 지름은 원의 중심을 지납니다.

내가 만드는 문제
6 자유롭게 다양한 크기의 원 3개를 그립니다.

7 한 원에서 원의 지름은 셀 수 없이 많이 그을 수 있고 그 길이는 3 cm로 모두 같습니다.

9 원의 반지름은 원의 중심 ㅇ과 원 위의 한 점을 이은 선분입니다.

10 원의 중심을 지나고 원 위의 두 점을 이은 선분이 지름이므로 12 cm입니다.

12 원의 중심으로부터 2 cm 떨어진 곳에 점을 찍은 후 점들을 이어 원을 그립니다.
　참고 | 같은 거리에 있는 점을 많이 찍을수록 원 모양에 가깝습니다.

13 (1) 원의 중심과 원 위의 한 점을 이은 선분이 5 cm이므로 원의 반지름은 5 cm입니다.

(2) 원의 중심과 원 위의 한 점을 이은 선분이 8 cm이므로 원의 반지름은 8 cm입니다.

14 (1) 길이가 가장 긴 선분은 원의 중심을 지나는 선분이므로 ③입니다.

(2) ③과 같이 원 위의 두 점을 이은 선분 중 원의 중심을 지나는 선분을 원의 지름이라고 합니다.

15 한 원에서 지름은 반지름의 2배입니다.

16 (1) 한 원에서 지름은 반지름의 2배입니다.

(2) 한 원에서 반지름은 지름의 반입니다.

17 (1) 원의 지름이 10 cm이므로 반지름은 $10 \div 2 = 5$(cm)입니다.

(2) 원의 지름이 8 cm이므로 반지름은 $8 \div 2 = 4$(cm)입니다.

18 ㉠ 한 원에서 반지름은 모두 같습니다.

㉡ 한 원에서 지름은 반지름의 2배입니다.

19 ⃝예 가의 반지름이 3 cm이므로 지름은 $3 \times 2 = 6$(cm)입니다. 따라서 가와 나의 지름을 비교하면 $6 \text{ cm} > 5 \text{ cm}$이므로 가의 크기가 더 큽니다.

평가 기준
지름 또는 반지름으로 같게 나타냈나요?
두 원의 크기를 비교하여 더 큰 원의 기호를 썼나요?

😊 내가 만드는 문제
20 한 원에서 지름은 반지름의 2배입니다.

21 한 원에서 지름은 반지름의 2배이므로 $50 \times 2 = 100$(cm)입니다.
따라서 $100 \text{ cm} = 1 \text{ m}$입니다.

22 선분 ㄴㄷ의 길이가 5 cm이므로 작은 원의 지름은 $5 \times 2 = 10$(cm)입니다.
따라서 큰 원의 반지름이 10 cm이므로 큰 원의 지름은 $10 \times 2 = 20$(cm)입니다.

23 큰 원의 지름이 14 cm이므로 큰 원의 반지름은 $14 \div 2 = 7$(cm)입니다.
따라서 작은 원의 반지름은 $7 - 5 = 2$(cm)입니다.

24 (1) 통조림 뚜껑의 지름은 $4 \times 2 = 8$(cm)입니다.
통조림의 높이는 통조림 뚜껑 지름의 2배이므로 $8 \times 2 = 16$(cm)입니다.

(2) 통조림 뚜껑의 지름은 $6 \times 2 = 12$(cm)입니다.
통조림의 높이는 통조림 뚜껑 지름의 2배이므로 $12 \times 2 = 24$(cm)입니다.

25 (1) 한 원에서 지름은 반지름의 2배이므로 $7 \times 2 = 14$(cm)입니다.

(2) 정사각형의 한 변의 길이는 원의 지름과 같으므로 14 cm입니다.

(3) 정사각형의 네 변의 길이의 합은 정사각형의 한 변의 길이의 4배이므로 $14 \times 4 = 56$(cm)입니다.

26 지름이 8 cm인 원을 그리려면 반지름인 $8 \div 2 = 4$(cm)만큼 떨어진 구멍에 연필심을 넣어야 합니다. 따라서 구멍이 2 cm마다 있으므로 누름 못에서 두 번째 떨어진 구멍 ㉢에 넣어야 합니다.

27 〈컴퍼스를 이용하여 원 그리는 방법〉
① 원의 중심이 되는 점 ㅇ을 정합니다.
② 컴퍼스를 원의 반지름만큼 벌립니다.
③ 컴퍼스의 침을 점 ㅇ에 꽂고 원을 그립니다.

28 컴퍼스의 침과 연필심 사이의 길이가 2 cm가 되도록 컴퍼스를 벌린 것을 찾습니다.

30 컴퍼스의 침과 연필심 사이의 길이가 원의 반지름이므로 반지름은 5 cm입니다.
따라서 원의 지름은 $5 \times 2 = 10$(cm)입니다.

31 컴퍼스의 침을 자전거 바퀴의 중심에 꽂고 원을 그립니다.

33 컴퍼스를 주어진 선분(1.5 cm)만큼 벌리고 컴퍼스의 침을 점 ㅇ에 꽂고 원을 그립니다.

34 원의 중심인 점 ㅇ을 정하고 컴퍼스를 주어진 원의 반지름(1 cm)만큼 벌린 다음 점 ㅇ에 컴퍼스의 침을 꽂고 원을 그립니다.

35 컴퍼스를 반지름인 1 cm, 2 cm만큼 벌리고 컴퍼스의 침을 점 ㅇ에 꽂고 원을 각각 그립니다.

36 ㉡은 반지름은 같고 원의 중심을 옮겨 가며 그렸습니다.

37 원의 반지름은 같고 원의 중심이 한 선분 위에서 모눈 3칸씩 오른쪽으로 옮겨가는 규칙입니다.

38 원의 중심은 원의 한가운데에 있는 점입니다.

39 점이 찍힌 부분에 컴퍼스의 침을 꽂고 그립니다.

40 (1) 한 변의 길이가 모눈 6칸인 정사각형을 그리고 정사각형의 가로의 가운데에 컴퍼스의 침을 꽂고 반지름이 모눈 3칸인 반원을 2개 그립니다.

(2) 반지름이 모눈 2칸인 큰 원을 그리고 네 방향으로 반지름이 모눈 1칸인 작은 원을 4개 그립니다.

41 원의 지름이 모눈 2칸 늘어나므로 원의 반지름은 1칸 늘어납니다. 따라서 원이 맞닿도록 원의 반지름이 3칸인 원을 그립니다.

42

평가 기준
규칙을 찾아 바르게 설명했나요?
규칙에 따라 원을 1개 더 그렸나요?

43 모눈 한 칸의 길이가 1 cm이므로 원의 중심은 같고 반지름이 모눈 1칸, 2칸, 3칸인 원을 그립니다.

STEP 3 자주 틀리는 유형　　　83~85쪽

1 8 cm	**2** 5 cm	**3** 3, 1, 2
4 선분 ㄷㅅ	**5** 선분 ㅈㄹ	**6** 6 cm
7 ㉡	**8** ㉢	**9** ㉠
10 ⑤	**11** ㉢, ㉠, ㉡, ㉣	**12** 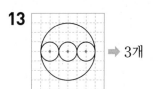
13 3개	**14** 6개	**15** ㉡
16 20 cm	**17** 128 cm	**18** 36 cm

---

1 컴퍼스의 침과 연필심 사이의 길이가 원의 반지름이므로 반지름은 4 cm입니다.
따라서 원의 지름은 반지름의 2배이므로
$4 \times 2 = 8$(cm)입니다.

2 컴퍼스를 벌린 길이가 원의 반지름이 됩니다.

3 컴퍼스의 침과 연필심 사이의 길이가 원의 반지름이므로 반지름은 왼쪽부터 3 cm, 1 cm, 2 cm입니다.
따라서 원의 반지름이 작을수록 원의 크기가 작으므로
1 cm < 2 cm < 3 cm입니다.

4 원 위의 두 점을 이은 선분 중 길이가 가장 긴 선분은 원의 중심을 지나는 원의 지름이므로 선분 ㄷㅅ입니다.

5 원 위의 두 점을 이은 선분 중 길이가 가장 긴 선분은 원의 중심을 지나는 원의 지름이므로 선분 ㅈㄹ입니다.

6 길이가 가장 긴 선분은 원의 지름이므로 선분 ㄱㄷ이고 원의 반지름이 3 cm이므로 원의 지름은 $3 \times 2 = 6$(cm)입니다.

7 더 큰 원을 그리려면 누름 못에서 더 멀리 있는 구멍에 연필심을 넣어야 하므로 ㉡입니다.

8 가장 작은 원을 그리려면 누름 못에서 가장 가까이 있는 구멍에 연필심을 넣어야 하므로 ㉢입니다.

9 가장 큰 원을 그리려면 누름 못에서 가장 멀리 있는 구멍에 연필심을 넣어야 하므로 ㉠입니다.

10 ① 지름 3 cm　　② 지름 8 cm
③ 지름 5 cm　　④ 지름 9 cm
⑤ 지름 10 cm
지름을 비교하면
3 cm < 5 cm < 8 cm < 9 cm < 10 cm이고 지름이 길수록 원의 크기가 크므로 반지름이 5 cm인 원이 가장 큽니다.

11 ㉡ 지름 10 cm　㉢ 지름 16 cm
➡ 지름을 비교하면
16 cm > 14 cm > 10 cm > 7 cm이므로 크기가 큰 원부터 차례로 기호를 쓰면 ㉢, ㉠, ㉡, ㉣입니다.

12 지름이 6 cm인 원의 반지름은 $6 \div 2 = 3$(cm)입니다.
지름이 8 cm인 원의 반지름은 $8 \div 2 = 4$(cm)입니다.

13
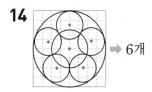
➡ 3개

14
➡ 6개

15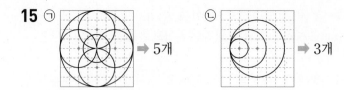

㉠ ⇒ 5개   ㉡ ⇒ 3개

16 직사각형의 가로의 길이는 원의 지름의 2배입니다.
원의 반지름이 5 cm이므로 원의 지름은
$5 \times 2 = 10$(cm)입니다.
따라서 직사각형의 가로의 길이는 $10 \times 2 = 20$(cm)입니다.

17 직사각형의 세로의 길이는 원의 반지름의 2배이므로
$8 \times 2 = 16$(cm), 직사각형의 가로의 길이는 원의 반지름의 6배이므로 $8 \times 6 = 48$(cm)입니다.
따라서 직사각형의 네 변의 길이의 합은
$16 + 48 + 16 + 48 = 128$(cm)입니다.

18 삼각형 ㄱㄴㄷ은 한 변의 길이가 원의 반지름의 2배와 같고 세 변의 길이가 같은 삼각형입니다.
(삼각형 한 변의 길이) = (원의 반지름의 2배)
$= 6 \times 2 = 12$(cm)
➡ (삼각형 ㄱㄴㄷ의 세 변의 길이의 합)
$=$ (삼각형 한 변의 길이) $\times 3$
$= 12 \times 3 = 36$(cm)

STEP 4 최상위 도전 유형 86~88쪽

1 5 cm	**2** 9 cm	**3** 7 cm
4 22 cm	**5** 14 cm	**6** 11 cm
7 18 cm	**8** 20 cm	**9** 40 cm
10 9개	**11** 13개	**12** 15개
13 24 cm	**14** 42 cm	**15** 16 cm
16 31 cm	**17** 22 cm	**18** 43 cm

1 큰 원의 반지름은 $20 \div 2 = 10$(cm)이고 작은 원의 지름과 같습니다.
따라서 작은 원의 반지름은 $10 \div 2 = 5$(cm)입니다.

2 큰 원의 반지름은 $36 \div 2 = 18$(cm)이고 작은 원의 지름과 같습니다.
따라서 작은 원의 반지름은 $18 \div 2 = 9$(cm)입니다.

3 가장 큰 원의 반지름은 $56 \div 2 = 28$(cm)이고 중간 크기의 원의 지름과 같습니다. 중간 크기의 원의 반지름은 $28 \div 2 = 14$(cm)이고 가장 작은 원의 지름과 같습니다. 따라서 가장 작은 원의 반지름은 $14 \div 2 = 7$(cm)입니다.

4 선분 ㄱㅁ의 길이는 큰 원의 지름과 작은 원의 지름을 합한 길이입니다.
큰 원의 지름은 $8 \times 2 = 16$(cm)이고
작은 원의 지름은 $3 \times 2 = 6$(cm)이므로
선분 ㄱㅁ의 길이는 $16 + 6 = 22$(cm)입니다.

5 선분 ㄱㄴ의 길이는 두 원의 반지름을 합한 길이입니다.
➡ (선분 ㄱㄴ) $= 5 + 9 = 14$(cm)

6 선분 ㄱㅁ의 길이는 중간 크기의 원의 반지름, 가장 작은 원의 지름, 가장 큰 원의 반지름을 합한 것과 같습니다.
(선분 ㄱㅁ) = (중간 크기의 원의 반지름)
$+$ (가장 작은 원의 지름)
$+$ (가장 큰 원의 반지름)
$= 3 + 4 + 4 = 11$(cm)

7 가장 작은 원의 반지름은 $6 \div 2 = 3$(cm)입니다. 가장 큰 원의 반지름은 가장 작은 원의 반지름의 3배이므로 $3 \times 3 = 9$(cm)입니다.
따라서 가장 큰 원의 지름은 $9 \times 2 = 18$(cm)입니다.

8 반지름이 2 cm씩 커지는 규칙으로 원을 5개 그렸으므로 가장 큰 원의 반지름은 $2 \times 5 = 10$(cm)입니다.
따라서 가장 큰 원의 지름은 $10 \times 2 = 20$(cm)입니다.

9 가장 큰 원의 반지름은 반지름이 2 cm인 원에서부터 반지름이 3 cm씩 4번, 2 cm씩 3번 커진 것입니다.
➡ (가장 큰 원의 반지름) $= 2 + 12 + 6 = 20$(cm)
(가장 큰 원의 지름) $= 20 \times 2 = 40$(cm)

10 원의 지름은 직사각형의 세로의 길이와 같으므로 5 cm입니다. 직사각형의 가로의 길이는 지름의 $45 \div 5 = 9$(배)이므로 원을 9개까지 그릴 수 있습니다.

11 원의 지름은 직사각형의 세로의 길이와 같으므로 6 cm입니다. 직사각형의 가로의 길이는 지름의 $78 \div 6 = 13$(배)이므로 원을 13개까지 그릴 수 있습니다.

12 원을 겹치지 않게 그릴 때 $24 \div 3 = 8$(개) 그릴 수 있습니다. 원 2개 위에 원 1개가 겹쳐진 것과 같으므로 $8 - 1 = 7$(개) 더 그릴 수 있습니다.
따라서 원을 모두 $8 + 7 = 15$(개)까지 그릴 수 있습니다.

13 선분 ㄱㄴ의 길이는 원의 반지름의 4배와 같습니다.
원의 반지름은 6 cm이므로 선분 ㄱㄴ의 길이는
$6 \times 4 = 24$(cm)입니다.

14 선분 ㄱㄴ의 길이는 원의 지름의 3배와 같습니다.
원의 지름은 14 cm이므로 선분 ㄱㄴ의 길이는
$14 \times 3 = 42$(cm)입니다.

15 (원의 반지름)$= 64 \div 8 = 8$(cm)
➡ (원의 지름)$= 8 \times 2 = 16$(cm)

16 (선분 ㄱㄷ)$= 10$ cm, (선분 ㄴㄷ)$= 7$ cm,
(선분 ㄱㄴ)$= 10 + 7 - 3 = 14$(cm)
따라서 삼각형 ㄱㄴㄷ의 세 변의 길이의 합은
$14 + 7 + 10 = 31$(cm)입니다.

17 (선분 ㄱㄷ)$= 8$ cm, (선분 ㄴㄷ)$= 4$ cm,
(선분 ㄱㄴ)$= 8 + 4 - 2 = 10$(cm)
따라서 삼각형 ㄱㄴㄷ의 세 변의 길이의 합은
$10 + 4 + 8 = 22$(cm)입니다.

18 (선분 ㄱㄷ)$= 9$ cm, (선분 ㄴㄷ)$= 15$ cm,
(선분 ㄱㄴ)$= 9 + 15 - 5 = 19$(cm)
따라서 삼각형 ㄱㄴㄷ의 세 변의 길이의 합은
$19 + 15 + 9 = 43$(cm)입니다.

수시 평가 대비 Level ❶
89~91쪽

1 반지름   **2** ㉣

3 ㉣   **4** ⑤

5 (   )   **6** 6 cm
   (○)

            7 16 cm

8 ㉠, ㉢   **9** 14 cm

10   **11** ㉢, ㉡, ㉣, ㉠

            12 4 cm

            13 7개

            14 20 cm

15 18 cm   **16** 14 cm   **17** 13 cm

18 18 cm   **19** 12 cm   **20** 4 cm

---

1 원의 반지름은 원의 중심과 원 위의 한 점을 이은 선분입
니다.

2 누름 못이 꽂혔던 점이 원의 중심입니다.

3 원에 그을 수 있는 가장 긴 선분은 지름입니다.

4 한 원에서 지름을 나타내는 선분은 무수히 많이 그을 수
있습니다.

5 한 원에서 그을 수 있는 반지름은 무수히 많습니다.

6 $12 \div 2 = 6$(cm)

7 $8 \times 2 = 16$(cm)

8 반지름의 길이가 같은 두 원을 알아봅니다.
㉠ 반지름 $6 \div 2 = 3$(cm)
따라서 크기가 같은 두 원은 ㉠과 ㉢입니다.

9 (큰 원의 반지름)$= 2 + 5 = 7$(cm)
➡ (큰 원의 지름)$= 7 \times 2 = 14$(cm)

10 컴퍼스를 모눈 4칸만큼 벌려 원 1개와 원의 일부분 4개
를 그립니다.

11 원의 지름을 알아봅니다.
㉠ $3 \times 2 = 6$(cm)   ㉡ 4 cm
㉢ $1 \times 2 = 2$(cm)   ㉣ 5 cm
$2 < 4 < 5 < 6$이므로 크기가 작은 원부터 차례로 기호를
쓰면 ㉢, ㉡, ㉣, ㉠입니다.

12 선분 ㄱㄴ의 길이는 큰 원의 지름과 같습니다.
큰 원의 지름은 작은 원 3개의 지름의 합과 같으므로 작
은 원의 지름은 $12 \div 3 = 4$(cm)입니다.

13
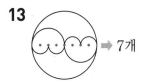
➡ 7개

14 원의 반지름은 10 cm입니다.
정사각형의 한 변의 길이는 원의 지름과 같으므로
$10 \times 2 = 20$(cm)입니다.

15 원의 반지름은 3 cm입니다.
따라서 선분 ㄱㄴ의 길이는 원의 반지름의 6배이므로
$3 \times 6 = 18$(cm)입니다.

16 큰 원의 반지름은 $18 \div 2 = 9$(cm)이고 작은 원의 반지름은 $10 \div 2 = 5$(cm)입니다.
따라서 선분 ㄱㄴ의 길이는 $9 + 5 = 14$(cm)입니다.

17 가장 큰 원의 지름은 큰 원 안에 있는 두 원의 지름의 합과 같습니다.
가장 큰 원의 지름이 $5 + 5 + 8 + 8 = 26$(cm)이므로 가장 큰 원의 반지름은 $26 \div 2 = 13$(cm)입니다.

18 (원의 반지름)＝(선분 ㅇㄱ)＝(선분 ㅇㄴ)
(삼각형 ㄱㅇㄴ의 세 변의 길이의 합)
＝$12 +$ (선분 ㅇㄱ)＋(선분 ㅇㄴ)
＝$12 +$ (원의 반지름)＋(원의 반지름)＝30(cm),
(원의 반지름)＋(원의 반지름)＝$30 - 12 = 18$(cm),
(원의 반지름)＝9 cm
따라서 원의 지름은 $9 \times 2 = 18$(cm)입니다.

서술형
19 예 컴퍼스를 벌린 길이가 원의 반지름이 됩니다.
컴퍼스를 6 cm만큼 벌려서 그린 원의 반지름은 6 cm입니다.
따라서 원의 지름은 $6 \times 2 = 12$(cm)입니다.

평가 기준	배점
원의 반지름을 구했나요?	2점
원의 지름을 구했나요?	3점

서술형
20 예 삼각형 ㄱㄴㄷ의 세 변의 길이는 각각 크기가 같은 원의 반지름이므로 길이가 모두 같습니다.
따라서 원의 반지름은 삼각형의 한 변의 길이와 같으므로 $12 \div 3 = 4$(cm)입니다.

평가 기준	배점
삼각형 ㄱㄴㄷ의 세 변의 길이가 모두 같음을 알았나요?	2점
원의 반지름을 구했나요?	3점

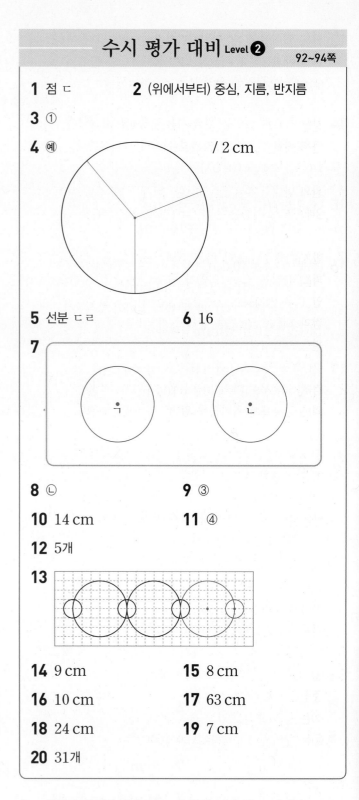

수시 평가 대비 Level ❷
92~94쪽

1 점 ㄷ   **2** (위에서부터) 중심, 지름, 반지름

3 ①

4 예   / 2 cm

5 선분 ㄷㄹ   **6** 16

7

8 ㉡   **9** ③

10 14 cm   **11** ④

12 5개

13

14 9 cm   **15** 8 cm

16 10 cm   **17** 63 cm

18 24 cm   **19** 7 cm

20 31개

1 원에서 한가운데에 있는 점을 찾으면 점 ㄷ입니다.

2 원의 한가운데에 있는 점은 원의 중심이고,
원의 중심과 원 위의 한 점을 이은 선분은 원의 반지름,
원 위의 두 점을 이은 선분이 원의 중심을 지나면 원의 지름입니다.

3 누름 못이 꽂힌 곳에서 가장 먼 ①에 연필심을 넣어야 가장 큰 원을 그릴 수 있습니다.

4 원의 반지름은 원 위의 한 점의 위치에 따라 셀 수 없이 많이 그을 수 있습니다. 원의 중심과 원 위의 한 점을 이은 선분의 길이를 재어 보면 2 cm입니다.

5 선분 ㄱㄴ과 같이 원의 중심을 지나는 선분은 지름입니다. 한 원에서 지름은 모두 같으므로 다른 지름을 찾습니다.

6 원의 반지름은 8 cm입니다. 한 원에서 지름은 반지름의 2배이므로 지름은 $8 \times 2 = 16$(cm)입니다.

7 반지름이 1 cm인 원은 컴퍼스를 1 cm만큼 벌리고 컴퍼스의 침을 점 ㄱ에 꽂아 원을 그립니다. 지름이 2 cm인 원은 반지름이 $2 \div 2 = 1$(cm)이므로 같은 방법으로 컴퍼스를 1 cm만큼 벌리고 컴퍼스의 침을 점 ㄴ에 꽂아 원을 그립니다.

8 컴퍼스의 침이 자의 눈금 0에 위치하고 연필심의 끝이 자의 눈금 4에 위치하도록 컴퍼스를 벌린 것을 찾습니다.

9 ① 지름 12 cm ③ 지름 18 cm ⑤ 지름 16 cm
지름이 길수록 원의 크기가 크므로 지름을 비교해 보면 $12\,cm < 14\,cm < 15\,cm < 16\,cm < 18\,cm$이므로 반지름이 9 cm인 원이 가장 큽니다.

10 시계의 중심으로부터 초바늘의 길이가 7 cm이므로 원의 반지름은 7 cm입니다.
따라서 초바늘이 시계를 한 바퀴 돌면서 만들어지는 원의 지름은 $7 \times 2 = 14$(cm)입니다.

11 ①, ③, ⑤는 원의 크기가 같으므로 반지름은 같고 원의 중심은 다릅니다.
②는 원의 중심이 같고 반지름이 다릅니다.
④는 원의 중심도 다르고 반지름도 다릅니다.

12 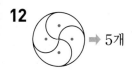 ➡ 5개

13 반지름이 모눈 1칸인 원과 반지름이 모눈 3칸인 원이 반복되어 나타나는 규칙입니다.

14 삼각형의 한 변의 길이는 원의 지름과 같습니다.
(원의 지름)$=54 \div 3 = 18$(cm)
➡ (원의 반지름)$=18 \div 2 = 9$(cm)

15 큰 원의 반지름은 $32 \div 2 = 16$(cm)이고 작은 원의 지름과 같습니다.
따라서 작은 원의 반지름은 $16 \div 2 = 8$(cm)입니다.

16 (선분 ㄱㄷ)
$=$(가장 큰 원의 반지름)$+$(가장 작은 원의 지름)
$+$(중간 크기의 원의 반지름)
$=5+2+3=10$(cm)

17 선분 ㄱㄴ의 길이는 원의 반지름의 7배이므로
$9 \times 7 = 63$(cm)입니다.

18 (사각형 ㄱㄴㄷㄹ의 네 변의 길이의 합)
$=$(선분 ㄱㄴ)$+$(선분 ㄴㄷ)$+$(선분 ㄷㄹ)$+$(선분 ㄹㄱ)
$=4+8+8+4=24$(cm)

서술형
19 예 원의 지름과 정사각형의 한 변의 길이는 같습니다.
따라서 원의 지름이 14 cm이므로 원의 반지름은
$14 \div 2 = 7$(cm)입니다.

평가 기준	배점
원의 지름이 정사각형의 한 변의 길이와 같음을 알았나요?	3점
원의 반지름은 몇 cm인지 구했나요?	2점

서술형
20 예 원을 겹치지 않게 그릴 때 $64 \div 4 = 16$(개) 그릴 수 있습니다. 원 2개 위에 원 1개가 겹쳐진 것과 같으므로 $16 - 1 = 15$(개) 더 그릴 수 있습니다.
따라서 원을 모두 $16 + 15 = 31$(개)까지 그릴 수 있습니다.

평가 기준	배점
직사각형 안에 그릴 수 있는 원의 개수를 구하는 식을 세웠나요?	2점
직사각형 안에 그릴 수 있는 원의 최대 개수를 구했나요?	3점

4 분수

분수는 전체에 대한 부분, 비, 몫, 연산자 등과 같이 여러 가지 의미를 가지고 있어 초등학생에게 어려운 개념으로 인식되고 있습니다. 3학년 1학기에 학생들은 원, 직사각형, 삼각형과 같은 영역을 합동인 부분으로 등분할 하는 경험을 통하여 분수를 도입하였습니다. 이 단원에서는 이산량에 대한 분수를 알아봅니다. 이산량을 분수로 표현하는 것은 영역을 등분할 하여 분수로 표현하는 것보다 어렵습니다. 그것은 전체를 어떻게 부분으로 묶는가에 따라 표현되는 분수가 달라지기 때문입니다. 따라서 이 단원에서는 이러한 어려움을 인식하고 영역을 이용하여 분수를 처음 도입하는 것과 같은 방법으로 이산량을 등분할 하고 부분을 세어 보는 과정을 통해 이산량에 대한 분수를 도입하도록 합니다.

STEP 1 교과개념 1. 분수로 나타내기 97쪽

1 1

2 ① $\dfrac{6}{9}$ ② $\dfrac{2}{3}$

3 ① 8 ② $\dfrac{1}{8}$ ③ $\dfrac{3}{8}$

2 ① $\dfrac{(부분\ 묶음\ 수)}{(전체\ 묶음\ 수)} = \dfrac{6}{9}$

② $\dfrac{(부분\ 묶음\ 수)}{(전체\ 묶음\ 수)} = \dfrac{2}{3}$

3 ① 24를 3씩 묶으면 8묶음이 됩니다.
② 3은 8묶음 중에서 1묶음이므로
3은 24의 $\dfrac{1}{8}$입니다.
③ 9는 8묶음 중에서 3묶음이므로
9는 24의 $\dfrac{3}{8}$입니다.

다른 풀이
② 3씩 묶으면 3은 1묶음, 24는 8묶음 ➡ $\dfrac{1}{8}$

③ 3씩 묶으면 9는 3묶음, 24는 8묶음 ➡ $\dfrac{3}{8}$

STEP 1 교과개념 2. 분수만큼은 얼마인지 알아보기 99쪽

1 ① 3, 3 ② 9, 9

2 예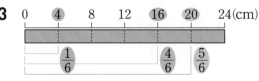

　　① 2 ② 4

3 ① 4 ② 16 ③ 20

1 ① 사탕 12개를 똑같이 4묶음으로 나눈 것 중의 1묶음은 3개이므로 12의 $\dfrac{1}{4}$은 3입니다.
② 사탕 12개를 똑같이 4묶음으로 나눈 것 중의 3묶음은 9개이므로 12의 $\dfrac{3}{4}$은 9입니다.

2 ① 6의 $\dfrac{1}{3}$은 6을 똑같이 3묶음으로 나눈 것 중의 1묶음이므로 6÷3=2입니다.
② $\dfrac{2}{3}$는 $\dfrac{1}{3}$이 2개이므로 6의 $\dfrac{2}{3}$는 6의 $\dfrac{1}{3}$의 2배입니다.
➡ 2×2=4

3

0 4 8 12 16 20 24(cm)

$\dfrac{1}{6}$　　$\dfrac{4}{6}$　$\dfrac{5}{6}$

① 24 cm를 똑같이 6부분으로 나누면 한 부분은 24÷6=4(cm)입니다.
➡ 24 cm의 $\dfrac{1}{6}$은 4 cm입니다.
② 24 cm의 $\dfrac{4}{6}$는 24 cm의 $\dfrac{1}{6}$의 4배이므로 4×4=16(cm)입니다.
③ 24 cm의 $\dfrac{5}{6}$는 24 cm의 $\dfrac{1}{6}$의 5배이므로 4×5=20(cm)입니다.

STEP 1 교과개념 3. 여러 가지 분수 알아보기 101쪽

1 $\frac{3}{2}$, $\frac{5}{2}$

2 ① 진분수 ② 가분수 ③ 자연수

3 $2\frac{1}{2}$

4 ① $\frac{5}{3}$ ② $1\frac{1}{2}$

---

1 0부터 1까지 똑같이 2칸으로 나누어져 있으므로 작은 눈금 한 칸의 크기는 $\frac{1}{2}$입니다.

2 ① 분자가 분모보다 작은 분수를 진분수라고 합니다.
  ② 분자가 분모와 같거나 분모보다 큰 분수를 가분수라고 합니다.
  ③ 1, 2, 3과 같은 수를 자연수라고 합니다.

3 2와 $\frac{1}{2}$은 $2\frac{1}{2}$이라고 씁니다.

4 ① $\frac{1}{3}$이 5개이므로 $\frac{5}{3}$입니다.

  ② 도형 1개와 $\frac{1}{2}$은 $1\frac{1}{2}$입니다.

다른 풀이

① $1\frac{2}{3}$ ➡ 1과 $\frac{2}{3}$ ➡ $\frac{3}{3}$과 $\frac{2}{3}$ ➡ $\frac{5}{3}$

② $\frac{3}{2}$ ➡ $\frac{2}{2}$와 $\frac{1}{2}$ ➡ 1과 $\frac{1}{2}$ ➡ $1\frac{1}{2}$

STEP 1 교과개념 4. 분모가 같은 분수의 크기 비교 103쪽

1 예 [도형], >, 예 [도형]

2 [수직선]

$\frac{1}{5}$
$1\frac{1}{5}$ $2\frac{1}{5}$ / <
0   1   2   3

3 31 / 31, >, >

4 ① < ② < ③ >

---

1 $\frac{7}{4}$이 $\frac{5}{4}$보다 색칠한 칸이 더 많으므로 $\frac{7}{4} > \frac{5}{4}$입니다.

2 수직선에서 오른쪽에 있을수록 더 큰 분수이므로 $1\frac{1}{5} < 2\frac{1}{5}$입니다.

3 · $3\frac{7}{8}$ ➡ 3과 $\frac{7}{8}$ ➡ $\frac{24}{8}$와 $\frac{7}{8}$ ➡ $\frac{31}{8}$

  · 31 > 28이므로 $\frac{31}{8} > \frac{28}{8}$입니다. ➡ $3\frac{7}{8} > \frac{28}{8}$

4 ① 8 < 9이므로 $\frac{8}{7} < \frac{9}{7}$

  ② 2 < 3이므로 $2\frac{7}{9} < 3\frac{5}{9}$

  ③ $2\frac{1}{2} = \frac{5}{2}$이므로 $\frac{7}{2} > \frac{5}{2}$ ➡ $\frac{7}{2} > 2\frac{1}{2}$

다른 풀이

③ $\frac{7}{2} = 3\frac{1}{2}$이므로 $3\frac{1}{2} > 2\frac{1}{2}$ ➡ $\frac{7}{2} > 2\frac{1}{2}$

STEP 2 꼭 나오는 유형 104~108쪽

1 (1) 1 (2) 2   준비 (1) $\frac{2}{6}$ (2) $\frac{5}{8}$

2 (1) $\frac{3}{5}$ (2) $\frac{2}{4}$ 3 (1) $\frac{2}{5}$ (2) $\frac{3}{4}$

4 지수   5 $\frac{4}{7}$, $\frac{3}{7}$

6 $\frac{6}{9}$ 7 (1) 6 (2) 3

8 (1) 32 ÷ 8, 3 (2) 27 ÷ 9, 5

9 예

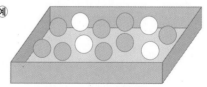

10 예

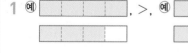

(1) 6장   (2) 4장
(3) 분홍색

11 16개, 6개   12 (1) 54 (2) 35

13 (1) 100 (2) 160   14 <

15 현정   **16** 16 cm

17 (1) 예 , 가

(2) 예 ▭▭▭, 진

준비

18 (1) 쓰기 $1\frac{4}{6}$ 읽기 1과 6분의 4

(2) 쓰기 $2\frac{1}{4}$ 읽기 2와 4분의 1

19 (1) $\frac{16}{8}$ (2) $\frac{15}{5}$

20
진분수	가분수	대분수
$\frac{5}{9}$, $\frac{3}{8}$	$\frac{11}{3}$, $\frac{7}{7}$, $\frac{6}{5}$	$1\frac{4}{6}$, $5\frac{1}{2}$

21 (1) $\frac{14}{10}$, $1\frac{4}{10}$, 1.4 (2) $\frac{27}{10}$, $2\frac{7}{10}$, 2.7

22 (1) $\frac{1}{3}$, $\frac{2}{3}$ (2) 예 $\frac{3}{3}$, $\frac{4}{3}$, $\frac{5}{3}$, $\frac{6}{3}$, $\frac{7}{3}$ (3) $4\frac{1}{3}$, $4\frac{2}{3}$

23 예 $\frac{2}{5}$ / 예 $\frac{4}{3}$ / 예 $3\frac{1}{5}$ **24** $\frac{7}{3}$

25 (1) $\frac{13}{3}$ (2) $\frac{21}{8}$ (3) $3\frac{3}{5}$ (4) $2\frac{6}{7}$

26 $\frac{1}{8}$이 5개와 $1\frac{3}{8}$에 ○표   **27** $\frac{19}{2}$

준비 (1) 예 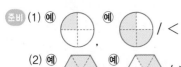, 예 / <

(2) 예 , 예 / >

28 예 , =, 예 ▭

29 ┠─┼─┼─┼─┼─┼─┼─┼─┼─┨ / >
  0   1 $\frac{7}{5}$ $1\frac{4}{5}$ 2

30 (1) > (2) < (3) < (4) >

31 (1) 1, 2, 3, 4에 ○표 (2) 3, 4, 5에 ○표

32 $\frac{11}{8}$, $\frac{12}{8}$, $\frac{13}{8}$, $\frac{14}{8}$ **33** ㉠

34 예 2, 예 26

1 (1) 18을 똑같이 3묶음으로 나누면 1묶음은 6입니다.
따라서 6은 3묶음 중의 1묶음이므로 18의 $\frac{1}{3}$입니다.

(2) 12는 3묶음 중의 2묶음이므로 18의 $\frac{2}{3}$입니다.

2 (1) 색칠한 부분은 전체를 똑같이 5묶음으로 나눈 것 중의 3묶음이므로 전체의 $\frac{3}{5}$입니다.

(2) 색칠한 부분은 전체를 똑같이 4묶음으로 나눈 것 중의 2묶음이므로 전체의 $\frac{2}{4}$입니다.

3 (1) 20을 4씩 묶으면 5묶음이고 8은 전체 5묶음 중의 2묶음이므로 20의 $\frac{2}{5}$입니다.

(2) 20을 5씩 묶으면 4묶음이고 15는 전체 4묶음 중의 3묶음이므로 20의 $\frac{3}{4}$입니다.

4 사탕 24개를 6개씩 나누면 4묶음, 8개씩 나누면 3묶음, 4개씩 나누면 6묶음으로 똑같이 나눌 수 있습니다. 사탕 24개를 5개씩 나누면 4묶음이 되고 4개가 남으므로 잘못 말한 학생은 지수입니다.

5 아침: 전체 7개 중 4개를 분수로 나타내면 $\frac{4}{7}$입니다.

저녁: 전체 7개 중 3개를 분수로 나타내면 $\frac{3}{7}$입니다.

6 예 45를 5씩 묶으면 9묶음입니다. 10은 전체 9묶음 중의 2묶음이므로 45의 $\frac{2}{9}$입니다.
따라서 30은 전체 9묶음 중의 6묶음이므로 45의 $\frac{6}{9}$입니다.

평가 기준
30은 전체 묶음 중의 몇 묶음인지 구했나요?
30은 45의 몇 분의 몇인지 구했나요?

7 (1) 18을 똑같이 3묶음으로 나눈 것 중의 1묶음은 6입니다.
(2) 18을 똑같이 6묶음으로 나눈 것 중의 1묶음은 3입니다.

9 전체 공은 12개이므로 12의 $\frac{4}{6}$는 12를 똑같이 6묶음으로 나눈 것 중의 4묶음이므로 8입니다.
따라서 초록색으로 공 8개를 색칠합니다.

10 10의 $\frac{1}{5}$은 10을 똑같이 5묶음으로 나눈 것 중의 1묶음이므로 2입니다.

(1) 10의 $\frac{3}{5}$은 10을 똑같이 5묶음으로 나눈 것 중의 3묶음이므로 $2 \times 3 = 6$입니다.

(2) 10의 $\frac{2}{5}$는 10을 똑같이 5묶음으로 나눈 것 중의 2묶음이므로 $2 \times 2 = 4$입니다.

(3) 분홍색 타일은 6장, 파란색 타일은 4장이므로 더 많은 타일은 분홍색 타일입니다.

11 무선이는 20개의 $\frac{4}{5}$만큼 가지고 있으므로 20을 똑같이 5묶음으로 나눈 것 중의 4묶음은 16입니다.

수애는 16개의 $\frac{3}{8}$만큼 가지고 있으므로 16을 똑같이 8묶음으로 나눈 것 중의 3묶음은 6입니다.

따라서 구슬을 무선이는 16개, 수애는 6개를 가지고 있습니다.

12 (1) □를 똑같이 6묶음으로 나눈 것 중의 1묶음이 9이므로 □$= 9 \times 6 = 54$입니다.

(2) □를 똑같이 5묶음으로 나눈 것 중의 3묶음이 21이므로 똑같이 5묶음으로 나눈 것 중의 1묶음은 $21 \div 3 = 7$입니다. 따라서 □$= 7 \times 5 = 35$입니다.

13 (1) 2 m의 $\frac{1}{2}$은 2 m$=200$ cm를 똑같이 2부분으로 나눈 것 중의 1부분이므로 100 cm입니다.

(2) 2 m의 $\frac{4}{5}$는 2 m$=200$ cm를 똑같이 5부분으로 나눈 것 중의 4부분이므로 160 cm입니다.

14 15 cm의 $\frac{2}{3}$는 15 cm를 똑같이 3부분으로 나눈 것 중의 2부분이므로 10 cm이고, 15 cm의 $\frac{4}{5}$는 15 cm를 똑같이 5부분으로 나눈 것 중의 4부분이므로 12 cm입니다. ➡ 10 cm$<$12 cm

15 • 율희가 잔 시간: 24시간의 $\frac{1}{4}$은 24시간을 똑같이 4부분으로 나눈 것 중의 1부분이므로 6시간입니다.

• 영우가 잔 시간: 12시간의 $\frac{2}{3}$는 12시간을 똑같이 3부분으로 나눈 것 중의 2부분이므로 8시간입니다.

• 현정이가 잔 시간: 하루는 24시간이므로 24시간의 $\frac{3}{8}$은 24시간을 똑같이 8부분으로 나눈 것 중의 3부분이므로 9시간입니다.

따라서 $6<8<9$이므로 잠을 가장 많이 잔 학생은 현정입니다.

16 쌓기나무 6개의 긴 쪽의 길이가 48 cm이므로 색칠된 쌓기나무 2개의 긴 쪽의 길이는 48 cm의 $\frac{2}{6}$입니다.

따라서 48 cm의 $\frac{2}{6}$는 48 cm를 똑같이 6부분으로 나눈 것 중의 2부분이므로 16 cm입니다.

17 (1) $\frac{3}{2}$은 $\frac{1}{2}$을 3칸 색칠하고 1보다 크므로 가분수입니다.

(2) $\frac{2}{3}$는 $\frac{1}{3}$을 2칸 색칠하고 1보다 작으므로 진분수입니다.

18 (1) 1과 $\frac{4}{6}$는 $1\frac{4}{6}$라고 씁니다.

(2) 2와 $\frac{1}{4}$은 $2\frac{1}{4}$이라고 씁니다.

19 (1) 2는 $\frac{1}{8}$이 16칸 색칠되어 있으므로 $\frac{16}{8}$입니다.

(2) 3은 $\frac{1}{5}$이 15칸 색칠되어 있으므로 $\frac{15}{5}$입니다.

20 진분수는 분자가 분모보다 작은 분수이므로 $\frac{5}{9}$, $\frac{3}{8}$입니다.

가분수는 분자가 분모와 같거나 분모보다 큰 분수이므로 $\frac{11}{3}$, $\frac{7}{7}$, $\frac{6}{5}$입니다.

대분수는 자연수와 진분수로 이루어진 분수이므로 $1\frac{4}{6}$, $5\frac{1}{2}$입니다.

21 (1) $\frac{1}{10}$이 14칸 색칠되어 있으므로 가분수로 $\frac{14}{10}$입니다.

1과 $\frac{4}{10}$는 대분수로 $1\frac{4}{10}$이고, 소수로 나타내면 1과 0.4이므로 1.4입니다.

(2) $\frac{1}{10}$이 27칸 색칠되어 있으므로 가분수로 $\frac{27}{10}$입니다.

2와 $\frac{7}{10}$은 대분수로 $2\frac{7}{10}$이고, 소수로 나타내면 2와 0.7이므로 2.7입니다.

22 (1) 분모가 3인 진분수의 분자는 3보다 작아야 합니다.

(2) 분모가 3인 가분수의 분자는 3이거나 3보다 커야 합니다.

(3) 자연수 부분이 4이고 분모가 3인 대분수의 분자는 3보다 작아야 합니다.

😊 내가 만드는 문제

㉓ 1, 2, 3, 4, 5의 숫자를 한 번씩만 사용하여 분자가 분모보다 작은 진분수, 분자가 분모와 같거나 분모보다 큰 가분수, 자연수와 진분수로 이루어진 대분수를 각각 자유롭게 만듭니다.

24 $2\frac{1}{3}$에서 자연수 2를 가분수 $\frac{6}{3}$으로 나타내면 $\frac{1}{3}$이 모두 7개이므로 $2\frac{1}{3}=\frac{7}{3}$입니다.

25 (1) $4\frac{1}{3}$은 $4(=\frac{12}{3})$와 $\frac{1}{3}$이므로 $\frac{13}{3}$입니다.

(2) $2\frac{5}{8}$는 $2(=\frac{16}{8})$와 $\frac{5}{8}$이므로 $\frac{21}{8}$입니다.

(3) $\frac{18}{5}$은 $\frac{15}{5}(=3)$와 $\frac{3}{5}$이므로 $3\frac{3}{5}$입니다.

(4) $\frac{20}{7}$은 $\frac{14}{7}(=2)$와 $\frac{6}{7}$이므로 $2\frac{6}{7}$입니다.

26 $\frac{1}{8}$이 13개이므로 가분수로 $\frac{13}{8}$이고, 대분수로 나타내면 $1\frac{5}{8}$입니다. 따라서 1보다 $\frac{5}{8}$ 큰 수입니다.

27 ㉎ 자연수 부분이 9이고 분모가 2인 대분수의 분자는 2보다 작은 수인 1이므로 $9\frac{1}{2}$입니다.

$9\frac{1}{2}$에서 $9=\frac{18}{2}$이므로 $\frac{1}{2}$이 19개인 $\frac{19}{2}$로 나타냅니다.

평가 기준
주어진 조건에 알맞은 대분수를 구했나요?
대분수를 가분수로 나타냈나요?

28 $\frac{2}{6}$는 6칸 중의 2칸을 색칠합니다. $\frac{1}{3}$은 전체를 똑같이 3묶음으로 나눈 것 중의 1묶음이므로 2칸을 색칠합니다.
따라서 색칠한 칸수가 같으므로 $\frac{2}{6}$와 $\frac{1}{3}$은 크기가 같습니다.

29 수직선에서 오른쪽으로 갈수록 더 큰 수입니다.

30 (1) 분자의 크기를 비교하면 13>9이므로 $\frac{13}{8}>\frac{9}{8}$입니다.

(2) 자연수 부분의 크기를 비교하면 2<3이므로 $2\frac{5}{6}<3\frac{2}{6}$입니다.

(3) 자연수 부분이 같으므로 분자의 크기를 비교하면 4<7이므로 $5\frac{4}{9}<5\frac{7}{9}$입니다.

(4) 대분수를 가분수로 나타내면 $7\frac{1}{3}=\frac{22}{3}$이므로 $\frac{23}{3}>7\frac{1}{3}$입니다.

31 (1) 분자의 크기를 비교하면 □<5이므로 □=1, 2, 3, 4입니다.

(2) 분자의 크기를 비교하면 □>2이고 대분수의 분자는 분모보다 작으므로 2<□<6입니다.
따라서 □=3, 4, 5입니다.

32 $1\frac{7}{8}=\frac{15}{8}$이므로 $\frac{10}{8}<\frac{□}{8}<\frac{15}{8}$일 때 분자의 크기를 비교하면 10<□<15입니다.
따라서 □ 안에 들어갈 수 있는 자연수는 11, 12, 13, 14이므로 $\frac{10}{8}$보다 크고 $1\frac{7}{8}$보다 작은 가분수는 $\frac{11}{8}$, $\frac{12}{8}$, $\frac{13}{8}$, $\frac{14}{8}$입니다.

33 ㉎ ㉡ $\frac{1}{9}$이 13개인 수는 $\frac{13}{9}$이고 ㉢ $1\frac{5}{9}=\frac{14}{9}$입니다.
따라서 $\frac{17}{9}>\frac{14}{9}>\frac{13}{9}>\frac{9}{9}$이므로 ㉠ $\frac{17}{9}$이 가장 큽니다.

평가 기준
분수의 표현을 통일하여 나타냈나요?
분수의 크기를 비교하여 가장 큰 분수를 구했나요?

😊 내가 만드는 문제

㉞ ① 대분수의 분자를 정합니다.
② 대분수를 가분수로 나타내었을 때의 분자보다 큰 수를 가분수의 분자로 정합니다.

1 $3\frac{2}{4}$, $5\frac{6}{7}$에 ○표

2 3개   **3** 5개

4 8개   **5** $\frac{7}{4}$

6 $1\frac{2}{6}$

7

```
|——|——|——|——|——|——|——|——|——|——|——|——|
0        1    ㉠1 3/5   2  ㉡12/5    3
```

8 $\frac{6}{6}$ **9** $\frac{13}{9}$

10 $2\frac{5}{10}$

11 (예)

12 (예)

13 (예)

14 $<$ **15** (1) $>$ (2) $=$

16 (○) (   ) (   )   **17** $\frac{13}{4}$, $\frac{16}{4}$, $\frac{18}{4}$

18 $4\frac{5}{9}$, $4\frac{8}{9}$, $5\frac{1}{9}$, $5\frac{4}{9}$ **19** $\frac{15}{7}$, $2\frac{5}{7}$, $\frac{21}{7}$, $3\frac{3}{7}$

---

1 $\frac{6}{6}$은 분자와 분모가 같은 분수이므로 가분수입니다.

$1\frac{4}{3}$와 $2\frac{8}{5}$은 자연수와 가분수로 이루어진 분수이므로 대분수라고 할 수 없습니다.

2 대분수는 자연수와 진분수로 이루어진 분수입니다.

➡ $2\frac{5}{9}$, $6\frac{1}{3}$, $1\frac{7}{8}$

$5\frac{4}{4}$, $7\frac{3}{2}$: 자연수와 가분수로 이루어진 분수이므로 대분수라고 할 수 없습니다.

$\frac{8}{5}$: 가분수, $\frac{4}{7}$: 진분수

3 분모가 6인 진분수는 $\frac{1}{6}$, $\frac{2}{6}$, $\frac{3}{6}$, $\frac{4}{6}$, $\frac{5}{6}$이므로 자연수 부분이 3이고 분모가 6인 대분수는 $3\frac{1}{6}$, $3\frac{2}{6}$, $3\frac{3}{6}$, $3\frac{4}{6}$, $3\frac{5}{6}$로 모두 5개입니다.

4 5보다 작은 대분수의 자연수 부분은 1, 2, 3, 4입니다. $1\frac{1}{3}$, $1\frac{2}{3}$, $2\frac{1}{3}$, $2\frac{2}{3}$, $3\frac{1}{3}$, $3\frac{2}{3}$, $4\frac{1}{3}$, $4\frac{2}{3}$ ➡ 8개

5 1을 똑같이 4칸으로 나누었으므로 작은 눈금 한 칸의 크기는 $\frac{1}{4}$입니다. ↓가 나타내는 분수는 $\frac{1}{4}$이 7개이므로 $\frac{7}{4}$입니다.

6 1을 똑같이 6칸으로 나누었으므로 작은 눈금 한 칸의 크기는 $\frac{1}{6}$입니다. ↓가 나타내는 분수는 1에서 $\frac{2}{6}$만큼 더 갔으므로 대분수로 나타내면 $1\frac{2}{6}$입니다.

7 1을 똑같이 5칸으로 나누었으므로 작은 눈금 한 칸의 크기는 $\frac{1}{5}$입니다.
㉠ 1에서 3칸 더 간 지점에 ↓로 나타냅니다.
㉡ 0에서 12칸 간 지점에 ↓로 나타냅니다.

8 4개의 분수를 크기 순대로 나열합니다.
분자의 크기가 $3<4<5<7$이므로 분수를 크기 순대로 나열하면 $\frac{3}{6}<\frac{4}{6}<\frac{5}{6}<\frac{7}{6}$입니다. 따라서 중간에 분자 6이 빠져 있으므로 중간에 빠진 분수는 $\frac{6}{6}$입니다.

9 5개의 분수를 크기 순대로 나열하면 분자의 크기가 $10<11<12<14<15$이므로 $\frac{10}{9}<\frac{11}{9}<\frac{12}{9}<\frac{14}{9}<\frac{15}{9}$입니다.
따라서 중간에 분자 13이 빠져 있으므로 중간에 빠진 분수는 $\frac{13}{9}$입니다.

10 5개의 분수를 크기 순대로 나열하면 대분수의 자연수 부분이 같고 분자의 크기가 $3<4<6<7<8$이므로

$2\frac{3}{10}<2\frac{4}{10}<2\frac{6}{10}<2\frac{7}{10}<2\frac{8}{10}$입니다.

따라서 중간에 분자 5가 빠져 있으므로 중간에 빠진 분수는 $2\frac{5}{10}$입니다.

11 전체는 14개이므로 14의 $\frac{3}{7}$은 14를 똑같이 7묶음으로 나눈 것 중의 3묶음이므로 6, 14의 $\frac{4}{7}$는 14를 똑같이 7묶음으로 나눈 것 중의 4묶음이므로 8입니다.

따라서 빨간색으로 6개, 파란색으로 8개를 색칠합니다.

12 전체는 16개이므로 16의 $\frac{6}{8}$은 16을 똑같이 8묶음으로 나눈 것 중의 6묶음이므로 12, 16의 $\frac{2}{8}$는 16을 똑같이 8묶음으로 나눈 것 중의 2묶음이므로 4입니다.

따라서 보라색으로 12개, 노란색으로 4개를 색칠합니다.

13 전체는 12칸이므로 12의 $\frac{2}{3}$는 8, 12의 $\frac{1}{3}$은 4입니다.

따라서 주황색으로 8칸, 초록색으로 4칸을 규칙을 만들어 색칠합니다.

14 대분수를 가분수로 나타내어 크기를 비교합니다.

$4\frac{2}{5}=\frac{22}{5}$이므로 $\frac{22}{5}<\frac{24}{5}$입니다.

따라서 $4\frac{2}{5}<\frac{24}{5}$입니다.

15 대분수를 가분수로 나타내거나 가분수를 대분수로 나타내어 크기를 비교합니다.

(1) $\frac{17}{7}=2\frac{3}{7}$이므로 $2\frac{4}{7}>2\frac{3}{7}$입니다. ➡ $2\frac{4}{7}>\frac{17}{7}$

(2) $3\frac{6}{8}=\frac{30}{8}$이므로 $\frac{30}{8}=\frac{30}{8}$입니다. ➡ $\frac{30}{8}=3\frac{6}{8}$

16 가분수를 대분수로 나타내어 크기를 비교합니다.

$\frac{33}{6}=5\frac{3}{6}$이므로 $5\frac{2}{6}<5\frac{3}{6}<5\frac{5}{6}$입니다.

따라서 $5\frac{2}{6}<\frac{33}{6}<5\frac{5}{6}$이므로 크기가 가장 큰 분수는 $5\frac{5}{6}$입니다.

17 분자의 크기를 비교하면 $13<16<18$이므로

$\frac{13}{4}<\frac{16}{4}<\frac{18}{4}$입니다.

따라서 수직선에서 오른쪽으로 갈수록 큰 수이므로 왼쪽부터 $\frac{13}{4}$, $\frac{16}{4}$, $\frac{18}{4}$입니다.

18 대분수의 자연수 부분을 비교하면 $4<5$이고, 자연수 부분이 같을 때 분자의 크기를 비교하면 $5<8$, $1<4$이므로

$4\frac{5}{9}<4\frac{8}{9}<5\frac{1}{9}<5\frac{4}{9}$입니다.

따라서 수직선에서 오른쪽으로 갈수록 큰 수이므로 왼쪽부터 $4\frac{5}{9}$, $4\frac{8}{9}$, $5\frac{1}{9}$, $5\frac{4}{9}$입니다.

19 대분수를 가분수로 나타내어 크기를 비교합니다.

$3\frac{3}{7}=\frac{24}{7}$, $2\frac{5}{7}=\frac{19}{7}$이므로 $\frac{15}{7}<\frac{19}{7}<\frac{21}{7}<\frac{24}{7}$입니다.

따라서 $\frac{15}{7}<2\frac{5}{7}<\frac{21}{7}<3\frac{3}{7}$이므로 왼쪽부터 $\frac{15}{7}$, $2\frac{5}{7}$, $\frac{21}{7}$, $3\frac{3}{7}$입니다.

STEP 4 최상위 도전 유형 112~114쪽

1 예 $\frac{2}{4}$ **2** 예 $\frac{1}{3}$ **3** 예 $\frac{3}{9}$

4 $\frac{4}{3}$, $\frac{5}{3}$, $\frac{8}{3}$, $\frac{5}{4}$, $\frac{8}{4}$, $\frac{8}{5}$ **5** $\frac{2}{5}$, $\frac{2}{6}$, $\frac{5}{6}$, $\frac{2}{9}$, $\frac{5}{9}$, $\frac{6}{9}$

6 $4\frac{6}{7}$, $6\frac{4}{7}$, $7\frac{4}{6}$ **7** $\frac{65}{7}$

8 1, 2, 3, 4, 5, 6   **9** 4개

10 38, 39, 40   **11** 2개

12 $\frac{11}{14}$, $\frac{12}{14}$, $\frac{13}{14}$ **13** $\frac{6}{6}$, $\frac{7}{6}$, $\frac{8}{6}$, $\frac{9}{6}$

14 6개   **15** 6   **16** 10

17 32   **18** 40   **19** $\frac{4}{8}$

20 $\frac{17}{9}$ **21** $3\frac{6}{11}$

1 색칠한 부분은 전체를 1씩 묶으면 $\frac{4}{8}$, 2씩 묶으면 $\frac{2}{4}$, 4씩 묶으면 $\frac{1}{2}$로 나타낼 수 있습니다.

2 색칠한 부분은 전체를 1씩 묶으면 $\frac{4}{12}$, 2씩 묶으면 $\frac{2}{6}$, 4씩 묶으면 $\frac{1}{3}$로 나타낼 수 있습니다.

3 색칠한 부분은 전체를 1씩 묶으면 $\frac{6}{18}$, 2씩 묶으면 $\frac{3}{9}$, 3씩 묶으면 $\frac{2}{6}$, 6씩 묶으면 $\frac{1}{3}$로 나타낼 수 있습니다.

4 가분수는 분자가 분모와 같거나 분모보다 큰 분수입니다.
- 분모가 3인 경우: $\frac{4}{3}$, $\frac{5}{3}$, $\frac{8}{3}$
- 분모가 4인 경우: $\frac{5}{4}$, $\frac{8}{4}$
- 분모가 5인 경우: $\frac{8}{5}$
- 분모가 8인 경우: 가분수를 만들 수 없습니다.

5 진분수는 분자가 분모보다 작은 분수입니다.
- 분모가 2인 경우: 진분수를 만들 수 없습니다.
- 분모가 5인 경우: $\frac{2}{5}$
- 분모가 6인 경우: $\frac{2}{6}$, $\frac{5}{6}$
- 분모가 9인 경우: $\frac{2}{9}$, $\frac{5}{9}$, $\frac{6}{9}$

6 자연수 부분에 올 수 있는 수는 4, 6, 7입니다.
- 자연수 부분이 4인 경우: 진분수는 $\frac{6}{7}$이므로 $4\frac{6}{7}$입니다.
- 자연수 부분이 6인 경우: 진분수는 $\frac{4}{7}$이므로 $6\frac{4}{7}$입니다.
- 자연수 부분이 7인 경우: 진분수는 $\frac{4}{6}$이므로 $7\frac{4}{6}$입니다.

7 가장 큰 대분수를 만들려면 자연수 부분에 가장 큰 수를 쓰고 나머지 두 수로 진분수를 만들어야 하므로 $9\frac{2}{7}$입니다.
따라서 대분수 $9\frac{2}{7}$를 가분수로 나타내면 $9\frac{2}{7}=\frac{65}{7}$입니다.

8 $1\frac{1}{6}=\frac{7}{6}$이므로 $\frac{\square}{6}<\frac{7}{6}$에서 $\square$ 안에 들어갈 수 있는 자연수는 1, 2, 3, 4, 5, 6입니다.

9 $\frac{23}{9}$에서 $\frac{18}{9}=2$로 나타내고 나머지 $\frac{5}{9}$는 진분수로 나타내므로 $2\frac{5}{9}$입니다.
따라서 $2\frac{5}{9}>2\frac{\square}{9}$에서 $\square$ 안에 들어갈 수 있는 자연수는 5보다 작은 수인 1, 2, 3, 4로 모두 4개입니다.

10 $4\frac{5}{8}=\frac{37}{8}$이므로 $\frac{37}{8}<\frac{\square}{8}<\frac{41}{8}$입니다.
따라서 $\square$ 안에 들어갈 수 있는 자연수는 37보다 크고 41보다 작은 수이므로 38, 39, 40입니다.

11 분모가 11인 진분수의 분자는 11보다 작은 수입니다. 이 중 8보다 큰 수는 9, 10이므로 구하려고 하는 진분수는 $\frac{9}{11}$, $\frac{10}{11}$으로 모두 2개입니다.

12 분모가 14인 진분수의 분자는 14보다 작은 수입니다. 이 중 10보다 큰 수는 11, 12, 13이므로 구하려고 하는 진분수는 $\frac{11}{14}$, $\frac{12}{14}$, $\frac{13}{14}$입니다.

13 분모가 6인 가분수는 $\frac{6}{6}$, $\frac{7}{6}$, $\frac{8}{6}$, $\frac{9}{6}$, $\frac{10}{6}$, $\frac{11}{6}$, ... 이고 이 중에서 분자가 한 자리 수인 것은 $\frac{6}{6}$, $\frac{7}{6}$, $\frac{8}{6}$, $\frac{9}{6}$입니다.

14 분자가 21인 분수 중에서 분모가 15보다 크고 25보다 작은 분수는 $\frac{21}{16}$, $\frac{21}{17}$, $\frac{21}{18}$, $\frac{21}{19}$, $\frac{21}{20}$, $\frac{21}{21}$, $\frac{21}{22}$, $\frac{21}{23}$, $\frac{21}{24}$입니다.
이 중에서 가분수는 $\frac{21}{16}$, $\frac{21}{17}$, $\frac{21}{18}$, $\frac{21}{19}$, $\frac{21}{20}$, $\frac{21}{21}$로 모두 6개입니다.

15 어떤 수의 $\frac{1}{3}$이 8이므로 어떤 수는 $8\times3=24$입니다.
따라서 24의 $\frac{1}{4}$은 24를 똑같이 4묶음으로 나눈 것 중의 1묶음이므로 6입니다.

16 어떤 수의 $\frac{1}{5}$은 $18 \div 3 = 6$이므로 어떤 수는 $6 \times 5 = 30$입니다.

따라서 30의 $\frac{1}{6}$이 5이므로 $\frac{2}{6}$는 5의 2배인 $5 \times 2 = 10$입니다.

17 어떤 수의 $\frac{1}{12}$은 $21 \div 7 = 3$이므로 어떤 수는 $3 \times 12 = 36$입니다.

따라서 36의 $\frac{1}{9}$이 4이므로 $\frac{8}{9}$은 4의 8배인 $4 \times 8 = 32$입니다.

18 어떤 수의 $\frac{1}{10}$은 $15 \div 3 = 5$이므로 어떤 수는 $5 \times 10 = 50$입니다.

따라서 50의 $\frac{1}{5}$이 10이므로 $\frac{4}{5}$는 10의 4배인 $10 \times 4 = 40$입니다.

19 분자를 □라고 하면 분모는 □+4입니다.

분자와 분모의 합이 12이므로 □+□+4=12, □+□=8, □=4입니다.

따라서 분자가 4이고 분모가 4+4=8인 진분수는 $\frac{4}{8}$입니다.

20 분자를 □라고 하면 분모는 □-8입니다.

분자와 분모의 합이 26이므로 □+□-8=26, □+□=34, □=17입니다.

따라서 분자가 17이고 분모가 17-8=9인 가분수는 $\frac{17}{9}$입니다.

21 3보다 크고 4보다 작은 수이므로 대분수의 자연수 부분은 3입니다.

진분수의 분자를 □라고 하면 분모는 □+5입니다.

분자와 분모의 합이 17이므로 □+□+5=17, □+□=12, □=6입니다.

분자가 6이고 분모가 6+5=11인 진분수는 $\frac{6}{11}$입니다.

따라서 조건을 만족하는 대분수는 $3\frac{6}{11}$입니다.

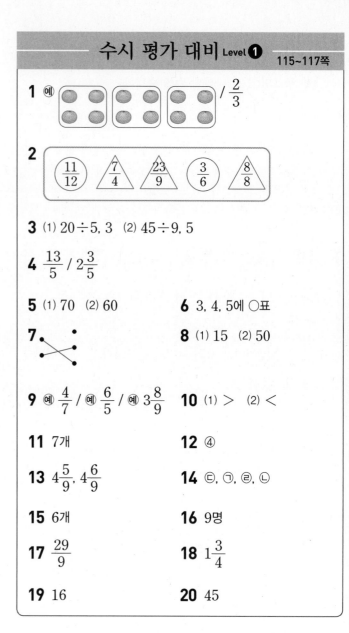

수시 평가 대비 Level ❶ 115~117쪽

1 예 / $\frac{2}{3}$

2 [$\frac{11}{12}$] [$\frac{7}{4}$] [$\frac{23}{9}$] [$\frac{3}{6}$] [$\frac{8}{8}$]

3 (1) $20 \div 5$, 3 (2) $45 \div 9$, 5

4 $\frac{13}{5}$ / $2\frac{3}{5}$

5 (1) 70 (2) 60   **6** 3, 4, 5에 ○표

7   **8** (1) 15 (2) 50

9 예 $\frac{4}{7}$ / 예 $\frac{6}{5}$ / 예 $3\frac{8}{9}$ **10** (1) > (2) <

11 7개   **12** ④

13 $4\frac{5}{9}$, $4\frac{6}{9}$ **14** ㉢, ㉠, ㉣, ㉡

15 6개   **16** 9명

17 $\frac{29}{9}$ **18** $1\frac{3}{4}$

19 16   **20** 45

1 12를 4씩 묶으면 3묶음이고 8은 전체 3묶음 중의 2묶음이므로 12의 $\frac{2}{3}$입니다.

2 진분수는 분자가 분모보다 작은 분수이므로 $\frac{11}{12}$, $\frac{3}{6}$입니다.

가분수는 분자가 분모와 같거나 분모보다 큰 분수이므로 $\frac{7}{4}$, $\frac{23}{9}$, $\frac{8}{8}$입니다.

4 $\frac{1}{5}$이 13개이므로 $\frac{13}{5}$이고, 전체 2개와 $\frac{3}{5}$만큼이므로 $2\frac{3}{5}$입니다.

5 (1) 1 m=100 cm를 똑같이 10부분으로 나눈 것 중의 7부분이므로 70 cm입니다.

(2) 1 m=100 cm를 똑같이 5부분으로 나눈 것 중의 3부분이므로 60 cm입니다.

6 대분수는 자연수와 진분수로 이루어진 분수이므로 □ 안에 들어갈 수 있는 수는 6보다 작습니다.

7 • $4\frac{2}{7}$ ➡ $\frac{28}{7}$과 $\frac{2}{7}$ ➡ $\frac{30}{7}$

    • $3\frac{5}{7}$ ➡ $\frac{21}{7}$과 $\frac{5}{7}$ ➡ $\frac{26}{7}$

8 (1) 1시간＝60분의 $\frac{1}{4}$은 15분입니다.

    (2) 1시간＝60분의 $\frac{1}{6}$이 10분이므로 $\frac{5}{6}$는 50분입니다.

9 3부터 9까지의 수를 한 번씩만 사용하여 분자가 분모보다 작은 진분수, 분자가 분모보다 큰 가분수, 자연수와 진분수로 이루어진 대분수를 각각 자유롭게 만듭니다.

주의 | 수를 한 번씩만 사용하므로 분자가 분모와 같은 가분수는 만들 수 없습니다.

10 (1) 분자를 비교하면 9＞7이므로 $\frac{9}{6}$＞$\frac{7}{6}$입니다.

    (2) 자연수를 비교하면 2＜3이므로 $2\frac{3}{5}$＜$3\frac{1}{5}$입니다.

11 진분수는 분자가 분모보다 작은 분수이므로 □ 안에는 8보다 작은 수가 들어갈 수 있습니다.
따라서 □ 안에 들어갈 수 있는 자연수는 1, 2, 3, 4, 5, 6, 7로 모두 7개입니다.

12 ① 15의 $\frac{4}{5}$ ➡ 12 ② 32의 $\frac{3}{8}$ ➡ 12 ③ 16의 $\frac{3}{4}$ ➡ 12

    ④ 28의 $\frac{5}{7}$ ➡ 20 ⑤ 54의 $\frac{2}{9}$ ➡ 12

13 $\frac{40}{9}$을 대분수로 나타내면 $4\frac{4}{9}$입니다.

    $4\frac{4}{9}$보다 크고 $4\frac{7}{9}$보다 작은 대분수는 $4\frac{5}{9}$, $4\frac{6}{9}$입니다.

14 ㉠ $\frac{9}{5}$ ㉡ $\frac{5}{5}$ ㉢ $2\frac{2}{5}＝\frac{12}{5}$ ㉣ $\frac{7}{5}$

    ➡ $\frac{12}{5}＞\frac{9}{5}＞\frac{7}{5}＞\frac{5}{5}$

15 • 분모가 3인 가분수: $\frac{5}{3}$, $\frac{6}{3}$, $\frac{7}{3}$

    • 분모가 5인 가분수: $\frac{6}{5}$, $\frac{7}{5}$

• 분모가 6인 가분수: $\frac{7}{6}$

따라서 만들 수 있는 가분수는 모두 6개입니다.

16 24의 $\frac{1}{8}$이 3이므로 24의 $\frac{5}{8}$는 $3×5＝15$입니다.

성욱이네 반에서 동생이 있는 학생이 15명이므로 동생이 없는 학생은 $24－15＝9$(명)입니다.

17 만들 수 있는 대분수 중에서 자연수 부분이 3인 대분수는 $3\frac{2}{9}$입니다.

$3\frac{2}{9}$는 $3\left(＝\frac{27}{9}\right)$과 $\frac{2}{9}$이므로 가분수로 나타내면 $\frac{29}{9}$입니다.

18 합이 11인 두 수는 (1, 10), (2, 9), (3, 8), (4, 7), (5, 6)이고 이 중에서 차가 3인 두 수는 (4, 7)입니다.

4와 7로 만들 수 있는 가분수는 $\frac{7}{4}$입니다.

$\frac{7}{4}$을 대분수로 나타내면 $1\frac{3}{4}$입니다.

19 ^{서술형} 예 $2\frac{3}{7}$을 가분수로 나타내면 $\frac{17}{7}$입니다.

$\frac{□}{7}＜\frac{17}{7}$에서 □＜17이므로 □ 안에 들어갈 수 있는 자연수 중에서 가장 큰 수는 16입니다.

평가 기준	배점
$2\frac{3}{7}$을 가분수로 나타냈나요?	2점
□ 안에 들어갈 수 있는 자연수 중에서 가장 큰 수를 구했나요?	3점

20 ^{서술형} 예 어떤 수를 똑같이 9묶음으로 나눈 것 중의 7묶음이 35이므로 1묶음은 $35÷7＝5$입니다.

따라서 어떤 수는 $5×9＝45$입니다.

평가 기준	배점
어떤 수를 똑같이 9묶음으로 나눈 것 중의 1묶음이 얼마인지 구했나요?	3점
어떤 수를 구했나요?	2점

수시 평가 대비 Level ❷
118~120쪽

1 (1) 4 (2) 16

2 예  / $\dfrac{5}{9}$

3 $\dfrac{17}{6}$ / $2\dfrac{5}{6}$　　**4** (1) 14 (2) 18

5 3개　　**6** ③

7 (1) $4\dfrac{3}{8}$ (2) $\dfrac{31}{9}$　　**8** 10

9 (1) > (2) <　　**10** ㉡

11 45분　　**12** 7개

13 $2\dfrac{8}{9}$　　**14** 6

15 (1) 42 (2) 72　　**16** $\dfrac{1}{3}, \dfrac{1}{6}, \dfrac{3}{6}, \dfrac{1}{7}, \dfrac{3}{7}, \dfrac{6}{7}$

17 34　　**18** 24

19 12개　　**20** $5\dfrac{8}{14}$

1 (1) 20의 $\dfrac{1}{5}$은 20을 똑같이 5묶음으로 나눈 것 중의 1묶음이므로 4입니다.

(2) 20의 $\dfrac{4}{5}$는 20을 똑같이 5묶음으로 나눈 것 중의 4묶음이므로 4×4=16입니다.

2 18을 2씩 묶으면 9묶음이고 10은 전체 9묶음 중의 5묶음이므로 18의 $\dfrac{5}{9}$입니다.

3 도형 1개를 똑같이 6으로 나눈 것 중의 하나는 $\dfrac{1}{6}$입니다.

$\dfrac{1}{6}$이 17개 있으므로 가분수로 나타내면 $\dfrac{17}{6}$입니다.

도형 2개와 $\dfrac{5}{6}$만큼 색칠하였으므로 대분수로 나타내면 $2\dfrac{5}{6}$입니다.

4 (1) 21 cm의 $\dfrac{2}{3}$는 21 cm를 똑같이 3부분으로 나눈 것 중의 2부분이므로 14 cm입니다.

(2) 21 cm의 $\dfrac{6}{7}$은 21 cm를 똑같이 7부분으로 나눈 것 중의 6부분이므로 18 cm입니다.

5 가분수는 분자가 분모와 같거나 분모보다 큰 분수이므로 $\dfrac{10}{9}, \dfrac{5}{5}, \dfrac{8}{3}$로 모두 3개입니다.

6 ③ $5=\dfrac{25}{5}$

7 (1) $\dfrac{35}{8}$는 $\dfrac{32}{8}(=4)$와 $\dfrac{3}{8}$이므로 $4\dfrac{3}{8}$입니다.

(2) $3\dfrac{4}{9}$는 $3(=\dfrac{27}{9})$과 $\dfrac{4}{9}$이므로 $\dfrac{31}{9}$입니다.

8 진분수는 분자가 분모보다 작은 분수이므로 분자는 11보다 작아야 합니다.

따라서 11보다 작은 가장 큰 자연수는 10입니다.

9 (1) 자연수 부분의 크기를 비교하면 3>2이므로 $3\dfrac{2}{7}>2\dfrac{5}{7}$입니다.

(2) 대분수를 가분수로 나타내면 $6\dfrac{3}{4}=\dfrac{27}{4}$이므로 $\dfrac{26}{4}<6\dfrac{3}{4}$입니다.

10 ㉠ 16의 $\dfrac{6}{8}$ ➡ 12 ㉡ 25의 $\dfrac{3}{5}$ ➡ 15 ㉢ 42의 $\dfrac{2}{6}$ ➡ 14

따라서 가장 큰 수는 ㉡입니다.

11 1시간의 $\dfrac{3}{4}$은 1시간=60분을 똑같이 4부분으로 나눈 것 중의 3부분이므로 45분입니다.

12 분모가 8인 진분수는 $\dfrac{1}{8}, \dfrac{2}{8}, \dfrac{3}{8}, \dfrac{4}{8}, \dfrac{5}{8}, \dfrac{6}{8}, \dfrac{7}{8}$이므로 자연수 부분이 5이고 분모가 8인 대분수는 $5\dfrac{1}{8}, 5\dfrac{2}{8}, 5\dfrac{3}{8}, 5\dfrac{4}{8}, 5\dfrac{5}{8}, 5\dfrac{6}{8}, 5\dfrac{7}{8}$로 모두 7개입니다.

13 $3\frac{2}{4}=\frac{14}{4}$, $4\frac{1}{6}=\frac{25}{6}$, $5\frac{2}{3}=\frac{17}{3}$, $2\frac{8}{9}=\frac{26}{9}$이므로

가분수로 나타내었을 때 분자가 가장 큰 분수는

$\frac{26}{9}=2\frac{8}{9}$입니다.

14 $2\frac{4}{\blacklozenge}$에서 자연수 2를 가분수 $\frac{\blacklozenge+\blacklozenge}{\blacklozenge}$로 나타내면 $2\frac{4}{\blacklozenge}$

는 $\frac{1}{\blacklozenge}$이 ($\blacklozenge+\blacklozenge+4$)개이므로 $2\frac{4}{\blacklozenge}=\frac{\blacklozenge+\blacklozenge+4}{\blacklozenge}$입

니다. 따라서 $\blacklozenge+\blacklozenge+4=16$에서 $\blacklozenge+\blacklozenge=12$,

$\blacklozenge=6$입니다.

15 (1) □를 똑같이 6묶음으로 나눈 것 중의 4묶음이 28이

므로 똑같이 6묶음으로 나눈 것 중의 1묶음은

$28\div4=7$입니다. 따라서 □$=7\times6=42$입니다.

(2) □를 똑같이 9묶음으로 나눈 것 중의 5묶음이 40이

므로 똑같이 9묶음으로 나눈 것 중의 1묶음은

$40\div5=8$입니다. 따라서 □$=8\times9=72$입니다.

16 진분수는 분자가 분모보다 작은 분수입니다.

• 분모가 1인 경우: 진분수를 만들 수 없습니다.

• 분모가 3인 경우: $\frac{1}{3}$

• 분모가 6인 경우: $\frac{1}{6}$, $\frac{3}{6}$

• 분모가 7인 경우: $\frac{1}{7}$, $\frac{3}{7}$, $\frac{6}{7}$

17 $6\frac{3}{5}=\frac{33}{5}$이므로 $\frac{□}{5}>\frac{33}{5}$에서 □>33입니다.

따라서 □ 안에 들어갈 수 있는 자연수 중에서 가장 작은

수는 34입니다.

18 어떤 수의 $\frac{1}{8}$은 $45\div5=9$이므로 어떤 수는 $9\times8=72$

입니다. 따라서 72의 $\frac{1}{9}$이 8이므로 $\frac{3}{9}$은 8의 3배인

$8\times3=24$입니다.

서술형
19 예 32개의 $\frac{3}{8}$은 32를 똑같이 8묶음으로 나눈 것 중의

3묶음입니다. 32를 똑같이 8묶음으로 나눈 것 중의

1묶음은 4이므로 3묶음은 $4\times3=12$입니다.

따라서 지민이가 먹은 딸기는 12개입니다.

평가 기준	배점
지민이가 먹은 딸기의 개수를 구하는 식을 세웠나요?	2점
지민이가 먹은 딸기의 개수를 구했나요?	3점

서술형
20 예 5보다 크고 6보다 작은 수이므로 대분수의 자연수 부

분은 5입니다.

진분수의 분자를 □라고 하면 분모는 □$+6$입니다.

분자와 분모의 합이 22이므로 □$+$□$+6=22$,

□$+$□$=16$, □$=8$입니다.

분자가 8이고 분모가 $8+6=14$인 진분수는 $\frac{8}{14}$입

니다.

따라서 조건을 만족하는 대분수는 $5\frac{8}{14}$입니다.

평가 기준	배점
대분수의 자연수 부분과 분자, 분모를 각각 구했나요?	4점
조건을 만족하는 대분수를 구했나요?	1점

5 들이와 무게

들이와 무게는 측정 영역에서 학생들이 다루게 되는 핵심적인 속성입니다. 들이와 무게는 실생활과 직접적으로 연결되어 있기 때문에 들이와 무게의 측정 능력을 기르는 것은 실제 생활의 문제를 해결하는 데 필수적입니다. 따라서 들이와 무게를 지도할 때에는 다음과 같은 사항에 중점을 둡니다. 첫째, 측정의 필요성이 강조되어야 합니다. 둘째, 실제 측정 경험이 제공되어야 합니다. 셋째, 어림과 양감 형성에 초점을 두어야 합니다. 넷째, 실생활 및 타 교과와의 연계가 이루어져야 합니다. 이 단원은 초등학교에서 들이와 무게를 다루는 마지막 단원이므로 이러한 점을 강조하여 들이와 무게를 정확히 이해할 수 있도록 지도합니다.

STEP 1 교과개념 1. 들이 비교하기　123쪽

1 2, 3, 1　　　　**2** 주전자

3 우유갑　　　　**4** 가, 나, 3

1 그릇의 크기가 클수록 들이가 많습니다.

2 주스병에 가득 채운 물을 주전자에 모두 옮겨 담았을 때 물이 가득 차지 않았으므로 들이가 더 많은 것은 주전자입니다.

3 물을 부은 그릇의 모양과 크기가 같으므로 물의 높이가 낮을수록 들이가 적습니다.

4 가 그릇은 컵 6개만큼, 나 그릇은 컵 3개만큼 물이 들어가므로 가 그릇이 나 그릇보다 컵 6−3=3(개)만큼 들이가 더 많습니다.

STEP 1 교과개념 2. 들이의 단위, 들이를 어림하고 재어 보기　125쪽

1 ① L에 ○표, mL에 ○표　② 1000

2 ① 3　② 400

3 ① 2000, 2100　② 1000, 1, 500

4 ① △　② ○　　　　**5** 1

1 ① 1 리터 ➡ 1 L, 1 밀리리터 ➡ 1 mL
② 1 L=1000 mL

2 ① 물이 눈금 3까지 채워져 있으므로 3 L입니다.
② 물이 눈금 400까지 채워져 있으므로 400 mL입니다.

3 ① 1 L=1000 mL ➡ 2 L=2000 mL
② 1000 mL=1 L

5 1 L짜리 그릇에 물이 거의 찼으므로 주전자의 들이는 약 1 L라고 할 수 있습니다.

STEP 1 교과개념 3. 들이의 덧셈과 뺄셈　127쪽

1 2, 900

2 3, 200

3 ① 4, 900　② 7, 600

4 ① 1, 200　② 2, 700

1 1 L 500 mL 간 곳에서 1 L 400 mL를 더 가면 2 L 900 mL입니다.
➡ 1 L 500 mL+1 L 400 mL
　=2 L 900 mL

2 4 L 300 mL만큼 색칠된 도형에서 1 L 100 mL만큼 지우면 3 L 200 mL가 남습니다.
➡ 4 L 300 mL−1 L 100 mL
　=3 L 200 mL

3 L 단위의 수끼리, mL 단위의 수끼리 더합니다.

4 L 단위의 수끼리, mL 단위의 수끼리 뺍니다.

STEP 1 교과개념 4. 무게 비교하기　129쪽

1 3, 1, 2

2 ① 예 필통에 ○표　② 예 필통에 ○표　③ 필통

3 ① 35　② 30　③ 고구마, 감자, 5

1 냉장고가 가장 무겁고, 주사위가 가장 가볍습니다.

2 ③ 접시가 내려간 쪽이 더 무거우므로 필통이 더 무겁습니다.

3 ③ 고구마가 감자보다 100원짜리 동전 35−30=5(개)
만큼 더 무겁습니다.

STEP 1 교과 개념　5. 무게의 단위, 무게를 어림하고
　　　　　　　　재어 보기　　　131쪽

1 ① kg에 ○표, g에 ○표　② 1000

2 ① 1　② 1800

3 ① 1000, 1900　② 5000, 5, 400

4 ① △　② ○

5 ① 400　② 300

1 ① 1 킬로그램 ➡ 1 kg, 1 그램 ➡ 1 g
② 1 kg=1000 g

2 ① 저울의 바늘 끝이 1 kg을 가리키므로 1 kg입니다.
② 저울의 바늘 끝이 1800 g을 가리키므로 1800 g입니다.

3 ① 1 kg 900 g=1000 g+900 g=1900 g
② 5400 g=5000 g+400 g=5 kg 400 g

5 ① 800÷2=400 (g)
② 900÷3=300 (g)

STEP 1 교과 개념　6. 무게의 덧셈과 뺄셈　　　133쪽

1 3, 500

2 2, 200

3 ① 5, 800　② 7, 900

4 ① 2, 100　② 7, 100

1 1 kg 400 g 간 곳에서 2 kg 100 g을 더 가면
3 kg 500 g입니다.
➡ 1 kg 400 g+2 kg 100 g=3 kg 500 g

2 4 kg 500 g만큼 색칠된 도형에서 2 kg 300 g만큼 지
우면 2 kg 200 g이 남습니다.
➡ 4 kg 500 g−2 kg 300 g=2 kg 200 g

3 kg 단위의 수끼리, g 단위의 수끼리 더합니다.

4 kg 단위의 수끼리, g 단위의 수끼리 뺍니다.

STEP 2 꼭 나오는 유형　　　134~139쪽

1 컵　　　　　　　준비 (　)(　)(○)

2 ㉡, ㉠, ㉢　　　**3** 가 그릇, 2개

4 3배　　　**5** 예 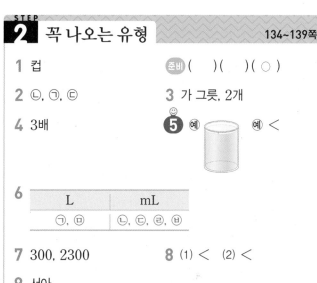 예 <

6

L	mL
㉠, ㉤	㉡, ㉢, ㉣, ㉥

7 300, 2300　　　　**8** (1) <　(2) <

9 서아
　바르게 고치기　예 내 컵의 들이는 300 mL정도 돼.

10 (1) 3 L　(2) 1 L 500 mL　　　**11** 4번

준비 (1) 6 m 20 cm　(2) 3 m 50 cm

12 (1) 6 L 200 mL　(2) 3 L 500 mL

13 4, 100

14 (1) 1200 mL(=1 L 200 mL)
(2) 1850 mL(=1 L 850 mL)

15 2 L 100 mL　　　**16** 3 L 600 mL

17 (왼쪽에서부터) 예 800, 8 L 300 mL(=8300 mL)
/ 1200, 6 L 300 mL(=6300 mL)

18 사과주스

준비 5 g　　　　　**19** 초콜릿, 사탕, 3

20 예 벽돌

21 이유 예 100원짜리 동전과 50원짜리 동전의 무게는 같지
않으므로 잘못 비교했습니다.

22 참외 **23** 파란색 구슬

24 (1) 3500 (2) 5, 600 (3) 8

25 1 kg 600 g **26** (1) 농구공 (2) 트럭

27 멜론 1통에 ○표 **28** ㉡

29 ㉡, ㉢, ㉠

준비 (1) 2.5 (2) 2500 **30** (1) 2200 (2) 2500

31 (1) 8 kg 200 g (2) 3 kg 300 g

32 5 kg 200 g **33** 2 kg 400 g

34 400 kg **35** 예 7 kg 900 g

36 3 kg 500 g(=3500 g)

37 4 kg 950 g

1 주스병에 가득 채운 물을 컵에 옮겨 담았을 때 물이 넘쳤으므로 컵의 들이는 주스병의 들이보다 더 적습니다.

2 모양과 크기가 같은 큰 그릇에 옮겨 담았을 때의 높이를 비교합니다. 그릇의 들이가 많은 것부터 차례로 기호를 쓰면 ㉡, ㉠, ㉢입니다.

3 예 가 그릇은 컵 5개, 나 그릇은 컵 3개이므로 가 그릇이 나 그릇보다 컵 5−3=2(개)만큼 들이가 더 많습니다.

평가 기준
어느 그릇이 컵 몇 개만큼 더 많은지 구했나요?

4 주전자는 컵 6개, 물병은 컵 2개이므로 주전자의 들이는 물병의 들이의 6÷2=3(배)입니다.

내가 만드는 문제

5 나에 그리는 물의 양에 따라 들이 비교는 달라질 수 있습니다.
가보다 낮게 그리면 가>나, 가보다 높게 그리면 가<나입니다.

6 적은 들이는 mL, 많은 들이는 L를 사용하는 것이 편리합니다.

7 물이 채워진 그림의 눈금을 읽으면 큰 눈금 2칸, 작은 눈금 3칸이므로 2 L 300 mL입니다.
➡ 2 L 300 mL=2300 mL

8 (1) 4 L=4000 mL ➡ 3400 mL<4000 mL
(2) 7 L 600 mL=7600 mL
➡ 7060 mL<7600 mL

9 컵의 들이는 mL로 나타냅니다.

평가 기준
단위를 잘못 사용한 사람의 이름을 쓰고 바르게 고쳤나요?

10 (1) 6 L의 반이므로 약 3 L입니다.
(2) 3 L의 반이므로 약 1 L 500 mL입니다.

11 250 mL의 4배가 1000 mL=1 L이므로 컵으로 4번 부어야 합니다.

준비 (1)

$$\begin{array}{rr} & \scriptstyle 1 \\ & 2\text{ m}\ \ 70\text{ cm} \\ + & 3\text{ m}\ \ 50\text{ cm} \\ \hline & 6\text{ m}\ \ 20\text{ cm} \end{array}$$

(2)

$$\begin{array}{rr} & \scriptstyle 4\ \ \ 100 \\ & 5\text{ m}\ \ 30\text{ cm} \\ - & 1\text{ m}\ \ 80\text{ cm} \\ \hline & 3\text{ m}\ \ 50\text{ cm} \end{array}$$

12 (1)

$$\begin{array}{rr} & \scriptstyle 1 \\ & 2\text{ L}\ \ 700\text{ mL} \\ + & 3\text{ L}\ \ 500\text{ mL} \\ \hline & 6\text{ L}\ \ 200\text{ mL} \end{array}$$

(2)

$$\begin{array}{rr} & \scriptstyle 4\ \ \ 1000 \\ & 5\text{ L}\ \ 300\text{ mL} \\ - & 1\text{ L}\ \ 800\text{ mL} \\ \hline & 3\text{ L}\ \ 500\text{ mL} \end{array}$$

(1) mL 단위의 수끼리의 합이 1000이거나 1000보다 크면 1000 mL를 1 L로 받아올림합니다.
(2) mL 단위의 수끼리 뺄 수 없을 때에는 1 L를 1000 mL로 받아내림합니다.

13 2 L 800 mL+1 L 300 mL=4 L 100 mL

14 (1) ㉠+㉢=350 mL+850 mL
=1200 mL(=1 L 200 mL)
(2) ㉠+㉡+㉣=350 mL+600 mL+900 mL
=1850 mL(=1 L 850 mL)

15 자격루의 종이 3번 울린 것은 700 mL의 물이 3번 흘러 들어간 것이므로
700 mL+700 mL+700 mL
=2100 mL=2 L 100 mL입니다.

16 8 L 40 mL=8040 mL, 4 L 800 mL=4800 mL이므로 들이가 가장 많은 것은 8400 mL, 가장 적은 것은 4 L 800 mL입니다.
➡ 8400 mL−4 L 800 mL
=8 L 400 mL−4 L 800 mL
=3 L 600 mL

내가 만드는 문제

17 예 7 L 500 mL+800 mL=8 L 300 mL
예 7 L 500 mL−1200 mL=6 L 300 mL

18 3000원으로 살 수 있는 주스의 양을 구합니다.
(사과주스의 양)＝1 L 400 mL＋1 L 400 mL
＝2 L 800 mL
(오렌지주스의 양)＝900 mL＋900 mL＋900 mL
＝2 L 700 mL
➡ 2 L 800 mL＞2 L 700 mL이므로 3000원으로 더 많은 양을 살 수 있는 주스는 사과주스입니다.

19 사탕은 바둑돌 4개의 무게와 같고 초콜릿은 바둑돌 7개의 무게와 같습니다.
따라서 초콜릿이 사탕보다 바둑돌 3개만큼 더 무겁습니다.

😊 내가 만드는 문제
20 저울을 이용하여 무게를 비교할 때에는 접시가 내려간 쪽의 물건이 더 무겁습니다.
따라서 오이보다 무거운 물건을 씁니다.

21 무게를 비교할 때에는 같은 단위를 사용해야 합니다.

평가 기준
무게를 잘못 비교한 이유를 바르게 설명했나요?

22 참외는 사과보다 무겁고 사과는 귤보다 무겁습니다.
따라서 가장 무거운 과일은 참외입니다.

23 (파란색 구슬 10개)＝(빨간색 구슬 13개)이므로 한 개의 무게가 더 무거운 것은 파란색 구슬입니다.

24 1 kg＝1000 g, 1 t＝1000 kg임을 이용합니다.

25 저울은 1500 g에서 작은 눈금 한 칸을 더 지났으므로 1600 g입니다.
➡ 1600 g＝1 kg 600 g

26 (1) 600 g의 무게에 적당한 무게는 농구공입니다.
(2) 2 t의 무게에 적당한 무게는 트럭입니다.

27 저울이 가쪽으로 내려갔으므로 500 g보다 무거운 물건은 멜론 1통입니다.

28 상자의 무게는 2＋1＝3(kg)과 같으므로 3 kg짜리 추를 올려야 합니다.

29 1 kg 200 g＝1200 g, 1 kg 500 g＝1500 g이므로 무게가 무거운 것부터 차례로 기호를 쓰면 ㉡, ㉢, ㉠입니다.

30 (1) 2 kg＝2000 g이므로 2.2 kg＝2200 g입니다.
(2) $\frac{1}{2}$ kg＝500 g이므로 $2\frac{1}{2}$ kg＝2500 g 입니다.

31 (1)
```
      1
   4 kg  500 g
 + 3 kg  700 g
 ─────────────
   8 kg  200 g
```
(2)
```
   5   1000
   6 kg  100 g
 - 2 kg  800 g
 ─────────────
   3 kg  300 g
```
(1) g 단위의 수끼리의 합이 1000이거나 1000보다 크면 1000 g을 1 kg으로 받아올림합니다.
(2) g 단위의 수끼리 뺄 수 없을 때에는 1 kg을 1000 g 으로 받아내림합니다.

32 8 kg 500 g－3 kg 300 g＝5 kg 200 g

33 설탕 한 봉지의 무게는 1200 g이므로 2봉지의 무게는 1200 g＋1200 g＝2400 g입니다.
➡ 2 kg 400 g

34 상자의 무게는 모두
800 kg＋500 kg＋300 kg＝1600 kg입니다.
2 t＝2000 kg이므로 트럭에 더 실을 수 있는 무게는
2000 kg－1600 kg＝400 kg입니다.

😊 내가 만드는 문제
35 예 토끼와 강아지를 고른다면 무게의 합은
2 kg 300 g＋5 kg 600 g
＝7 kg 900 g입니다.

36 보라색 구슬 5개가 5 kg이므로 보라색 구슬 1개의 무게는 1 kg이고, 초록색 구슬 4개의 무게가 2 kg이므로 초록색 구슬 1개의 무게는 500 g입니다.
따라서 주어진 구슬의 무게는
1 kg＋1 kg＋1 kg＋500 g
＝3 kg 500 g입니다.

37 예 (소고기 2근)＝600 g＋600 g＝1200 g
＝1 kg 200 g
➡ (소고기 2근)＋(양파 1관)
＝1 kg 200 g＋3 kg 750 g
＝4 kg 950 g

평가 기준
소고기 2근의 무게를 구했나요?
소고기 2근과 양파 1관의 무게의 합을 구했나요?

STEP 3 자주 틀리는 유형 140~142쪽

1 (1) 4300 (2) 4030 (3) 4003

2 (1) 7, 500 (2) 7, 50 (3) 7, 5

3 (선 연결 그림)

4 (1) > (2) <

5 ㉡

6 ㉠

7 ㉡, ㉣, ㉠, ㉢

8 (○)(　)

9 ㉢

10 진호

11 영진

12 오이

13 민주

14 1 kg 300 g

15 1 kg 400 g

16 1 kg 800 g

17 (위에서부터) 2 / 400

18 (위에서부터) 300 / 3

19 (위에서부터) 5 / 680

20 (위에서부터) 8 / 450

---

1 (1) 4 L 300 mL = 4 L + 300 mL
　　　　　　　 = 4000 mL + 300 mL
　　　　　　　 = 4300 mL
(2) 4 L 30 mL = 4 L + 30 mL
　　　　　　 = 4000 mL + 30 mL = 4030 mL
(3) 4 L 3 mL = 4 L + 3 mL = 4000 mL + 3 mL
　　　　　　 = 4003 mL

2 (1) 7500 mL = 7000 mL + 500 mL = 7 L 500 mL
(2) 7050 mL = 7000 mL + 50 mL = 7 L 50 mL
(3) 7005 mL = 7000 mL + 5 mL = 7 L 5 mL

3 (1) 6 L 38 mL = 6 L + 38 mL
　　　　　　　 = 6000 mL + 38 mL = 6038 mL
(2) 6 L 30 mL = 6 L + 30 mL
　　　　　　　 = 6000 mL + 30 mL = 6030 mL
(3) 6 L 3 mL = 6 L + 3 mL = 6000 mL + 3 mL
　　　　　　 = 6003 mL

4 (1) 5 kg 400 g = 5400 g ➡ 5400 g > 4500 g
(2) 3 t = 3000 kg ➡ 3000 kg < 3300 kg

5 ㉡ 1 kg 500 g = 1500 g이므로
1600 g > 1500 g입니다.
따라서 무게가 더 가벼운 인형은 ㉡입니다.

6 ㉢ 8 t = 8000 kg
➡ 8900 kg > 8000 kg > 9 kg 800 g이므로 무게가
가장 무거운 것은 ㉠ 8900 kg입니다.

7 ㉠ 5 kg 350 g = 5350 g ㉢ 5 kg 500 g = 5500 g
➡ 5030 g < 5300 g < 5350 g < 5500 g이므로 무게
가 가벼운 것부터 차례로 기호를 쓰면 ㉡, ㉣, ㉠, ㉢
입니다.

8 볼링공의 무게는 kg, 솜사탕의 무게는 g을 사용하는 것
이 적당합니다.

9 ㉠ 코끼리 1마리: 3 t ㉡ 쌀 1가마: 80 kg

10 진호: 방에 있는 의자의 무게는 4 kg이야.

11 실제 무게와 준서는 300 g, 영진이는 150 g 차이가 납
니다. 따라서 멜론의 무게를 실제 무게에 더 가깝게 어림
한 사람은 영진입니다.

12 저울에 잰 무게와 호박은 150 g, 오이는 50 g 차이가 납니
다. 따라서 실제 무게에 더 가깝게 어림한 것은 오이입니다.

13 실제 무게와 지아는 200 g, 민주는 150 g, 은미는
300 g 차이가 납니다. 따라서 상자의 무게를 실제 무게
에 가장 가깝게 어림한 사람은 민주입니다.

14 (바나나의 무게) + (그릇의 무게) = 2 kg 500 g
(그릇의 무게) = 1 kg 200 g
➡ (바나나의 무게) = 2 kg 500 g − 1 kg 200 g
　　　　　　　　 = 1 kg 300 g

15 (수박의 무게) + (그릇의 무게) = 3 kg 200 g
(수박의 무게) = 1 kg 800 g
➡ (빈 그릇의 무게) = 3 kg 200 g − 1 kg 800 g
　　　　　　　　　 = 1 kg 400 g

16 (상자의 무게) + (책의 무게) = 4 kg 100 g
(책의 무게) = 2 kg 300 g
➡ (빈 상자의 무게) = 4 kg 100 g − 2 kg 300 g
　　　　　　　　　 = 1 kg 800 g

17 g 단위의 계산: 800 + □ = 1200,
　　　　　　　　　 □ = 1200 − 800 = 400
kg 단위의 계산: 1 + □ + 3 = 6, □ = 6 − 4 = 2

18 mL 단위의 계산: 1000 + □ − 850 = 450,
　　　　　　　　　　 □ + 150 = 450, □ = 300
L 단위의 계산: 6 − 1 − □ = 2, □ = 5 − 2 = 3

19 mL 단위의 계산: 470＋□＝1150,
　　　　　　　　□＝1150－470＝680
　　　L 단위의 계산: 1＋□＋2＝8, □＝8－3＝5

20 g 단위의 계산: 1000＋180－□＝730,
　　　　　　　　□＝1180－730＝450
　　　kg 단위의 계산: □－1－4＝3, □＝3＋1＋4＝8

---

4 (배 1개의 무게)＝(사과 2개의 무게)
　➡ (사과 1개의 무게)＝600÷2＝300(g)
　(귤 3개의 무게)＝(사과 1개의 무게)이므로
　(귤 1개의 무게)＝300÷3＝100(g)입니다.

5 (가지 1개의 무게)＝(피망 2개의 무게)
　➡ (피망 1개의 무게)＝160÷2＝80(g)
　(양파 1개의 무게)＝(피망 3개의 무게)
　　　　　　　　　　＝80×3＝240(g)

6 (호박 1개의 무게)＝(당근 3개의 무게)
　➡ (당근 1개의 무게)＝900÷3＝300(g)
　(당근 2개의 무게)＝300＋300＝600(g)이므로 오이
　1개의 무게는 600÷3＝200(g)입니다.

7 (수조의 들이)＝(물병의 들이)×6이고
　(물탱크의 들이)＝(수조의 들이)×4
　　　　　　　　＝(물병의 들이)×6×4
　　　　　　　　＝(물병의 들이)×24
　따라서 물탱크의 들이는 물병의 들이의 24배입니다.

8 (주전자의 들이)＝(컵의 들이)×4이고
　(항아리의 들이)＝(주전자의 들이)×5
　　　　　　　　＝(컵의 들이)×4×5
　　　　　　　　＝(컵의 들이)×20
　따라서 항아리의 들이는 컵의 들이의 20배입니다.

9 (가 그릇의 들이)＝(나 그릇의 들이)×3
　(다 그릇의 들이)＝(가 그릇의 들이)×5
　　　　　　　　＝(나 그릇의 들이)×3×5
　　　　　　　　＝(나 그릇의 들이)×15
　따라서 다 그릇의 들이는 나 그릇의 들이의 15배입니다.

10 500 mL＋500 mL＋500 mL＋600 mL
　＝2100 mL＝2 L 100 mL

11 2 L 500 mL＋2 L 500 mL＋1 L 200 mL
　＝5 L＋1 L 200 mL＝6 L 200 mL

12 2 L 600 mL＋2 L 600 mL－1 L 400 mL
　＝5 L 200 mL－1 L 400 mL
　＝3 L 800 mL

13 (고구마 70상자의 무게)＝50×70＝3500(kg)
　1000 kg＝1 t 이므로 3500 kg을 실으려면 트럭은 적
　어도 4대 필요합니다.

<table>
<tr><td colspan="3">^{STEP} **4** 최상위 도전 유형　　　　143~146쪽</td></tr>
</table>

1 나	**2** 나, 가, 다, 라
3 다현, 현주, 소진, 지윤	**4** 100 g
5 240 g	**6** 200 g

7 24배	**8** 20배	**9** 15배

10 방법 예 가 컵에 물을 가득 담아 물통에 3번 붓고, 나 컵에 물을 가득 담아 물통에 1번 붓습니다.

11 방법 예 나 그릇에 물을 가득 담아 물통에 2번 붓고, 가 그릇에 물을 가득 담아 물통에 1번 붓습니다.

12 방법 예 가 그릇에 물을 가득 담아 물통에 2번 붓고, 나 그릇에 가득 차도록 물통에서 물을 담아 덜어 냅니다.

13 4대	**14** 4대	**15** 5대
16 4대	**17** 5 kg	**18** 8 kg
19 3 kg 200 g	**20** 5번	**21** 3번
22 4번	**23** 100 g	**24** 900 g
25 500 g		

1 들이가 많을수록 적은 횟수만큼 부어야 하므로 들이가 가장 많은 것은 나 컵입니다.

2 부은 횟수가 적을수록 들이가 많습니다. 따라서 들이가 많은 컵부터 차례로 기호를 쓰면 나, 가, 다, 라입니다.

3 덜어 낸 횟수가 많을수록 들이가 적습니다.
　따라서 들이가 적은 컵을 가진 사람부터 차례로 이름을 쓰면 다현, 현주, 소진, 지윤입니다.

14 (옥수수 350상자의 무게)
$=20 \times 350 = 7000(kg) \Rightarrow 7\,t$
$7 \div 2 = 3 \cdots 1$이므로 트럭은 적어도 4대 필요합니다.

15 (사과 600상자의 무게)
$=15 \times 600 = 9000(kg) \Rightarrow 9\,t$
$9 \div 2 = 4 \cdots 1$이므로 트럭은 적어도 5대 필요합니다.

16 (밀가루 500포대의 무게)
$=10 \times 500 = 5000(kg) \Rightarrow 5\,t$
(쌀 300포대의 무게) $=20 \times 300 = 6000(kg) \Rightarrow 6\,t$
밀가루와 쌀의 무게는 모두 $5+6=11(t)$이므로
$11 \div 3 = 3 \cdots 2$에서 트럭은 모두 4대 필요합니다.

17 민아가 주운 밤의 무게를 $\square\,kg$이라 하면 소희가 주운 밤의 무게는 $(\square-2)\,kg$입니다.
$\square+\square-2=8$, $\square+\square=10$, $\square=5$
따라서 민아가 주운 밤의 무게는 $5\,kg$입니다.

18 진영이가 딴 딸기의 무게를 $\square\,kg$이라 하면 예진이가 딴 딸기의 무게는 $(\square-4)\,kg$입니다.
$\square+\square-4=20$, $\square+\square=24$, $\square=12$
따라서 진영이는 $12\,kg$, 예진이는 $12-4=8(kg)$을 땄습니다.

19 돼지고기의 무게를 $\square\,kg$이라 하면 소고기의 무게는 $(\square-2)\,kg$입니다.
$\square+\square-2\,kg=8\,kg\,400\,g$
$\Rightarrow \square+\square=10\,kg\,400\,g$, $\square=5\,kg\,200\,g$
따라서 돼지고기의 무게는 $5\,kg\,200\,g$, 소고기의 무게는 $5\,kg\,200\,g-2\,kg=3\,kg\,200\,g$입니다.

20 (500 mL들이 그릇으로 3번 부은 물의 양)
$=500\,mL+500\,mL+500\,mL$
$=1500\,mL$
(더 부어야 하는 물의 양)$=3\,L-1500\,mL$
$\qquad\qquad\qquad =1500\,mL$
1500 mL는 300 mL의 5배이므로 300 mL들이 그릇으로 적어도 5번 더 물을 부어야 합니다.

21 (800 mL들이 그릇으로 4번 부은 물의 양)
$=800\,mL+800\,mL+800\,mL+800\,mL$
$=3200\,mL$
(더 부어야 하는 물의 양)$=5\,L-3200\,mL$
$\qquad\qquad\qquad =1800\,mL$
1800 mL는 600 mL의 3배이므로 600 mL들이 그릇으로 적어도 3번 더 물을 부어야 합니다.

22 (300 mL들이 컵으로 4번 부은 물의 양)
$=300\,mL+300\,mL+300\,mL+300\,mL$
$=1200\,mL$
(주전자에 들어 있는 물의 양)
$=1\,L\,600\,mL+1200\,mL=2800\,mL$
(더 부어야 할 물의 양)$=4\,L-2800\,mL$
$\qquad\qquad\qquad =1200\,mL$
1200 mL는 300 mL의 4배이므로 300 mL들이 컵으로 적어도 4번 더 물을 부어야 합니다.

23 (복숭아 3개의 무게)$=2\,kg\,800\,g-1\,kg\,900\,g$
$\qquad\qquad\qquad =900\,g$
$900\,g=300\,g+300\,g+300\,g$이므로 복숭아 1개의 무게는 $300\,g$입니다.
(복숭아 6개의 무게)$=300\,g \times 6=1800\,g$
$\qquad\qquad \Rightarrow 1\,kg\,800\,g$
(바구니만의 무게)$=1\,kg\,900\,g-1\,kg\,800\,g$
$\qquad\qquad\qquad =100\,g$

24 (자몽 5개의 무게)$=2\,kg\,500\,g-1\,kg\,500\,g$
$\qquad\qquad\qquad =1\,kg$
$1\,kg=1000\,g=200\,g \times 5$이므로 자몽 1개의 무게는 $200\,g$입니다.
(자몽 8개의 무게)$=200\,g \times 8=1600\,g$
$\qquad\qquad \Rightarrow 1\,kg\,600\,g$
(바구니만의 무게)$=2\,kg\,500\,g-1\,kg\,600\,g$
$\qquad\qquad\qquad =900\,g$

25 (참외 3개의 무게)$=3\,kg\,300\,g-2100\,g$
$\qquad\qquad\qquad =3300\,g-2100\,g$
$\qquad\qquad\qquad =1200\,g$
$1200\,g=400\,g \times 3$이므로 참외 1개의 무게는 $400\,g$입니다.
(참외 7개의 무게)$=400\,g \times 7=2800\,g$
(그릇만의 무게)$=3\,kg\,300\,g-2800\,g$
$\qquad\qquad\qquad =3300\,g-2800\,g$
$\qquad\qquad\qquad =500\,g$

수시 평가 대비 Level ❶

147~149쪽

1 적습니다에 ○표

2 ②, ④

3 (1) kg (2) t

4 (1) 2, 400 (2) 2, 40 (3) 2, 4

5 2 kg 300 g

6 가위

7 배 1개에 ○표

8 4 kg

9 >

10 5015 mL

11 (1) 400 (2) 500

12 (1) 800 mL (2) 1 L 300 mL(=1300 mL)

13 가, 라, 나, 다

14 3 L 700 mL / 1 L 300 mL

15 1, 500 / 500

16 1 kg 500 g, 3 kg 100 g

17 1 L 700 mL

18 3개

19 1 kg 800 g

20 900 mL

---

1 컵의 수가 많을수록 들이가 더 많습니다.

2 들이가 많은 것은 L로, 들이가 적은 것은 mL로 재어 나타내는 것이 알맞습니다.

3 (1) 1000 g=1 kg
   (2) 1000 kg=1 t

4 1000 mL=1 L

5 2300 g=2 kg 300 g

6 바둑돌의 수를 비교하면 10<15이므로 가위가 더 무겁습니다.

7 저울이 가 쪽으로 내려갔으므로 가에 알맞은 것은 200 g 보다 더 무거운 배 1개입니다.

8 400 g짜리 상자 10개의 무게는 4000 g입니다.
   ➡ 4000 g=4 kg

9 3 kg 77 g=3077 g ➡ 3700 g>3077 g

10 5 L 15 mL=5 L+15 mL
          =5000 mL+15 mL=5015 mL

11 (1) 1 kg=1000 g이므로 0.4 kg=400 g입니다.
   (2) 1 kg=1000 g이므로 $\frac{1}{2}$ kg=500 g입니다.

12 (1) ㉠+㉡=500 mL+300 mL=800 mL
   (2) ㉠+㉢=500 mL+800 mL=1300 mL
             =1 L 300 mL

13 컵의 수가 적을수록 들이가 많습니다.
   컵의 수를 비교하면 3<6<8<10이므로 들이가 많은 컵부터 차례로 기호를 쓰면 가, 라, 나, 다입니다.

14 합: 2 L 500 mL+1 L 200 mL
        =3 L 700 mL
   차: 2 L 500 mL−1 L 200 mL
        =1 L 300 mL

15 가: 3 L=3000 mL의 반이므로
        1500 mL=1 L 500 mL입니다.
   나: 1 L 500 mL를 똑같이 셋으로 나눈 것 중의 하나이므로 500 mL입니다.

16 · 2 kg 300 g−800 g=1 kg 1300 g−800 g
                  =1 kg 500 g
   · 2 kg 300 g+800 g=3 kg 100 g

17 3300 mL=3 L 300 mL
   (더 부어야 할 물의 양)
   =5 L−3 L 300 mL
   =1 L 700 mL

18 (300 g짜리 추 5개의 무게)=300×5=1500(g)
   2 kg 700 g=2700 g이므로
   400 g짜리 추 몇 개의 무게는
   2700 g−1500 g=1200 g입니다.
   400 g+400 g+400 g=1200 g이므로 400 g짜리 추를 3개 올렸습니다.

서술형
19 예 빨간색 가방의 무게는 1600 g=1 kg 600 g입니다.
      따라서 파란색 가방의 무게는
      3 kg 400 g−1 kg 600 g
      =1 kg 800 g입니다.

평가 기준	배점
무게의 단위를 같게 고쳤나요?	2점
파란색 가방의 무게를 구했나요?	3점

20 서술형 ⑩ 마신 오렌지주스의 양은 300 mL씩 4+3=7(컵)이므로 300×7=2100(mL) ➡ 2 L 100 mL입니다.
따라서 남은 오렌지주스는
3 L−2 L 100 mL
=900 mL입니다.

평가 기준	배점
마신 오렌지주스의 양을 구했나요?	2점
남은 오렌지주스의 양을 구했나요?	3점

수시 평가 대비 Level ❷
150~152쪽

1 물병
2 (1) 1400 (2) 4, 500
3 (1) mL (2) L
4 1 kg 400 g
5 (1) 5 L 800 mL (2) 3 L 600 mL
6 키위, 10개
7 세희
8 (1) < (2) >
9 ⑩ 1000 mL(=1 L)
10 나, 다, 가
11 (위에서부터) 300 / 2
12 3 kg 500 g
13 1 kg 970 g
14 100배
15 방법 ⑩ 가 그릇에 물을 가득 담아 물통에서 2번 붓고, 나 그릇에 가득 차도록 물통에서 물을 담아 덜어 냅니다.
16 200 g
17 800 g
18 4번
19 2배
20 11 kg

---

1 물병의 물이 가득 차지 않았으므로 들이가 더 많은 것은 물병입니다.

2 1 kg=1000 g

3 들이가 적은 것은 mL, 들이가 많은 것은 L를 사용합니다.

4 배추의 무게는 1 kg에서 작은 눈금 4칸 더 간 곳을 가리키므로 1400 g=1 kg 400 g입니다.

5 (1)
```
   3 L  500 mL
+  2 L  300 mL
―――――――――
   5 L  800 mL
```
(2)
```
     4    1000
   5 L  100 mL
−  1 L  500 mL
―――――――――
   3 L  600 mL
```
L 단위의 수끼리, mL 단위의 수끼리 계산합니다.

6 키위는 바둑돌 25개의 무게와 같고 귤은 바둑돌 15개의 무게와 같습니다.
따라서 키위가 귤보다 바둑돌 25−15=10(개)만큼 더 무겁습니다.

7 버스 한 대의 무게는 약 10 t입니다.

8 (2) 5900 mL=5 L 900 mL
➡ 5900 mL>5 L 90 mL

9 주스병은 500 mL 우유갑으로 2번 정도 들어갈 것 같으므로 들이는 약 1000 mL(=1 L)입니다.

10 물을 부은 횟수가 적을수록 컵의 들이가 많습니다.

11 mL 단위의 계산: 1000+□−400=900,
600+□=900, □=300
L 단위의 계산: 5−1−□=2, □=2

12 (강아지의 무게)=38 kg−34 kg 500 g
=3 kg 500 g

13 ㉡ 5 kg 800 g=5800 g, ㉣ 5 kg 30 g=5030 g이므로 가장 무거운 무게는 ㉢, 가장 가벼운 무게는 ㉣입니다.
➡ 7000 g−5030 g=1970 g=1 kg 970 g

14 5 t=5000 kg이고 50의 100배는 5000이므로 코끼리의 무게는 민석이의 몸무게의 약 100배입니다.

15 3 L 300 mL+3 L 300 mL−1 L 500 mL
=6 L 600 mL−1 L 500 mL
=5 L 100 mL

16 (오이 1개의 무게)=(피망 3개의 무게)
➡ (피망 1개의 무게)=300÷3=100(g)
(당근 2개의 무게)=(피망 4개의 무게)
=100×4=400(g)이므로
당근 1개의 무게는 400÷2=200(g)입니다.

17 (사과 5개의 무게)=2 kg 200 g−1 kg 200 g=1 kg
1 kg=1000 g=200 g×5이므로 사과 1개의 무게는
200 g입니다.
(사과 7개의 무게)=200 g×7=1400 g
➡ 1 kg 400 g
(바구니만의 무게)=2 kg 200 g−1 kg 400 g
=800 g

18 (600 mL들이 그릇으로 4번 부은 물의 양)
=600 mL+600 mL+600 mL+600 mL
=2400 mL
(더 부어야 하는 물의 양)=4 L−2400 mL
=1600 mL
1600 mL는 400 mL의 4배이므로 400 mL들이 그릇
으로 적어도 4번 더 물을 부어야 합니다.

서술형
19 예 세숫대야는 컵 8개, 물병은 컵 4개이므로 세숫대야의
들이는 물병의 들이의 8÷4=2(배)입니다.

평가 기준	배점
세숫대야의 들이는 물병의 들이의 몇 배인지 구했나요?	5점

서술형
20 예 은호가 딴 귤의 무게를 □ kg이라 하면 지혜가 딴 귤
의 무게는 (□+2) kg입니다.
□+□+2=20, □+□=18, □=9
따라서 지혜가 딴 귤의 무게는 9+2=11(kg)입니다.

평가 기준	배점
문제에 알맞은 식을 세웠나요?	3점
지혜가 딴 귤의 무게를 구했나요?	2점

자료의 정리

우리가 쉽게 접하는 인터넷, 텔레비전, 신문 등의 매체는 하루도 빠짐없이 통계적 정보를 쏟아내고 있습니다. 일기 예보, 여론 조사, 물가 오름세, 취미, 건강 정보 등 광범위한 주제가 다양한 통계적 과정을 거쳐 우리에게 소개되고 있습니다. 따라서 통계를 바르게 이해하고 합리적으로 사용할 수 있는 힘을 기르는 것은 정보화 사회에 적응하기 위해 대단히 중요하며, 미래 사회를 대비하는 지혜이기도 합니다. 통계는 처리하는 절차나 방법에 따라 결과가 달라지기 때문에 통계의 비전문가라 해도 자료의 수집, 정리, 표현, 해석 등과 같은 통계의 전 과정을 이해하는 것은 합리적 의사 결정을 위해 매우 중요합니다. 따라서 이 단원은 자료 표현의 기본이 되는 표와 그림그래프를 통해 간단한 방법으로 통계가 무엇인지 경험할 수 있도록 합니다.

STEP 1 교과개념   **1. 표의 내용 알아보기, 자료를 수집하여 표로 나타내기**   155쪽

1 ① 4명 ② 30명 ③ 딸기 ④ 1명

2 ① 예 정민이네 모둠 학생들이 좋아하는 간식
② 예 정민이네 모둠 학생
③ 4, 5, 3, 2, 14

1 ① 사과, 딸기, 포도, 바나나를 좋아하는 학생 수를 모두
더하면 5+9+6+6=26(명)이므로 귤을 좋아하는
학생은 30−26=4(명)입니다.
② 조사한 학생 수는 합계를 보고 알 수 있습니다.
③ 학생 수를 비교하면 9>6>5>4이므로 가장 많은 학
생이 좋아하는 과일은 딸기입니다.
④ 포도를 좋아하는 학생은 6명이고, 사과를 좋아하는 학
생은 5명이므로 포도를 좋아하는 학생은 사과를 좋아
하는 학생보다 6−5=1(명) 더 많습니다.

2 ③ 조사한 자료를 보고 두 번 세거나 빠뜨리지 않게 표시
하며 세어서 표로 나타냅니다.
떡볶이 4명, 피자 5명, 햄버거 3명, 아이스크림 2명
이므로 (합계)=4+5+3+2=14(명)입니다.

STEP 1 교과개념 2. 그림그래프 알아보기 157쪽

1 ① 그림그래프 ② 10, 1 ③ 23

2 ① 10그루, 1그루 ② 32그루 ③ 달빛 학교

1 ① 조사한 수를 그림으로 나타낸 그래프를 그림그래프라고 합니다.
  ③ 큰 그림이 2개, 작은 그림이 3개이므로 미국에 가 보고 싶은 학생은 23명입니다.

2 ② 큰 그림이 3개, 작은 그림이 2개이므로 32그루입니다.
  ③ 큰 그림의 수가 가장 많은 학교를 찾으면 달빛 학교입니다.
  따라서 나무가 가장 많은 학교는 달빛 학교입니다.

STEP 1 교과개념 3. 그림그래프로 나타내기 159쪽

1 ① 10, 1

② 종류별 책의 수

종류	책의 수
동화책	▭▭▭▭▭▭▭▭▭
위인전	▭▭▭▭▭▭▭
만화책	▭▭▭▭▭▭▭▭

▭ 10권 ▱ 1권

③ 동화책

2

마을별 자전거 수

마을	자전거 수
샛별	◎◎○○○○○
한마음	◎◎◎○
큰꿈	◎○○○○○○○○

◎ 10대 ○ 1대

1 ① 종류별 책의 수가 두 자리 수이므로 ▭을 10권, ▱을 1권으로 나타내는 것이 좋습니다.
  ② • 위인전: 37권이므로 ▭을 3개, ▱을 7개 그립니다.
    • 만화책: 44권이므로 ▭을 4개, ▱을 4개 그립니다.

2 • 한마음 마을: 31대이므로 ◎을 3개, ○을 1개 그립니다.
  • 큰꿈 마을: 18대이므로 ◎을 1개, ○을 8개 그립니다.

STEP 2 꼭 나오는 유형 160~164쪽

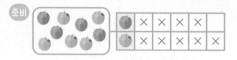

1

배우고 싶은 악기별 학생 수

악기	피아노	바이올린	첼로	드럼	합계
학생 수(명)	6	7	3	6	22

2 바이올린 **3** 표

4 5명 / 3명

5

좋아하는 중화요리별 학생 수

요리	짜장면	짬뽕	볶음밥	탕수육	합계
남학생 수(명)	5	2	3	4	14
여학생 수(명)	3	2	5	6	16

6 30명 **7** 11명

준비 **4명** **8** 10명, 1명

9 32명 **10** 장미

11 140자루 **12** 700자루

13 ©

14

좋아하는 과일별 학생 수

과일	사과	포도	참외	키위	합계
학생 수(명)	15	22	12	7	56

15 10명, 1명에 ○표

16

좋아하는 과일별 학생 수

과일	학생 수
사과	◎○○○○○
포도	◎◎○○
참외	◎○○
키위	○○○○○○○

◎ 10명 ○ 1명

17 키위

18

모둠별 받은 붙임딱지 수

모둠	붙임딱지 수
가	♥♥♥♡
나	♥♥ ♡♥♥
다	♥ ♡♡♡
라	♥ ♡♥♡♥♥

♥ 10장 ♡ 1장

19 가 모둠

20 보고 싶은 문화재별 학생 수

문화재	학생 수
다보탑	☺ ☺ ☺ ☺ ☺
첨성대	☺ ☺ ☺ ☺ ☺
숭례문	☺ ☺ ☺

☺100명
☺10명

21 좋아하는 운동별 학생 수

운동	학생 수
축구	◎◎◎◎●●●●●
농구	◎◎◎●●●●
야구	◎◎●●●●●●
배구	◎◎●●

◎10명
●1명

㉒ 예) 좋아하는 운동별 학생 수

운동	학생 수
축구	◎◎◎◎◎◎◎ ●
농구	◎◎◎◎
야구	◎◎◎ ●●
배구	◎◎ ●●

◎10명
○ 5명
● 1명

23 예) 여러 번 그려야 하는 것을 더 간단히 그릴 수 있습니다.

24 105그루

25 마을별 심은 나무 수

마을	나무 수
가	🎈🎈🎈🎈🎈
나	🎈🎈🎈🎈🎈🎈🎈
다	🎈🎈🎈🎈🎈
라	🎈🎈🎈🎈

🎈100그루
🎈10그루
🎈1그루

26 34, 50, 150 /
　　과수원별 사과 생산량

과수원	생산량
사랑	🍎🍎🍎🍎🍎
소망	🍎🍎🍎🍎🍎
믿음	🍎🍎🍎🍎🍎
축복	🍎🍎🍎🍎🍎

🍎10상자
🍎1상자

27 가　　　　　　　**28** 17 g

29 봄

30 일주일 동안 팔린 음식별 그릇 수

음식	비빔밥	냉면	불고기	갈비탕	합계
그릇 수(그릇)	310	240	400	140	1090

31 불고기, 비빔밥, 냉면, 갈비탕　　**32** 90그릇

33 예) 가장 많이 팔린 음식인 불고기의 재료를 많게, 가장 적게 팔린 갈비탕의 재료를 적게 준비합니다.

2 학생 수가 가장 많은 악기는 7명인 바이올린입니다.

3 악기별 학생 수를 알아보기 편리한 것은 표입니다.

4 파란색이 5개, 주황색이 3개이므로 남학생은 5명, 여학생은 3명입니다.

6 표에서 남학생이 14명, 여학생이 16명이므로 조사한 학생은 모두 14+16=30(명)입니다.

7 예) 탕수육을 좋아하는 여학생 수는 6명이고 짜장면을 좋아하는 남학생 수는 5명이므로 학생 수의 합은
6+5=11(명)입니다.

평가 기준
탕수육을 좋아하는 여학생 수와 짜장면을 좋아하는 남학생 수를 구했나요?
학생 수의 합을 구했나요?

8 큰 그림은 10명, 작은 그림은 1명을 나타냅니다.

9 튤립은 큰 그림이 3개, 작은 그림이 2개이므로 32명입니다.

10 큰 그림의 수가 가장 많은 꽃은 장미입니다.

11 11월은 큰 그림 1개, 작은 그림 4개이므로 140자루입니다.

12 9월: 310자루, 10월: 250자루, 11월: 140자루
➡ 310+250+140=700(자루)

13 ㉢ 다 마을의 귤 수확량은 241상자, 나 마을의 귤 수확량은 310상자이므로 나 마을의 귤 수확량이 더 많습니다.

14 (합계)=15+22+12+7=56(명)

15 학생 수를 십의 자리, 일의 자리 2가지로 하는 것이 좋습니다.

17 키위는 ◎ 그림이 없으므로 가장 적은 학생들이 좋아하는 과일입니다.

19 나 모둠보다 큰 그림이 더 많은 모둠은 가 모둠입니다.

20 큰 그림은 100명, 작은 그림은 10명을 나타냅니다.

😊 내가 만드는 문제
22 (예) ◎는 10명, ○는 5명, ●는 1명으로 하여 그려 봅니다.

23
평가 기준
그림의 단위가 많아졌을 때의 편리한 점을 썼나요?

24 (가, 나, 라 마을의 나무 수의 합)
　＝140＋62＋113＝315(그루)
　➡ (다 마을의 나무 수)＝420－315＝105(그루)

26 그림그래프에서 🍎는 10상자, 🍎는 1상자를 나타내므로 사랑 마을의 사과 생산량은 34상자, 믿음 마을의 사과 생산량은 50상자입니다.
(합계)＝34＋42＋50＋24＝150(상자)
표에서 소망 마을의 사과 생산량은 42상자이므로 🍎 4개, 🍎 2개로 나타내고, 축복 마을의 사과 생산량은 24상자이므로 🍎 2개, 🍎 4개로 나타냅니다.

27 가: 31 g, 나: 23 g, 다: 14 g이므로 설탕이 가장 많이 들어 있는 젤리는 가입니다.

28 31－14＝17(g)

29 강수일수가 가장 적은 계절이 봄이기 때문입니다.

30 큰 그림은 100그릇, 작은 그림은 10그릇을 나타냅니다.

31 비빔밥: 310그릇, 냉면: 240그릇, 불고기: 400그릇, 갈비탕: 140그릇이므로 많이 팔린 음식부터 차례로 쓰면 불고기, 비빔밥, 냉면, 갈비탕입니다.

32 불고기: 400그릇, 비빔밥: 310그릇
　➡ 400－310＝90(그릇)

33 가장 많이 팔린 음식의 재료를 많게, 가장 적게 팔린 음식의 재료를 적게 준비하는 것이 좋습니다.
평가 기준
어떤 재료를 더 많이, 더 적게 준비하면 좋을지 설명했나요?

STEP 3 자주 틀리는 유형　165~166쪽

1 학교별 학생 수

다: 100명, 라: 10명

2 학년별 안경을 쓴 학생 수

◎ 50명, ○ 10명, ● 1명

3 13마리　　**4** 520상자

5 좋아하는 과목별 학생 수

◎ 10명　△ 5명　○ 1명

6 반별 모은 빈병의 수

◎ 10병　△ 5병　○ 1병

7 40, 25 / 반별 학급 문고의 수

◎ 10권　○ 1권

8 310, 230 / 밭별 수박 생산량

🍉 100통　🍉 10통

1 가 학교를 ☺☺☺☺☺☺☺으로 나타냈으므로
☺는 100명, ☺는 10명을 나타냅니다.

2 3학년 82명을 ◎○○○●●로 나타냈으므로 ◎는 50명,
○는 10명, ●는 1명을 나타냅니다.

3 큰 그림의 수가 나 가구보다 적은 가구는 라 가구이고 라
가구의 닭의 수는 13마리입니다.

4 큰 그림의 수가 나 마을보다 많은 마을을 찾아보면 가 마
을입니다.
가 마을의 고구마 생산량은 520상자입니다.

5 수학: 36명이므로 ◎◎◎△○,
국어: 15명이므로 ◎△,
영어: 27명이므로 ◎◎△○○로 나타냅니다.

6 1반: 28병이므로 ◎◎△○○○,
2반: 35병이므로 ◎◎◎△,
3반: 16병이므로 ◎△○로 나타냅니다.

7 1반의 학급 문고 수가 40권이므로
(2반의 학급 문고 수)=120−40−33−22=25(권)
입니다.

8 나 밭의 생산량이 310통이므로
(다 밭의 생산량)=950−160−310−250=230(통)입
니다.

STEP 4 최상위 도전 유형　　　167~170쪽

1 민속촌　　　　　**2** 농구

3
좋아하는 곤충별 학생 수

나비	잠자리	메뚜기
☺ ☺ ☺ ☺ ☺	☺ ☺	☺ ☺ ☺

☺ 10명　☺ 1명

4
좋아하는 색깔별 학생 수

색깔	학생 수
빨간색	◎ ◎
노란색	◎ ◎ △ ○ ○ ○
보라색	◎ △ ○

◎ 10명
△ 5명
○ 1명

5
일주일 동안 팔린 피자의 수

종류	피자의 수
감자	◎ ◎ ◎ ○ ○ ○
불고기	◎ ◎ ◎ ◎ ○
고구마	◎ ◎ ◎ ○ ○ ○ ○
치즈	◎ ◎ ◎ ○

◎ 10판
○ 1판

6
농장별 감자 수확량

농장	수확량
가	🥔🥔🥔🥔🥔🥔🥔
나	🥔🥔🥔🥔
다	🥔🥔🥔🥔🥔
라	🥔🥔🥔🥔

🥔 100 kg
🥔 10 kg

7 210회

8 90마리

9 258자루

10 321장

11 129장

12 124 kg

13 5600원

14 8100원

15
마을별 쌀 생산량

마을	생산량
풍성	◎ ○ ○ ○ ○ ○ ○ ○
가득	◎ ◎ ○ ○ ○ ○
알찬	◎ ◎ ◎ ○ ○ ○ ○
신선	◎ ◎ ○

◎ 10가마
○ 1가마

16
동별 소화기 수

동	소화기 수
가	◎ ◎ ◎ ○ ○
나	◎ ○ ○ ○ ○ ○
다	◎ ◎ ○
라	◎ ○

◎ 10대
○ 1대

1 박물관: $4+5=9$(명)
미술관: $6+2=8$(명)
민속촌: $9+10=19$(명)
식물원: $6+7=13$(명)
따라서 두 반의 학생 수를 합한 수가 가장 큰 민속촌으로 가면 좋을 것 같습니다.

2 (승호네 반에서 농구를 좋아하는 학생 수)
$=27-7-6-5=9$(명)
(민유네 반에서 야구를 좋아하는 학생 수)
$=25-6-4-8=7$(명)
축구: $7+6=13$(명)
배구: $6+4=10$(명)
농구: $9+8=17$(명)
야구: $5+7=12$(명)
따라서 두 반의 학생 수를 합한 수가 가장 큰 농구를 하는 것이 좋겠습니다.

3 나비는 32명이므로 큰 그림 3개, 작은 그림 2개, 잠자리는 20명이므로 큰 그림 2개, 메뚜기는 12명이므로 큰 그림 1개, 작은 그림 2개를 그립니다.

4 빨간색은 20명이므로 ◎ 2개, 노란색은 28명이므로 ◎ 2개, △ 1개, ○ 3개, 보라색은 16명이므로 ◎ 1개, △ 1개, ○ 1개를 그립니다.

5 (감자, 불고기, 고구마 피자 수의 합)
$=33+41+25=99$(판)
➡ (치즈 피자의 수)$=130-99=31$(판)이므로 ◎ 3개, ○ 1개를 그립니다.

6 (가, 나, 다 농장의 감자 수확량의 합)
$=260+310+340=910$(kg)
➡ (라 농장의 감자 수확량)
$=1320-910=410$(kg)이므로 큰 그림 4개, 작은 그림 1개를 그립니다.

7 수애와 영진이의 그림의 개수를 더하면 큰 그림은 2개, 작은 그림 5개입니다.
따라서 큰 그림은 100회, 작은 그림은 10회를 나타내므로 지아가 넘은 줄넘기 횟수는 210회입니다.

8 지윤이와 태연이의 그림의 개수를 더하면 ◎가 5개, ○가 3개입니다.
따라서 ◎는 50마리, ○는 10마리를 나타내므로 민아가 접은 종이학은 90마리입니다.

9 (전체 학생 수)$=33+34+27+35=129$(명)
따라서 연필을 적어도 $129 \times 2=258$(자루) 준비해야 합니다.

10 (네 학생이 읽은 전체 책 수)
$=24+34+32+17=107$(권)
따라서 붙임딱지를 적어도 $107 \times 3=321$(장) 준비해야 합니다.

11 학생들이 모은 우표 수를 알아보면
지연: 42장, 연호: 24장, 예은: 15장,
준하: $24 \times 2=48$(장)입니다.
(지연이네 모둠 학생들이 모은 우표 수)
$=42+24+15+48=129$(장)

12 가 농장: 42 kg, 다 농장: 26 kg
라 농장: 14 kg, 나 농장: $14 \times 3=42$(kg)
(네 농장의 고추 수확량)
$=42+26+14+42=124$(kg)

13 초코: 42개, 딸기: 34개
➡ (개수의 차)$=42-34=8$(개)
따라서 초코 아이스크림 판매액은 딸기 아이스크림 판매액보다 $8 \times 700=5600$(원) 더 많습니다.

14 크림빵: 35개, 팥빵: 26개
➡ (개수의 차)$=35-26=9$(개)
따라서 크림빵의 판매액은 팥빵의 판매액보다 $9 \times 900=8100$(원) 더 많습니다.

15 (풍성 마을과 알찬 마을의 쌀 생산량의 합)
$=100-25-21=54$(가마)이고, 풍성 마을의 쌀 생산량을 □가마라고 하면 알찬 마을의 쌀 생산량은 (□×2)가마입니다.
(풍성 마을과 알찬 마을의 쌀 생산량의 합)
$=□+□\times 2=□\times 3=54$
$□=54 \div 3=18$
➡ (풍성 마을의 쌀 생산량)$=18$가마
(알찬 마을의 쌀 생산량)$=18 \times 2=36$(가마)

16 (가와 나 동의 소화기 수의 합)$=80-21-11=48$(대)

나 동의 소화기 수를 □대라고 하면

가 동의 소화기 수는 (□×2)대이므로

□×2+□=□×3=48,

□$=48÷3=16$

➡ (나 동의 소화기 수)$=16$대

　　(가 동의 소화기 수)$=16×2=32$(대)

수시 평가 대비 Level ❶　　171~173쪽

1 8명

2

좋아하는 음료수별 학생 수

음료	콜라	주스	사이다	우유	합계
학생 수(명)	8	5	4	6	23

3 23명　　　　　　　　**4** 사이다

5 예 10명 / 1명

6

태어난 계절별 학생 수

계절	학생 수
봄	☺☺☺
여름	☺☺☺☺☺☺☺
가을	☺☺☺☺☺☺☺☺☺
겨울	☺☺☺☺

☺ 10 명 ☺ 1 명

7 겨울　　　　　　　　**8** 그림그래프

9 30, 13, 86

10

월별로 마신 우유 수

월	우유 수
9월	◎○○○○○○○○
10월	◎◎◎
11월	◎◎○○○○○
12월	◎○○○

◎10개
○1개

11

월별로 마신 우유 수

월	우유 수
9월	◎△○○○
10월	◎◎◎
11월	◎◎△
12월	◎○○○

◎10개 △5개 ○1개

12

마을별 자전거 수

마을	자전거 수
가	◎◎◎○○
나	◎◎◎◎○
다	◎○○○○○○○
라	◎○

◎10대
○1대

13 가 마을, 나 마을　　**14** 2배

15 다 마을, 4대　　　　**16** 17개

17 43, 53　　　　　　　**18** 22마리

19 나 과수원　　　　　　**20** 3대

---

1 ●의 수를 세어 보면 콜라는 8명입니다.

2 (합계)$=8+5+4+6=23$(명)

3 표에서 합계를 보면 23명입니다.

4 표에서 학생 수가 가장 적은 음료수는 사이다입니다.

5 학생 수가 두 자리 수이므로 10명과 1명을 나타내는 것이 좋습니다.

6 10명 그림을 먼저 그린 다음 1명 그림을 그립니다.

7 10명 그림의 수가 가장 많은 계절은 겨울입니다.

8 그림그래프는 학생 수를 그림으로 나타내었으므로 학생 수의 많고 적음을 한눈에 비교할 수 있습니다.

9 그림그래프에서 10월은 30개, 12월은 13개입니다.
(합계)$=18+30+25+13=86$(개)

10 표에서 9월은 18개, 11월은 25개입니다.

11 ○ 5개를 △ 1개로 나타냅니다.

12 10대 그림을 먼저 그린 다음 1대 그림을 그립니다.

13 10대 그림의 수가 3개이면서 1대 그림이 있는 마을은 가 마을입니다.
10대 그림의 수가 3개보다 많은 마을은 나 마을입니다.

14 가 마을: 32대, 다 마을: 16대

$16 \times 2 = 32$이므로 가 마을의 자전거 수는 다 마을의 자전거 수의 2배입니다.

15 다 마을과 라 마을의 자전거 수의 차가 $20 - 16 = 4$(대)로 가장 적습니다.

16 우영: 13개, 승주: 26개, 지호: 34개

➡ (예준이가 가지고 있는 구슬 수)

$\quad = 90 - 13 - 26 - 34 = 17$(개)

17 하늘 농장의 오리 수를 □마리라 하면 햇살 농장의 오리 수는 (□+10)마리입니다.

$\square + 31 + 40 + \square + 10 = 167$, $\square + \square + 81 = 167$,

$\square + \square = 86$, $\square = 43$

따라서 하늘 농장의 오리는 43마리이고, 햇살 농장의 오리는 $43 + 10 = 53$(마리)입니다.

18 • 오리 수가 가장 많은 농장: 햇살 농장(53마리)

• 오리 수가 가장 적은 농장: 소망 농장(31마리)

➡ $53 - 31 = 22$(마리)

서술형

19 예) 10상자 그림의 수를 비교하면 5>4>3>1입니다.

10상자 그림의 수가 두 번째로 많은 과수원이 나 과수원이므로 귤 수확량이 두 번째로 많은 과수원은 나 과수원입니다.

평가 기준	배점
10상자 그림의 수를 비교했나요?	2점
귤 수확량이 두 번째로 많은 과수원이 어디인지 구했나요?	3점

서술형

20 예) 가 과수원: 17상자, 나 과수원: 41상자,

다 과수원: 34상자, 라 과수원: 52상자이므로 네 과수원에서 수확한 귤은 모두

$17 + 41 + 34 + 52 = 144$(상자)입니다.

$144 = 50 + 50 + 44$이므로 트럭은 적어도 3대 필요합니다.

평가 기준	배점
네 과수원의 귤 수확량을 각각 구했나요?	2점
네 과수원의 귤 수확량이 모두 몇 상자인지 구했나요?	1점
트럭이 적어도 몇 대 필요한지 구했나요?	2점

수시 평가 대비 Level ❷

174~176쪽

1 10자루, 1자루   **2** 34자루

3 봄   **4** 17명

5 100개 / 10개

6 단팥빵

7

종류별 팔린 빵의 수

종류	단팥빵	도넛	식빵	크림빵	합계
빵의 수(개)	300	150	80	220	750

8 식빵, 80개

9 43명

10

혈액형별 학생 수

혈액형	학생 수
A형	◯◯◯●
B형	◯◯●●●●●●
O형	◯◯◯◯●●●
AB형	◯◯●●

◎ 10명
● 1명

11 O형, A형, B형, AB형

12 1360 kg

13 나 마을

14

마을별 음식물 쓰레기 양

마을	가	나	다	라	합계
쓰레기 양(L)	150	180	90	130	550

15 330, 230 /

농장별 토마토 생산량

농장	생산량
가	🍅🍅🍅🍅🍅
나	🍅🍅🍅🍅
다	🍅🍅🍅
라	🍅🍅🍅

🍅 100상자
🍅 10상자

16

목장별 우유 생산량

목장	생산량
가	🥛🥛🥛🥛🥛🥛🥛🥛
나	🥛🥛🥛🥛🥛
다	🥛🥛🥛🥛🥛
라	🥛🥛🥛🥛

🥛 10 kg
🥛 1 kg

17

반별 학생 수

반	학생 수
1반	☺☺☻☻☻
2반	☺☻☻
3반	☺☺☻☻☻☻
4반	☺☺☻☻☻

☺ 10명
☻ 1명

18 279개   **19** 참치김밥

20 28대

---

2 큰 그림이 3개, 작은 그림이 4개이므로 34자루입니다.

3 큰 그림의 수가 가장 많은 계절은 봄입니다.

4 봄: 41명, 가을: 24명
➡ $41-24=17$(명)

6 100개 그림이 3개인 빵을 찾으면 단팥빵입니다.

7 (합계)$=300+150+80+220=750$(개)

8 100개 그림의 수가 가장 적은 빵은 100개 그림이 없는 식빵이고, 10개 그림이 8개이므로 80개입니다.

9 $123-31-27-22=43$(명)

10 A형: ◎ 3개, ● 1개
B형: ◎ 2개, ● 7개
O형: ◎ 4개, ● 3개
AB형: ◎ 2개, ● 2개

11 학생 수가 많은 혈액형부터 차례로 쓰면 O형, A형, B형, AB형입니다.

12 (세 어선에서 수확한 어획량)
$=420+340+600=1360$(kg)

13 가 마을보다 ○ 또는 ● 그림이 많은 마을을 찾으면 나 마을입니다.

14 가 마을: 150 L, 나 마을: 180 L
다 마을: 90 L, 라 마을: 130 L
➡ (합계)$=150+180+90+130=550$(L)

15 나 농장의 토마토 생산량이 330상자이므로
(가, 나, 라 농장의 토마토 생산량의 합)
$=420+330+310$
$=1060$(상자)
➡ (다 농장의 토마토 생산량)
$=1290-1060=230$(상자)

16 (가, 나, 다 목장의 우유 생산량의 합)
$=44+32+41=117$(kg)
➡ (라 목장의 우유 생산량)$=140-117=23$(kg)
따라서 라 목장은 큰 그림을 2개, 작은 그림을 3개 그립니다.

17 (2반 학생 수)$=$(1반 학생 수)-2
$=23-2=21$(명)
(3반 학생 수)$=$(4반 학생 수)$+1$
$=24+1=25$(명)

18 (3학년 전체 학생 수)$=23+21+25+24=93$(명)
따라서 사탕을 적어도 $93\times3=279$(개) 준비해야 합니다.

서술형
19 ㉞ 가장 많은 학생들이 좋아하는 김밥은 참치김밥입니다. 따라서 참치김밥을 가장 많이 준비하는 것이 좋겠습니다.

평가 기준	배점
어떤 김밥 종류를 준비하는 것이 좋을지 쓰고 이유를 설명했나요?	5점

서술형
20 ㉞ 다 마을의 자동차 수를 □대라 하면 가 마을의 자동차 수는 (□×2)대입니다.
나 마을의 자동차 수는 34대이므로
$\square+\square\times2=76-34$, $\square\times3=42$,
$\square=14$입니다.
따라서 가 마을의 자동차 수는 $14\times2=28$(대)입니다.

평가 기준	배점
가 마을의 자동차 수를 구하는 식을 세웠나요?	2점
가 마을의 자동차 수를 구했나요?	3점

수시평가 자료집 정답과 풀이

1 곱셈

다시 점검하는 **수시 평가 대비** Level ❶   2~4쪽

1 (1) 462   (2) 1480

2 (위에서부터) 12, 3 / 40 / 800, 200 / 972

3 1896   **4** 2401

5 <   **6** 940

7 ㉢, ㉣, ㉠, ㉡

8 (위에서부터) 1458 / 2187

9
```
      3 4
   ×  5 6
  ─────────
      2 0 4
    1 7 0 0
  ─────────
    1 9 0 4
```

10 623

11 ✕ (선으로 연결)

12 2275   **13** 69

14 720시간   **15** 158명

16 48개   **17** 1, 4

18 예 7, 2 / 6, 5 / 4680

19 902   **20** 585개

1
(1)
```
    2 3 1
  ×     2
  ───────
    4 6 2
```
(2)
```
      3 7
  ×  4 0
  ───────
  1 4 8 0
```

2 243×4는 200×4, 40×4, 3×4의 합이므로
$800 + 160 + 12 = 972$입니다.

3 316을 6번 더하는 것이므로 $316 \times 6 = 1896$입니다.

4
```
    3 2
    3 4 3
  ×     7
  ───────
  2 4 0 1
```

5 $541 \times 3 = 1623$, $286 \times 6 = 1716$
➡ $1623 < 1716$

6 $8 \times 32 = 256$, $9 \times 76 = 684$
➡ $256 + 684 = 940$

7 ㉠ 1880 ㉡ 1860 ㉢ 1960 ㉣ 1950
➡ ㉢ > ㉣ > ㉠ > ㉡

8 $54 \times 27 = 1458$, $81 \times 27 = 2187$

9 34×50의 계산에서 자리를 잘못 맞추어 썼습니다.

10 $49 \times 70 = \underline{3430}$ ➡ ㉠ $= 343$
$35 \times 80 = \underline{2800}$ ➡ ㉡ $= 280$
➡ ㉠ $+$ ㉡ $= 343 + 280 = 623$

11 $13 \times 72 = 936$
$46 \times 21 = 966$
$28 \times 32 = 896$

12 ㉮ $= 300 + 20 + 5 = 325$
➡ $325 \times 7 = 2275$

13 $46 \times 15 = 690$
$690 = \square \times 10$이므로 $\square = 69$입니다.

14 4월 한 달은 30일입니다.
➡ $24 \times 30 = 720$(시간)

15 (3학년 학생 수) $= 4 \times 85 = 340$(명)
➡ (여학생 수) $= 340 - 182 = 158$(명)

16 (배의 수) $= 30 \times 40 = 1200$(개)
(사과의 수) $= 48 \times 24 = 1152$(개)
➡ $1200 - 1152 = 48$(개)

17 $8 \times 3 = 24$이므로 일의 자리에서
십의 자리로 올림한 수는 1입니다.
➡ ㉡ $\times 3 = 12$, ㉡ $= 4$
$8 \times 3 = 24$, $24 + 1 = 25$이므로
㉠ $\times 3 + 2 = 5$, ㉠ $= 1$입니다.
```
    ㉠ 8 ㉡
  ×       3
  ─────────
      5 5 2
```

18 수의 크기가 ㉠ > ㉡ > ㉢ > ㉣일 때 곱이 가장 큰
(두 자리 수) × (두 자리 수)를 만드는 방법은
㉠㉣ × ㉡㉢ 또는 ㉡㉢ × ㉠㉣입니다.
따라서 $7 > 6 > 5 > 2$이므로 $72 \times 65 = 4680$
또는 $65 \times 72 = 4680$입니다.

서술형

19 예 어떤 수를 $\square$라고 하면 $\square + 41 = 63$이므로
$\square = 63 - 41 = 22$입니다.
따라서 바르게 계산하면 $22 \times 41 = 902$입니다.

평가 기준	배점(5점)
어떤 수를 구했나요?	3점
바르게 계산한 값을 구했나요?	2점

서술형

20 예 동아리 학생들에게 준 귤의 수는 $36 \times 16 = 576$(개) 입니다. 따라서 귤이 9개 남았으므로 처음에 있던 귤은 $576 + 9 = 585$(개)입니다.

평가 기준	배점(5점)
동아리 학생들에게 준 귤의 수를 구했나요?	3점
처음에 있던 귤의 수를 구했나요?	2점

다시 점검하는 수시 평가 대비 Level ❷

5~7쪽

1 (왼쪽부터) 3500, 100, 15 / 3615

2 (1) 3200 (2) 960   **3** ⑤

4 (   )(○)   **5** ④

6 <

7 (위에서부터) 168 / 814 / 296, 462

8 ⓛ, ㉠, ㉢

9
```
      3 7
  ×   6 3
  ─────────
    1 1 1
  2 2 2 0
  ─────────
  2 3 3 1
```

10 (1) 442, 3978 (2) 192, 1344

11 768 mm   **12** 490개

13 140원   **14** 1522

15 4, 8, 9 / 3 / 1467   **16** 1246 cm

17 1008   **18** 1, 2, 3, 4

19 4800 m   **20** 1185개

1 723×5는 700×5, 20×5, 3×5의 합이므로 3615입니다.

2
(1)
```
      8 0
  ×   4 0
  ─────────
  3 2 0 0
```
(2)
```
      4 8
  ×   2 0
  ─────────
    9 6 0
```

3 $60 \times 30 = 1800$
① 18 ② 180 ③ 180
④ 180 ⑤ 1800

4
```
    5 2
    2 8 4
  ×     7
  ─────────
  1 9 8 8
```

5 □ 안에 들어갈 수는 53×80입니다.

6 $43 \times 80 = 3440$, $62 \times 56 = 3472$
➡ 3440 < 3472

7 $8 \times 21 = 168$, $37 \times 22 = 814$,
$8 \times 37 = 296$, $21 \times 22 = 462$

8 ㉠ 2400 ㉡ 2500 ㉢ 1800
➡ ㉡ > ㉠ > ㉢

9 올림을 하지않고 계산했습니다.

10 (1) $26 \times 17 = 442$, $442 \times 9 = 3978$
(2) $16 \times 12 = 192$, $192 \times 7 = 1344$

11 색 테이프 한 장의 길이가 48 mm이므로 16장을 이어 붙인 색 테이프의 전체 길이는 $48 \times 16 = 768$(mm)입니다.

12 2주일은 14일이므로 아름이가 2주일 동안 외운 영어 단어는 모두 $35 \times 14 = 490$(개)입니다.

13 (연필 9자루의 값)$= 540 \times 9 = 4860$(원)
➡ (거스름돈)$= 5000 - 4860 = 140$(원)

14 인국: $247 \times 4 = 988$
태희: $6 \times 89 = 534$
➡ $988 + 534 = 1522$

15 세 자리 수의 백의 자리 숫자와 한 자리 수가 작을수록 곱이 작은 곱셈식을 만들 수 있습니다.
$3 < 4 < 8 < 9$이므로
$389 \times 4 = 1556$, $489 \times 3 = 1467$입니다.
따라서 곱이 가장 작은 곱셈식은 $489 \times 3 = 1467$입니다.

16 삼각형의 세 변과 사각형의 네 변의 길이가 모두 같습니다. 삼각형의 변은 3개, 사각형의 변은 4개이므로 변은 모두 7개입니다.
➡ $178 \times 7 = 1246$(cm)

17 어떤 수를 □라고 하면

□＋49＝85, □＝85－49＝36입니다.

➡ 36×28＝1008

18 44×25＝1100이므로 1100＞263×□입니다.

263×1＝263, 263×2＝526, 263×3＝789,

263×4＝1052, 263×5＝1315, …

따라서 □ 안에 들어갈 수 있는 수는 1, 2, 3, 4입니다.

서술형

19 예 1시간은 60분이므로 1시간 동안 갈 수 있는 거리는

(1분에 갈 수 있는 거리)×60입니다.

따라서 1시간 동안 갈 수 있는 거리는

80×60＝4800(m)입니다.

평가 기준	배점(5점)
1시간 동안 갈 수 있는 거리를 구하는 식을 세웠나요?	3점
1시간 동안 갈 수 있는 거리를 구했나요?	2점

서술형

20 예 (11일 동안 푼 수학 문제 수)

＝35×11＝385(개)

(20일 동안 푼 수학 문제 수)＝40×20＝800(개)

따라서 지용이가 31일 동안 푼 수학 문제는 모두

385＋800＝1185(개)입니다.

평가 기준	배점(5점)
11일 동안과 20일 동안에 푼 수학 문제 수를 각각 구했나요?	3점
31일 동안 푼 수학 문제 수를 모두 구했나요?	2점

2 나눗셈

다시 점검하는 수시 평가 대비 Level ❶

8~10쪽

1 (1) 20 (2) 10   **2** 5, 3 / 8, 5, 3, 43

3 26   **4** ＞

5

6 ③

7
```
      2 2 6
  4 ) 9 0 4
      8
      1 0
        8
        2 4
        2 4
          0
```

8 ⑤

9 (위에서부터) 15, 2 / 23, 3

10 ④   **11** 12자루

12 3   **13** 1, 2, 3

14 51÷9 / 5 / 6

15 11개   **16** 70칸

17 165   **18** 6, 5, 3, 21, 2

19 14모둠, 2개   **20** 55개

1 (1) 4÷2＝2이므로 40÷2＝20입니다.

(2) 6÷6＝1이므로 60÷6＝10입니다.

2 43÷8＝5…3이므로 몫은 5이고 나머지는 3입니다.

확인 나누는 수와 몫의 곱에 나머지를 더하면 나누어지는 수가 되어야 합니다.

3
```
      2 6
  2 ) 5 2
      4
      1 2
      1 2
        0
```

4 68÷4＝17, 75÷5＝15

➡ 17＞15

5 $80 \div 4 = 20$, $39 \div 3 = 13$, $66 \div 6 = 11$
$99 \div 9 = 11$, $26 \div 2 = 13$, $60 \div 3 = 20$

6 ① $28 \div 2 = 14$ ② $36 \div 3 = 12$
③ $69 \div 3 = 23$ ④ $55 \div 5 = 11$
⑤ $84 \div 4 = 21$

8 ① $45 \div 4 = 11 \cdots 1$ ② $68 \div 6 = 11 \cdots 2$
③ $56 \div 5 = 11 \cdots 1$ ④ $78 \div 7 = 11 \cdots 1$
⑤ $99 \div 9 = 11$

9 (1)
$$\begin{array}{r} 15 \\ 5\overline{)77} \\ 5 \\ \hline 27 \\ 25 \\ \hline 2 \end{array}$$
(2)
$$\begin{array}{r} 23 \\ 4\overline{)95} \\ 8 \\ \hline 15 \\ 12 \\ \hline 3 \end{array}$$

10 ① $35 \div 3 = 11 \cdots 2$ ② $46 \div 4 = 11 \cdots 2$
③ $50 \div 3 = 16 \cdots 2$ ④ $71 \div 6 = 11 \cdots 5$
⑤ $88 \div 7 = 12 \cdots 4$

11 $72 \div 6 = 12$(자루)

12 $225 \div 5 = 45 \Rightarrow ㉠ = 45$
$168 \div 4 = 42 \Rightarrow ㉡ = 42$
따라서 $㉠ - ㉡ = 45 - 42 = 3$입니다.

13 나머지는 나누는 수보다 작아야 합니다.
따라서 나머지가 될 수 있는 수는 나누는 수 4보다 작은 수인 1, 2, 3입니다.

14 나머지는 나누는 수보다 작아야 하므로 나누는 수는 9입니다. 따라서 몫은 5이고, 나머지는 6입니다.
$9 \times 5 = 45$, $45 + 6 = 51$
$\Rightarrow 51 \div 9 = 5 \cdots 6$

15 $89 \div 8 = 11 \cdots 1$
남은 1 cm로는 고리를 만들 수 없으므로 색 테이프 89 cm로는 고리를 11개까지 만들 수 있습니다.

16 $486 \div 7 = 69 \cdots 3$
남은 동화책 3권도 책꽂이에 꽂아야 하므로 책꽂이는 적어도 $69 + 1 = 70$(칸) 필요합니다.

17 어떤 수를 □라고 하면 □$\div 6 = 27 \cdots 3$이므로
$6 \times 27 = 162$, $162 + 3 = 165$에서 □$= 165$입니다.

18 몫이 가장 크려면 가장 큰 수를 가장 작은 수로 나누어야 합니다.
가장 큰 두 자리 수: 65, 가장 작은 한 자리 수: 3
$\Rightarrow 65 \div 3 = 21 \cdots 2$

서술형
19 예 (전체 탁구공의 수)$= 8 \times 9 = 72$(개)
$72 \div 5 = 14 \cdots 2$이므로 14모둠까지 나누어 줄 수 있고, 남은 탁구공은 2개입니다.

평가 기준	배점(5점)
전체 탁구공의 수를 구했나요?	2점
몇 모둠까지 나누어 줄 수 있고, 남은 탁구공은 몇 개인지 구했나요?	3점

서술형
20 예 유진이가 사 온 빵의 수를 □개라고 하고 나눗셈식을 세우면 □$\div 4 = 13 \cdots 3$입니다.
$4 \times 13 = 52$, $52 + 3 = 55$에서 □$= 55$입니다.
따라서 유진이가 사 온 빵은 55개입니다.

평가 기준	배점(5점)
유진이가 사 온 빵의 수를 □라 하고 식을 세웠나요?	2점
유진이가 사 온 빵의 수를 구했나요?	3점

다시 점검하는 수시 평가 대비 Level ❷

11~13쪽

1 (1) 21 (2) 123

2 (선 잇기)

3 3, 4 / 3, 4

4 (1) > (2) =

5 93, 18

6
$$\begin{array}{r} 16 \\ 4\overline{)67} \\ 4 \\ \hline 27 \\ 24 \\ \hline 3 \end{array}$$

7 ①

8 22

9 ②

10 18, 54

11 31

12 15

13 15 cm

14 18봉지

15 18명, 1장

16 16명

17 19

18 0, 5

19 5개

20 16명

1 (1)
```
    2 1
3 ) 6 3
    6
    ―
    3
    3
    ―
    0
```
(2)
```
    1 2 3
6 ) 7 3 8
    6
    ―
    1 3
    1 2
    ―
      1 8
      1 8
      ―
        0
```

2 $90 \div 9 = 10$
$80 \div 4 = 20$
$60 \div 2 = 30$

4 (1) $38 \div 2 = 19$, $51 \div 3 = 17$ ➡ $19 > 17$
(2) $80 \div 5 = 16$, $96 \div 6 = 16$

5 $372 \div 4 = 93$
$90 \div 5 = 18$

6 나머지는 나누는 수보다 작아야 합니다.

7 ① $69 \div 3 = 23$ ② $76 \div 4 = 19$
③ $91 \div 7 = 13$ ④ $72 \div 6 = 12$
⑤ $99 \div 9 = 11$

8 $98 \div 5 = 19 \cdots 3$
➡ (몫)+(나머지)$= 19 + 3 = 22$

9 ① $44 \div 3 = 14 \cdots 2$ ② $45 \div 4 = 11 \cdots 1$
③ $52 \div 6 = 8 \cdots 4$ ④ $83 \div 3 = 27 \cdots 2$
⑤ $71 \div 4 = 17 \cdots 3$

10
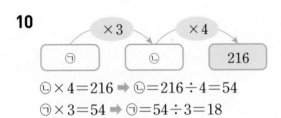
㉡$\times 4 = 216$ ➡ ㉡$= 216 \div 4 = 54$
㉠$\times 3 = 54$ ➡ ㉠$= 54 \div 3 = 18$

11 $\square \div 8 = 3 \cdots 7$이므로
$8 \times 3 = 24$ ➡ $24 + 7 = 31$에서 $\square = 31$입니다.

12 6으로 나눌 때 나올 수 있는 나머지는 6보다 작은 수입니다. 따라서 나올 수 있는 나머지는 0, 1, 2, 3, 4, 5이므로 합은 $0+1+2+3+4+5 = 15$입니다.

13 (육각형의 한 변의 길이)
$= 90 \div 6 = 15$(cm)

14 $75 \div 4 = 18 \cdots 3$
남은 토마토 3개는 팔 수 없으므로 팔 수 있는 토마토는 18봉지입니다.

15 색종이는 모두 $34 + 39 = 73$(장) 있습니다.
$73 \div 4 = 18 \cdots 1$이므로 18명까지 나누어 줄 수 있고 남은 색종이는 1장입니다.

16 (나누어 준 볼펜 수)$= 81 - 1 = 80$(자루)
➡ (나누어 준 사람 수)$= 80 \div 5 = 16$(명)

17 어떤 수를 $\square$라고 하면 나눗셈식은
$\square \div 7 = 13 \cdots 4$입니다.
$7 \times 13 = 91$, $91 + 4 = 95$에서 $\square = 95$입니다.
따라서 어떤 수를 5로 나눈 몫은 $95 \div 5 = 19$입니다.

18
```
    1 ▲
5 ) 8 □
    5
    ―
    3 □
    3 □
    ―
      0
```
나머지가 0인 나눗셈이 되려면
$5 \times ▲ = 3\square$입니다.
따라서 $5 \times 6 = 3\boxed{0}$, $5 \times 7 = 3\boxed{5}$이므로 $\square$ 안에 들어갈 수 있는 수는 0, 5입니다.

서술형
19 예 $68 \div 9 = 7 \cdots 5$이므로 9명의 친구들에게 풍선을 7개씩 나누어 주고 5개가 남았습니다.
따라서 정훈이가 가진 풍선은 5개입니다.

평가 기준	배점(5점)
문제에 알맞은 나눗셈식을 세웠나요?	2점
정훈이가 가진 풍선의 수를 구했나요?	3점

서술형
20 예 연필 한 타는 12자루이므로 4타는
$12 \times 4 = 48$(자루)입니다.
따라서 연필을 한 사람에게 3자루씩 나누어 주면
$48 \div 3 = 16$(명)에게 나누어 줄 수 있습니다.

평가 기준	배점(5점)
나누어 줄 연필의 수를 구했나요?	2점
나누어 줄 수 있는 사람 수를 구했나요?	3점

3 원

1 중심   **2** ㉢

3 ⑤   **4** 13 cm

5 9 cm   **6** ②

7 ㉡, ㉣

8 ⑩ 무수히 많이 그릴 수 있습니다.

9 3 cm   **10** 3 cm

11 5군데   **12**

13 8 cm   **14** 16 cm

15 24 cm   **16** 12 cm

17 11 cm   **18** 24 cm

19 15 cm   **20** 20 cm

3 한 원에서 지름을 나타내는 선분은 무수히 많이 그릴 수 있습니다.

4 $26 \div 2 = 13$(cm)

5 컴퍼스를 이용하여 원을 그릴 때 컴퍼스의 침과 연필심 사이의 길이를 원의 반지름만큼 벌려야 합니다. 지름이 18 cm이므로 반지름은 $18 \div 2 = 9$(cm)입니다.

6 ② 지름은 반지름의 2배입니다.

7 ㉡ 지름: 4 cm   ㉣ 지름: 14 cm
따라서 크기가 같은 두 원은 ㉡, ㉣입니다.

8 원의 중심과 원 위의 한 점을 이은 선분은 무수히 많이 그릴 수 있습니다.

9 (원의 반지름)$=6 \div 2 = 3$(cm)

10 선분 ㄱㄴ의 길이는 큰 원의 지름과 같습니다. 큰 원의 지름은 작은 원 3개의 지름의 합과 같으므로
(작은 원 한 개의 지름)$=9 \div 3 = 3$(cm)입니다.

11

➡ 5군데

13 작은 원의 반지름은 $6 \div 2 = 3$(cm)이고 큰 원의 반지름은 $10 \div 2 = 5$(cm)입니다.
따라서 선분 ㄱㄴ의 길이는 $3 + 5 = 8$(cm)입니다.

14 가장 큰 원의 지름은 큰 원 안에 있는 두 원의 지름의 합과 같습니다.
➡ $5 + 5 + 3 + 3 = 16$(cm)

15 사각형 ㄱㄴㄷㄹ의 한 변의 길이는 각 원의 지름과 같으므로 6 cm입니다. 사각형 ㄱㄴㄷㄹ은 정사각형이므로
(사각형 ㄱㄴㄷㄹ의 네 변의 길이의 합)
$= 6 \times 4 = 24$(cm)입니다.

16 100원짜리 동전의 지름은 $12 \times 2 = 24$(mm)입니다.
100원짜리 동전 5개가 맞닿아 있으므로
(선분 ㄱㄴ)$= 24 \times 5 = 120$(mm)입니다.
따라서 선분 ㄱㄴ의 길이는 12 cm입니다.

17 (선분 ㄱㄴ)
$=$(가장 큰 원의 반지름)$+$(가장 작은 원의 지름)
$\quad +$(중간 크기의 원의 반지름)
$= 6 + 2 + 3 = 11$(cm)

18 (원의 반지름)$=$(선분 ㅇㄱ)$=$(선분 ㅇㄴ)
(삼각형 ㄱㅇㄴ의 세 변의 길이의 합)
$=$(선분 ㄱㄴ)$+$(선분 ㅇㄱ)$+$(선분 ㅇㄴ)
$= 7 +$(원의 반지름)$+$(원의 반지름)
$= 7 +$(원의 지름)$= 31$(cm)
따라서 원의 지름은 $31 - 7 = 24$(cm)입니다.

서술형
19 ⑩ 원의 지름은 정사각형의 한 변의 길이와 같습니다.
     따라서 원의 지름은 15 cm입니다.

평가 기준	배점(5점)
원의 지름이 정사각형의 한 변의 길이와 같음을 알았나요?	3점
원의 지름은 몇 cm인지 구했나요?	2점

서술형
20 ⑩ 가장 큰 원의 지름은 나머지 원 3개의 지름의 합과 같습니다. 나머지 세 원의 지름은 각각
$4 \times 2 = 8$(cm), $2 \times 2 = 4$(cm),
$4 \times 2 = 8$(cm)이므로 세 원의 지름의 합은
$8 + 4 + 8 = 20$(cm)입니다.
따라서 가장 큰 원의 지름은 20 cm입니다.

정답과 풀이

평가 기준	배점(5점)
가장 큰 원을 제외한 나머지 세 원의 지름을 각각 구했나요?	3점
가장 큰 원의 지름을 구했나요?	2점

다시 점검하는 수시 평가 대비 Level ❷ 17~19쪽

1 원의 [중심] 원의 [반지름] 원의 [지름]

2 점 ㄹ **3** ㉢

4 원의 중심, 2 **5** 5 cm

6 ㉡ **7** 18 cm

8 14 cm

9 (원의 반지름 1 cm)

10 7 **11** 16 cm

12 12 cm **13** ③

14 5개 **15** (그림)

16 22 cm **17** 36 cm

18 30 cm **19** 7 cm

20 23 cm

1 • 원의 중심: 누름 못과 띠 종이로 원을 그릴 때에 누름
못이 꽂혔던 점
• 원의 반지름: 원의 중심과 원 위의 한 점을 이은 선분
• 원의 지름: 원 위의 두 점을 이은 선분 중 원의 중심을
지나는 선분

2 원의 한가운데 있는 점을 원의 중심이라고 합니다.

3 원의 반지름은 원의 중심과 원 위의 한 점을 이은 선분이
므로 ㉢입니다.

5 컴퍼스로 원을 그릴 때 컴퍼스의 침과 연필심 사이의 길
이는 원의 반지름이 되므로 원의 반지름은 5 cm입니다.

6 ㉠ 한 원에서 그을 수 있는 반지름은 무수히 많습니다.

7 원의 지름은 반지름의 2배이므로
(지름)=(반지름)×2=9×2=18(cm)입니다.

8 원의 반지름은 지름의 반이므로 원의 반지름은
28÷2=14(cm)입니다.

9 원을 그리는 방법
① 원의 중심이 되는 점 ㅇ을 정합니다.
② 컴퍼스를 원의 반지름만큼 벌립니다.
③ 컴퍼스의 침을 원의 중심에 꽂고 원을 그립니다.

10 (반지름)=(지름)÷2=14÷2
=7(cm)

11 (큰 원의 반지름)=3+5=8(cm)
➡ (큰 원의 지름)=8×2=16(cm)

12 정사각형의 한 변의 길이는 원의 지름과 같으므로
6×2=12(cm)입니다.

13 원의 중심을 옮기지 않고 반지름만 다르게 하여 그린 것
은 ③입니다.

14 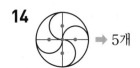 ➡ 5개

15 먼저 원의 중심을 찾아 점을 찍고 원 또는 원의 일부분을
이용하여 그립니다.

16 (큰 원의 지름)=7×2=14(cm)
(작은 원의 지름)=4×2=8(cm)
➡ (선분 ㄱㄴ)=14+8=22(cm)

17 (직사각형의 가로의 길이)=(원의 지름)×2
=6×2=12(cm)
(직사각형의 세로의 길이)=(원의 지름)=6 cm
➡ (직사각형의 네 변의 길이의 합)
=12+6+12+6=36(cm)

18 정사각형의 한 변의 길이는 작은 원 3개의 지름의 합과 같
습니다.
(작은 원의 지름)=5×2=10(cm)
(정사각형의 한 변의 길이)=10×3=30(cm)

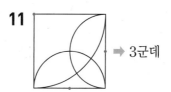

19 예 삼각형 ㄱㄴㄷ의 세 변의 길이는 각각 원의 반지름이
므로 길이가 모두 같습니다.

따라서 원의 반지름은 삼각형의 한 변의 길이와 같으
므로 $21 \div 3 = 7$(cm)입니다.

평가 기준	배점(5점)
삼각형 ㄱㄴㄷ의 세 변의 길이가 모두 같음을 알았나요?	3점
한 원의 반지름을 구했나요?	2점

서술형

20 예 (선분 ㄱㄴ)$=8$ cm, (선분 ㄱㄷ)$=5$ cm,
(선분 ㄴㄷ)$=8+5-3=10$(cm)

따라서 삼각형 ㄱㄴㄷ의 세 변의 길이의 합은
$8+10+5=23$(cm)입니다.

평가 기준	배점(5점)
선분 ㄱㄴ, 선분 ㄱㄷ, 선분 ㄴㄷ의 길이를 각각 구했나요?	3점
삼각형 ㄱㄴㄷ의 세 변의 길이의 합을 구했나요?	2점

서술형 50% 중간 단원 평가

20~23쪽

1 (1) 1380 (2) 1620　　**2** 12 cm

3 (위에서부터) 9, 1 / 10, 5 / 12, 3

4 (1) $>$ (2) $<$　　**5**

6 ㉢　　**7** 2480번

8 11 cm　　**9** ③

10 24일　　**11** 3군데

12 (위에서부터) 4 / 6 / 9

13 사탕, 2개　　**14** 2, 6

15 19 cm　　**16** 6개

17 몫: 53, 나머지: 3　　**18** 25개

19 886 cm　　**20** 29

---

1 (1)
```
      1 2
    3 4 5
 ×      4
 1 3 8 0
```
(2)
```
        4
      2 7
 ×    6 0
 1 6 2 0
```

2 컴퍼스의 침과 연필심 사이의 길이가 원의 반지름이므로
반지름은 6 cm입니다. 따라서 원의 지름은 반지름의 2
배이므로 $6 \times 2 = 12$(cm)입니다.

---

4 (1) $40 \times 20 = 800$, $9 \times 83 = 747$이므로 $800 > 747$
입니다.

(2) $166 \times 5 = 830$, $56 \times 17 = 952$이므로 $830 < 952$
입니다.

5 $75 \div 5 = 15$, $46 \div 2 = 23$, $57 \div 3 = 19$
$69 \div 3 = 23$, $76 \div 4 = 19$, $90 \div 6 = 15$

6 ㉢ 원의 반지름은 원의 중심과 원 위의 한 점을 이은 선분
입니다.

7 예 10월은 31일이므로 수빈이가 10월 한 달 동안 줄넘
기를 한 횟수는 $80 \times 31 = 2480$(번)입니다.

평가 기준	배점(5점)
10월은 며칠까지 있는지 알았나요?	2점
수빈이가 10월 한 달 동안 줄넘기를 한 횟수를 구했나요?	3점

8 예 원의 반지름을 알아보면
㉠ 6 cm, ㉡ 7 cm, ㉢ 4 cm, ㉣ 5 cm
이므로 가장 큰 원은 ㉡이고 가장 작은 원은 ㉢입니다.
따라서 가장 큰 원과 가장 작은 원의 반지름의 합은
$7+4=11$(cm)입니다.

평가 기준	배점(5점)
가장 큰 원과 가장 작은 원을 각각 구했나요?	3점
가장 큰 원과 가장 작은 원의 반지름의 합을 구했나요?	2점

9 ① $54 \div 5 = 10 \cdots 4$ ② $26 \div 3 = 8 \cdots 2$
③ $48 \div 7 = 6 \cdots 6$ ④ $93 \div 8 = 11 \cdots 5$
⑤ $82 \div 6 = 13 \cdots 4$

10 예 $211 \div 9 = 23 \cdots 4$이므로 하루에 9쪽씩 23일을 읽으
면 4쪽이 남습니다.

따라서 과학책을 모두 읽는데 $23+1=24$(일)이 걸
립니다.

평가 기준	배점(5점)
과학책을 모두 읽는 데 며칠이 걸리는지 구하는 식을 세웠나요?	2점
과학책을 모두 읽는 데 며칠이 걸리는지 구했나요?	3점

11

➡ 3군데

12

$$\begin{array}{r} 2\,㉠ \\ \times\quad 4\,7 \\ \hline 1\,㉡\,8 \\ ㉢\,6\,0 \\ \hline 1\,1\,2\,8 \end{array}$$

㉠×7의 일의 자리 숫자가 8이므로
㉠=4입니다.
㉠=4이므로 24×7=168,
24×40=960입니다.
따라서 ㉡=6, ㉢=9입니다.

13 ㉮ (전체 초콜릿 수)=(한 봉지에 담은 초콜릿 수)
$$×(봉지\ 수)=6×33=198(개)$$
(전체 사탕 수)=(한 봉지에 담은 사탕 수)×(봉지 수)
$$=8×25=200(개)$$
따라서 198<200이므로 사탕이 200-198=2(개)
더 많습니다.

평가 기준	배점(5점)
초콜릿과 사탕의 전체 개수를 각각 구했나요?	3점
초콜릿과 사탕 중 어느 것이 몇 개 더 많은지 구했나요?	2점

14

$$\begin{array}{r} 1\,▲ \\ 4\,\overline{)\,5\,\square} \\ 4 \\ \hline 1\,\square \\ 1\,\square \\ \hline 0 \end{array}$$

나머지가 0인 나눗셈이 되려면
4×▲=1□입니다.
따라서 4×3=1⃞2⃞, 4×4=1⃞6⃞이므로
□ 안에 들어갈 수 있는 수는 2, 6입니다.

15 ㉮ 가장 큰 원의 지름은 가장 큰 원 안에 있는 세 원의 지름의 합과 같습니다.
가장 큰 원의 지름은 9+9+8+12=38(cm)이므로 반지름은 38÷2=19(cm)입니다.

평가 기준	배점(5점)
가장 큰 원의 반지름을 구하는 식을 세웠나요?	2점
가장 큰 원의 반지름을 구했나요?	3점

16 ㉮ 52×36=1872이므로 309×□<1872입니다.
309×1=309, 309×2=618, 309×3=927,
309×4=1236, 309×5=1545,
309×6=1854, 309×7=2163, …
따라서 □ 안에 들어갈 수 있는 수는 1, 2, 3, 4, 5, 6
이므로 6개입니다.

평가 기준	배점(5점)
□ 안에 들어갈 수 있는 수를 모두 구했나요?	4점
□ 안에 들어갈 수 있는 수의 개수를 구했나요?	1점

17 ㉮ 어떤 수를 □라고 하면 □÷9=35…6이므로
9×35=315, 315+6=321에서 □=321입니다.
따라서 바르게 계산하면 321÷6=53…3이므로 바르게 계산한 몫은 53, 나머지는 3입니다.

평가 기준	배점(5점)
어떤 수를 구했나요?	3점
바르게 계산한 몫과 나머지를 각각 구했나요?	2점

18 ㉮ 원을 겹치지 않게 그릴 때 78÷6=13(개) 그릴 수 있습니다.
원 2개 위에 원 1개가 겹쳐진 것과 같으므로
13-1=12(개) 더 그릴 수 있습니다.
따라서 원을 모두 13+12=25(개)까지 그릴 수 있습니다.

평가 기준	배점(5점)
직사각형 안에 그릴 수 있는 원의 개수를 구하는 식을 세웠나요?	2점
직사각형 안에 그릴 수 있는 원의 최대 개수를 구했나요?	3점

19 ㉮ 색 테이프 40장을 이어 붙이면 겹친 부분은 39군데입니다.
색 테이프 40장의 길이는 28×40=1120(cm)이고 겹쳐진 부분의 길이는 6×39=234(cm)입니다.
따라서 40장을 이어 붙였을 때 색 테이프의 전체 길이는 1120-234=886(cm)입니다.

평가 기준	배점(5점)
40장을 이어 붙인 색 테이프의 전체 길이를 구하는 식을 세웠나요?	3점
40장을 이어 붙인 색 테이프의 전체 길이를 구했나요?	2점

20 ㉮ 몫이 가장 작으려면
(가장 작은 세 자리 수)÷(가장 큰 한 자리 수)이어야 합니다.
가장 작은 세 자리 수는 236이고 가장 큰 한 자리 수는 8이므로 236÷8=29…4입니다.
따라서 만든 나눗셈식의 몫은 29입니다.

평가 기준	배점(5점)
몫이 가장 작은 나눗셈식을 만들었나요?	3점
만든 나눗셈식을 계산한 몫을 구했나요?	2점

4 분수

1 $\dfrac{1}{4}$

2 (예)   / 12

3 $\dfrac{23}{6}$ / $3\dfrac{5}{6}$ **4** $\dfrac{33}{7}$ **5** 2개

6 <   **7** >   **8** ④, ⑤

9 20   **10** 5개   **11** $\dfrac{4}{7}$

12 16 cm   **13** 30개   **14** $9\dfrac{3}{4}$ kg

15 윤아   **16** $\dfrac{18}{7}$ **17** $1\dfrac{5}{7}$, $1\dfrac{6}{7}$

18 $2\dfrac{1}{3}$ **19** 34   **20** 10살

---

1 잠자리 8마리를 2마리씩 묶으면 2는 4묶음 중의 1묶음이므로 $\dfrac{1}{4}$입니다.

2 가지를 3개씩 묶으면 7묶음이 되고 그중의 4묶음은 12입니다.
➡ 21의 $\dfrac{4}{7}$는 12입니다.

3 $\dfrac{1}{6}$이 23개이므로 가분수로 나타내면 $\dfrac{23}{6}$입니다.
전체 3개와 $\dfrac{5}{6}$만큼이므로 대분수로 나타내면 $3\dfrac{5}{6}$입니다.

4 $4=\dfrac{28}{7}$로 나타내고 $\dfrac{1}{7}$이 $28+5=33$(개)이므로 $\dfrac{33}{7}$입니다.

5 진분수는 분자가 분모보다 작은 분수이므로 $\dfrac{4}{9}$, $\dfrac{5}{12}$로 모두 2개입니다.

6 $7<8$이므로 $1\dfrac{7}{9}<1\dfrac{8}{9}$입니다.

7 $3\dfrac{2}{5}=\dfrac{17}{5}$이므로 $\dfrac{17}{5}>\dfrac{13}{5}$입니다.

8 대분수는 자연수와 진분수로 이루어진 분수이므로 □ 안에는 7과 같거나 7보다 큰 수는 들어갈 수 없습니다.

9 1시간=60분이므로 60분을 똑같이 6부분으로 나눈 것 중의 2부분은 20분입니다.

10 대분수의 분수 부분은 진분수이므로 □ 안에는 6보다 작은 자연수가 들어갈 수 있습니다. 따라서 □ 안에 들어갈 수 있는 자연수는 1, 2, 3, 4, 5로 모두 5개입니다.

11 35명을 5명씩 묶으면 20명은 7묶음 중의 4묶음이므로 $\dfrac{4}{7}$입니다.

12 20 cm를 똑같이 5도막으로 나누면 한 도막은 4 cm입니다. 따라서 20 cm의 $\dfrac{4}{5}$는 $4\times4=16$(cm)입니다.

13 54의 $\dfrac{1}{9}$이 6이므로 $\dfrac{5}{9}$는 $6\times5=30$입니다.
따라서 먹은 자두는 30개입니다.

14 $\dfrac{36}{4}=9$로 나타내고 나머지 $\dfrac{3}{4}$은 진분수로 나타내므로 $9\dfrac{3}{4}$입니다. 따라서 영주가 캔 감자는 $9\dfrac{3}{4}$ kg입니다.

15 $\dfrac{12}{7}=1\dfrac{5}{7}$이므로 $1\dfrac{5}{7}>1\dfrac{3}{7}$입니다.
따라서 $\dfrac{12}{7}>1\dfrac{3}{7}$이므로 블루베리를 더 많이 딴 사람은 윤아입니다.

16 만들 수 있는 대분수 중에서 자연수 부분이 2인 대분수는 $2\dfrac{4}{7}$입니다. $2=\dfrac{14}{7}$로 나타내고 $\dfrac{1}{7}$이 $14+4=18$(개)이므로 $\dfrac{18}{7}$입니다.

17 $\dfrac{15}{7}=2\dfrac{1}{7}$이므로 $1\dfrac{4}{7}$보다 크고 $2\dfrac{1}{7}$보다 작은 대분수는 $1\dfrac{5}{7}$, $1\dfrac{6}{7}$입니다.

18 합이 10인 두 수는 (1, 9), (2, 8), (3, 7), (4, 6), (5, 5)이고 이 중 차가 4인 두 수는 (3, 7)입니다. 따라서 조건을 만족하는 가분수는 $\dfrac{7}{3}$이고 $\dfrac{7}{3}=2\dfrac{1}{3}$입니다.

19 예 $4\frac{3}{8}=\frac{35}{8}$이므로 $\frac{\square}{8}<\frac{35}{8}$에서 $\square<35$입니다.

따라서 $\square$ 안에 들어갈 수 있는 자연수 중에서 가장 큰 수는 34입니다.

평가 기준	배점(5점)
$\square$ 안에 들어갈 수 있는 자연수의 범위를 구했나요?	3점
$\square$ 안에 들어갈 수 있는 자연수 중에서 가장 큰 수를 구했나요?	2점

20 예 형의 나이는 40살의 $\frac{3}{8}$이므로 15살입니다.

따라서 현호의 나이는 15살의 $\frac{2}{3}$이므로 10살입니다.

평가 기준	배점(5점)
형의 나이를 구했나요?	2점
현호의 나이를 구했나요?	3점

다시 점검하는 수시 평가 대비 Level ❷
27~29쪽

1 예  / $\frac{5}{6}$

2 12 **3** $\frac{13}{4}$ / $3\frac{1}{4}$ **4** $\frac{15}{9}$, $\frac{9}{9}$

5 (선 연결) **6** < **7** ②

8 8개 **9** 30자루

10 $2\frac{4}{9}$, $2\frac{5}{9}$, $2\frac{6}{9}$ **11** $\frac{17}{5}$, $2\frac{2}{5}$, $\frac{8}{5}$, 1

12 원석 **13** 6개 **14** 75 cm

15 20명 **16** $\frac{3}{8}$ **17** 3개

18 $5\frac{4}{8}$ / $\frac{44}{8}$ **19** 56 **20** 3개

1 물고기를 2마리씩 묶으면 10은 6묶음 중의 5묶음이므로 $\frac{5}{6}$입니다.

2 21 cm를 똑같이 7부분으로 나눈 것 중의 4부분이므로 $3\times4=12$(cm)입니다.

3 $\frac{1}{4}$이 13개이므로 $\frac{13}{4}$이고 전체 3개와 $\frac{1}{4}$만큼이므로 $3\frac{1}{4}$입니다.

4 분모가 9인 분수 중에서 분자가 9이거나 9보다 큰 분수는 $\frac{15}{9}$, $\frac{9}{9}$입니다.

5 $5\frac{1}{6}$에서 $5=\frac{30}{6}$으로 나타내고 $\frac{1}{6}$이 $30+1=31$(개)이므로 $\frac{31}{6}$입니다.

$4\frac{5}{6}$에서 $4=\frac{24}{6}$로 나타내고 $\frac{1}{6}$이 $24+5=29$(개)이므로 $\frac{29}{6}$입니다.

6 $\frac{40}{11}=3\frac{7}{11}$이므로 $3\frac{7}{11}<3\frac{8}{11}$입니다.

7 ① 3 ② 7 ③ 6 ④ 5 ⑤ 4
따라서 나타내는 수가 가장 큰 것은 ② 7입니다.

8 진분수는 분자가 분모보다 작은 분수이므로 $\square$ 안에는 9보다 작은 수가 들어갈 수 있습니다. 따라서 $\square$ 안에 들어갈 수 있는 자연수는 1, 2, 3, 4, 5, 6, 7, 8로 모두 8개입니다.

9 (진욱이가 가지고 있던 연필 수)$=12\times3=36$(자루)
(친구에게 준 연필 수)$=36$자루의 $\frac{5}{6}$ ➡ 30자루

10 $\frac{25}{9}=2\frac{7}{9}$
$2\frac{3}{9}$과 $2\frac{7}{9}$ 사이에 있는 대분수는 $2\frac{4}{9}$, $2\frac{5}{9}$, $2\frac{6}{9}$입니다.

11 $2\frac{2}{5}=\frac{12}{5}$, $1=\frac{5}{5}$이므로 $\frac{17}{5}>2\frac{2}{5}>\frac{8}{5}>1$입니다.

12 $\frac{13}{7}=1\frac{6}{7}$이므로 $1\frac{6}{7}>1\frac{5}{7}>1\frac{3}{7}$입니다.

따라서 가장 멀리 뛴 사람은 원석입니다.

13 · 분모가 2인 경우: $\frac{9}{2}$, $\frac{8}{2}$, $\frac{6}{2}$

· 분모가 6인 경우: $\frac{9}{6}$, $\frac{8}{6}$

· 분모가 8인 경우: $\frac{9}{8}$
➡ 6개

14 $2\,m = 200\,cm$이므로 $200\,cm$의 $\dfrac{1}{8}$은 $25\,cm$입니다.

따라서 $\dfrac{3}{8}$은 $25 \times 3 = 75(cm)$입니다.

15 35의 $\dfrac{3}{7}$은 35를 똑같이 7묶음으로 나눈 것 중의 3묶음이므로 15입니다.

따라서 안경을 쓴 학생이 15명이므로 안경을 쓰지 않은 학생은 $35 - 15 = 20$(명)입니다.

16 (남은 색종이의 수)$= 24 - 6 - 9 = 9$(장)

24를 3씩 묶으면 9는 8묶음 중의 3묶음이므로 $\dfrac{3}{8}$입니다.

17 분모가 13인 가분수는 $\dfrac{13}{13}$, $\dfrac{14}{13}$, $\dfrac{15}{13}$, $\dfrac{16}{13}$…이고, 이 중에서 분자가 16보다 작은 분수는 $\dfrac{13}{13}$, $\dfrac{14}{13}$, $\dfrac{15}{13}$로 모두 3개입니다.

18 대분수의 자연수 부분에 8을 제외한 가장 큰 수인 5를 놓으면 $5\dfrac{4}{8}$입니다.

➡ $5 = \dfrac{40}{8}$으로 나타내고 $\dfrac{1}{8}$이 $40 + 4 = 44$(개)이므로 $\dfrac{44}{8}$입니다.

서술형
19 ⓓ 어떤 수를 똑같이 7묶음으로 나눈 것 중의 2묶음이 16이므로 1묶음은 8입니다.

따라서 어떤 수는 $8 \times 7 = 56$입니다.

평가 기준	배점(5점)
어떤 수를 똑같이 7묶음으로 나눈 것 중의 1묶음은 얼마인지 구했나요?	3점
어떤 수를 구했나요?	2점

서술형
20 ⓓ $4\dfrac{1}{4} = \dfrac{17}{4}$이므로 $\dfrac{17}{4} < \dfrac{\square}{4} < \dfrac{21}{4}$입니다.

따라서 $17 < \square < 21$이므로 $\square$ 안에 들어갈 수 있는 자연수는 18, 19, 20으로 모두 3개입니다.

평가 기준	배점(5점)
$4\dfrac{1}{4}$을 가분수로 나타냈나요?	2점
$\square$ 안에 들어갈 수 있는 자연수의 개수를 구했나요?	3점

5 들이와 무게

1 ②, ④	**2** 양동이
3 8	**4** 1 kg 300 g
5 물감	**6** >
7 8 L 100 mL	**8** 6 kg 500 g
9 ㉠, ㉢, ㉡, ㉣	**10** 6 L 20 mL
11 영어책	**12** ㉣
13 태희	**14** ㉺, ㉮, ㉯
15 35 kg 150 g	**16** 6 L 300 mL
17 1 L 200 mL	**18** 7 kg 200 g
19 4 kg 850 g	**20** 500 mL

1 들이가 많은 것은 L로, 적은 것은 mL로 재어 나타내는 것이 알맞습니다.

2 물통을 가득 채우고 양동이에 남아 있는 물의 양만큼 양동이의 들이가 더 많습니다.

3 $1000\,kg = 1\,t$이므로 $8000\,kg = 8\,t$입니다.

4 큰 눈금 한 칸은 $100\,g$을 나타냅니다.
$1300\,g = 1000\,g + 300\,g$
$ = 1\,kg + 300\,g$
$ = 1\,kg\ 300\,g$

5 클립의 수를 비교하면 29개 < 37개이므로 물감이 더 무겁습니다.

6 $8\,kg\ 10\,g = 8010\,g$ ➡ $8100\,g > 8010\,g$

7
$$\begin{array}{r} {}^{1} \\[-2pt] 3\,L\ \ 400\,mL \\ +\ 4\,L\ \ 700\,mL \\ \hline 8\,L\ \ 100\,mL \end{array}$$

8
$$\begin{array}{r} {}^{8}\ {}^{1000} \\[-2pt] 9\,kg\ \ 300\,g \\ -\ 2\,kg\ \ 800\,g \\ \hline 6\,kg\ \ 500\,g \end{array}$$

9 kg 단위로 나타내면 ㉠ $3000\,kg$, ㉣ $30\,kg$입니다.
$3000\,kg > 1500\,kg > 300\,kg > 30\,kg$이므로 무게가 무거운 것부터 차례로 기호를 쓰면
㉠, ㉢, ㉡, ㉣입니다.

10 $6020\,\text{mL}=6000\,\text{mL}+20\,\text{mL}$
$\qquad\qquad =6\,\text{L}+20\,\text{mL}=6\,\text{L}\ 20\,\text{mL}$

11 $1\,\text{kg}\ 870\,\text{g}=1870\,\text{g}$이므로
$1870\,\text{g}>1530\,\text{g}$입니다.
따라서 영어책이 더 무겁습니다.

12 mL 단위로 나타내면
㉠ $9040\,\text{mL}$, ㉡ $940\,\text{mL}$,
㉢ $9004\,\text{mL}$, ㉣ $9400\,\text{mL}$입니다.
$9400\,\text{mL}>9040\,\text{mL}>9004\,\text{mL}>940\,\text{mL}$이므로 ㉣$>$㉠$>$㉢$>$㉡입니다.

13 찬우: $12\,\text{kg}-11\,\text{kg}=1\,\text{kg}$
태희: $12\,\text{kg}\ 200\,\text{g}-12\,\text{kg}=200\,\text{g}$
지선: $12\,\text{kg}-11\,\text{kg}\ 700\,\text{g}=300\,\text{g}$
따라서 $12\,\text{kg}$에 가장 가깝게 어림한 사람은 태희입니다.

14 부은 횟수가 적을수록 컵의 들이가 많습니다.
10번$<$13번$<$18번이므로 들이가 많은 컵부터 차례로 기호를 쓰면 ㉰, ㉮, ㉯입니다.

15 $31\,\text{kg}\ 650\,\text{g}+3\,\text{kg}\ 500\,\text{g}=35\,\text{kg}\ 150\,\text{g}$

16 $3900\,\text{mL}=3\,\text{L}\ 900\,\text{mL}$
(보라색 페인트의 양)
$=2\,\text{L}\ 400\,\text{mL}+3\,\text{L}\ 900\,\text{mL}$
$=6\,\text{L}\ 300\,\text{mL}$

17 $2800\,\text{mL}=2\,\text{L}\ 800\,\text{mL}$
(더 부어야 할 물의 양)
$=4\,\text{L}-2800\,\text{mL}$
$=4\,\text{L}-2\,\text{L}\ 800\,\text{mL}=1\,\text{L}\ 200\,\text{mL}$

18 (소금의 무게)
$=5\,\text{kg}\ 350\,\text{g}-3\,\text{kg}\ 500\,\text{g}=1\,\text{kg}\ 850\,\text{g}$
(설탕과 소금의 무게)
$=5\,\text{kg}\ 350\,\text{g}+1\,\text{kg}\ 850\,\text{g}=7\,\text{kg}\ 200\,\text{g}$

서술형
19 ㉠ $2900\,\text{g}=2\,\text{kg}\ 900\,\text{g}$
(수박의 무게)$=7\,\text{kg}\ 750\,\text{g}-2900\,\text{g}$
$\qquad\qquad\quad =7\,\text{kg}\ 750\,\text{g}-2\,\text{kg}\ 900\,\text{g}$
$\qquad\qquad\quad =4\,\text{kg}\ 850\,\text{g}$

평가 기준	배점(5점)
무게의 단위를 같게 나타내었나요?	2점
수박의 무게를 구했나요?	3점

서술형
20 ㉠ 은정이가 마신 포도주스의 양은 $300\,\text{mL}$씩 5컵이므로
$300\,\text{mL}+300\,\text{mL}+300\,\text{mL}$
$+300\,\text{mL}=1500\,\text{mL}=1\,\text{L}\ 500\,\text{mL}$입니다.
따라서 남은 포도주스의 양은
$2\,\text{L}-1\,\text{L}\ 500\,\text{mL}=500\,\text{mL}$입니다.

평가 기준	배점(5점)
은정이가 마신 포도주스의 양을 구했나요?	3점
남은 포도주스의 양을 구했나요?	2점

다시 점검하는 수시 평가 대비 Level ❷
33~35쪽

1 용준	**2** 생수병	**3** ①, ⑤
4		**5** $9\,\text{kg}\ 200\,\text{g}$
		6 $4\,\text{kg}\ 600\,\text{g}$
7 $7\,\text{L}\ 300\,\text{mL}$		**8** $1\,\text{L}\ 900\,\text{mL}$
9 ㉠, ㉡, ㉣, ㉢		**10** 수진
11 3번		**12** $3\,\text{L}\ 150\,\text{mL}$
13 $1\,\text{kg}\ 700\,\text{g}$		**14** $5\,\text{L}\ 500\,\text{mL}$
15 $70\,\text{kg}\ 750\,\text{g}$		**16** $12\,\text{L}\ 400\,\text{mL}$
17 10개		**18** $8\,\text{kg}\ 700\,\text{g}$
19 $6\,\text{L}\ 600\,\text{mL}$		**20** $33\,\text{kg}\ 600\,\text{g}$

1 용준이의 물통에 가득 들어 있던 물이 현우의 물통을 가득 채우고 흘러 넘쳤으므로 용준이가 가지고 있는 물통이 들이가 더 많습니다.

2 우유병에 가득 채운 물은 5컵이고 생수병에 가득 채운 물은 7컵입니다. 5컵$<$7컵이므로 생수병의 들이가 더 많습니다.

4 · $1\,\text{t}=1000\,\text{kg}$이므로 $7\,\text{t}=7000\,\text{kg}$입니다.
· $1000\,\text{g}=1\,\text{kg}$이므로 $70000\,\text{g}=70\,\text{kg}$입니다.

5 $\begin{array}{r} {}^{1} \\ 5\,\text{kg}\ \ 800\,\text{g} \\ +\ 3\,\text{kg}\ \ 400\,\text{g} \\ \hline 9\,\text{kg}\ \ 200\,\text{g} \end{array}$

6

$$\begin{array}{r} \overset{7}{\cancel{8}}\,\text{kg}\ \overset{1000}{200}\,\text{g} \\ -\ 3\,\text{kg}\ \ 600\,\text{g} \\ \hline 4\,\text{kg}\ \ 600\,\text{g} \end{array}$$

7 $4\,\text{L}\ 600\,\text{mL}+2\,\text{L}\ 700\,\text{mL}=7\,\text{L}\ 300\,\text{mL}$

8 $4\,\text{L}\ 600\,\text{mL}-2\,\text{L}\ 700\,\text{mL}=1\,\text{L}\ 900\,\text{mL}$

9 ㉠ $4500\,\text{mL}$
ㄴ $4\,\text{L}\ 450\,\text{mL}=4450\,\text{mL}$
ㄷ $4\,\text{L}\ 15\,\text{mL}=4015\,\text{mL}$
ㄹ $4050\,\text{mL}$
➡ $\underset{㉠}{\underline{4500\,\text{mL}}}>\underset{ㄴ}{\underline{4450\,\text{mL}}}>\underset{ㄹ}{\underline{4050\,\text{mL}}}>\underset{ㄷ}{\underline{4015\,\text{mL}}}$

10 $3\,\text{kg}\ 300\,\text{g}=3300\,\text{g}$이므로
$3300\,\text{g}>3090\,\text{g}$입니다.
따라서 수진이가 더 많이 모았습니다.

11 $450\,\text{mL}$에서 $150\,\text{mL}$만 남기려면 $300\,\text{mL}$를 덜어
내야 합니다.
$450\,\text{mL}-100\,\text{mL}-100\,\text{mL}-100\,\text{mL}$
$=150\,\text{mL}$
따라서 $100\,\text{mL}$ 그릇으로 3번 덜어 냅니다.

12 $1\,\text{L}\ 750\,\text{mL}+1400\,\text{mL}$
$=1\,\text{L}\ 750\,\text{mL}+1\,\text{L}\ 400\,\text{mL}$
$=3\,\text{L}\ 150\,\text{mL}$

13 사과와 귤의 무게는 $1100\,\text{g}$이고 바구니의 무게는
$600\,\text{g}$입니다.
(사과와 귤의 무게)+(바구니의 무게)
$=1100\,\text{g}+600\,\text{g}$
$=1700\,\text{g}=1\,\text{kg}\ 700\,\text{g}$

14 (찬 물의 양)
$=$(전체 물의 양)$-$(뜨거운 물의 양)
$=15\,\text{L}\ 400\,\text{mL}-9\,\text{L}\ 900\,\text{mL}$
$=5\,\text{L}\ 500\,\text{mL}$

15 (효린이의 몸무게)
$=35\,\text{kg}\ 500\,\text{g}-250\,\text{g}$
$=35\,\text{kg}\ 250\,\text{g}$
(기철이와 효린이의 몸무게의 합)
$=35\,\text{kg}\ 500\,\text{g}+35\,\text{kg}\ 250\,\text{g}$
$=70\,\text{kg}\ 750\,\text{g}$

16 (경은이와 승현이가 마신 수정과의 양)
$=1\,\text{L}\ 300\,\text{mL}+1\,\text{L}\ 300\,\text{mL}=2\,\text{L}\ 600\,\text{mL}$
➡ (남아 있는 수정과의 양)
$=15\,\text{L}-2\,\text{L}\ 600\,\text{mL}$
$=12\,\text{L}\ 400\,\text{mL}$

17 ($200\,\text{g}$짜리 추 6개의 무게)
$=200\times6=1200(\text{g})$
($90\,\text{g}$짜리 추 몇 개의 무게)
$=2\,\text{kg}\ 100\,\text{g}-1200\,\text{g}$
$=2\,\text{kg}\ 100\,\text{g}-1\,\text{kg}\ 200\,\text{g}=900\,\text{g}$
따라서 $900\,\text{g}$은 $90\,\text{g}$의 10배이므로 $90\,\text{g}$짜리 추를 10
개 올렸습니다.

18 혜지가 캔 고구마의 무게를 □라 하면
$□+2\,\text{kg}\ 400\,\text{g}+□=15\,\text{kg}$,
$□+□=12\,\text{kg}\ 600\,\text{g}$
$6\,\text{kg}\ 300\,\text{g}+6\,\text{kg}\ 300\,\text{g}=12\,\text{kg}\ 600\,\text{g}$이므로
$□=6\,\text{kg}\ 300\,\text{g}$입니다.
➡ (상진이가 캔 고구마의 무게)
$=6\,\text{kg}\ 300\,\text{g}+2\,\text{kg}\ 400\,\text{g}=8\,\text{kg}\ 700\,\text{g}$

서술형
19 예 $4800\,\text{mL}=4\,\text{L}\ 800\,\text{mL}$
(만든 음료수의 양)$=2\,\text{L}\ 300\,\text{mL}+4\,\text{L}\ 800\,\text{mL}$
$=7\,\text{L}\ 100\,\text{mL}$
(남은 음료수의 양)$=7\,\text{L}\ 100\,\text{mL}-500\,\text{mL}$
$=6\,\text{L}\ 600\,\text{mL}$

평가 기준	배점(5점)
만든 음료수의 양을 구했나요?	2점
남은 음료수의 양을 구했나요?	3점

서술형
20 예 (지영이의 몸무게)$=32\,\text{kg}\ 900\,\text{g}-1\,\text{kg}\ 500\,\text{g}$
$=31\,\text{kg}\ 400\,\text{g}$
(민석이의 몸무게)$=31\,\text{kg}\ 400\,\text{g}+2\,\text{kg}\ 200\,\text{g}$
$=33\,\text{kg}\ 600\,\text{g}$

평가 기준	배점(5점)
지영이의 몸무게를 구했나요?	2점
민석이의 몸무게를 구했나요?	3점

6 자료의 정리

다시 점검하는 **수시 평가 대비** Level **①** 36~38쪽

1 8, 4, 5, 7, 30   **2** 30명

3 수학   **4** 2배

5 10명, 1명   **6** 은하 마을

7 14명   **8** 8명

9 250명

10

학교별 학생 수

학교	학생 수
가	☺☺☺☺
나	☺☺☺☺☺☺☺
다	☺☺☺☺☺☺☺
라	☺☺☺☺☺☺

☺ 100명
☺ 10명

11 130, 170, 260, 250, 810

12 가 학교   **13** 28, 46

14

동별로 배달되는 신문 부수

동	신문 부수
1동	◎◎◎○○○○○
2동	◎◎◎○○○○○○○○
3동	◎◎◎◎◎○○○○○○
4동	◎◎◎◎◎○○○○○

◎ 10부
○ 1부

15

동별로 배달되는 신문 부수

동	신문 부수
1동	◎◎◎○△
2동	◎◎◎△○○○
3동	◎◎◎◎◎◎○△○
4동	◎◎◎◎○△○

◎ 10부
△ 5부
○ 1부

16

음료수별 판매량

음료수	판매량
콜라	◎○○
사이다	○○○○○○○○○
주스	◎◎○○○○
우유	◎○○○○○○○○

◎ 10개
○ 1개

17 주스, 우유, 콜라, 사이다

18 48장   **19** 달콤 과수원

20 186상자

1 중복되거나 빠뜨리지 않게 /표나 ∨표를 하면서 수를 세어 표로 나타냅니다.
(조사한 학생 수)=6+8+4+5+7=30(명)

2 표에서 합계를 보면 조사한 학생은 모두 30명입니다.

3 8>7>6>5>4이므로 가장 많은 학생이 좋아하는 과목은 수학입니다.

4 수학을 좋아하는 학생 수: 8명
사회를 좋아하는 학생 수: 4명
(수학을 좋아하는 학생 수)÷(사회를 좋아하는 학생 수)
=8÷4=2(배)

6 하얀 마을: 31명, 반달 마을: 27명
매화 마을: 40명, 은하 마을: 25명
따라서 25<27<31<40이므로 초등학생 수가 가장 적은 마을은 은하 마을입니다.

7 (윷놀이를 좋아하는 학생 수)
=40-12-6-8=14(명)

8 가장 많은 학생이 좋아하는 민속놀이: 윷놀이(14명)
가장 적은 학생이 좋아하는 민속놀이: 널뛰기(6명)
➡ 14-6=8(명)

9 (라 학교)=810-130-170-260=250(명)

10 라 학교의 학생 수는 250명이므로 ☺ 2개, ☺ 5개를 그립니다.

12 다 학교에서 스노보드 타기를 좋아하는 학생은 260명입니다. 130+130=260이므로 학생 수가 130명인 가 학교가 다 학교의 학생 수의 반이 됩니다.

13 그래프에서 보면 신문 구독 부수가 2동은 28부, 4동은 46부입니다.

14 1동은 ◎ 3개, ○ 5개,
3동은 ◎ 5개, ○ 6개를 그립니다.

16 콜라: ◎ 1개, ○ 2개를 그립니다.
사이다: ○ 9개를 그립니다.
주스: ◎ 2개, ○ 4개를 그립니다.
우유: ◎ 1개, ○ 8개를 그립니다.

17 24>18>12>9이므로 하루 동안 많이 팔린 음료수부터 차례로 쓰면 주스, 우유, 콜라, 사이다입니다.

18 친구들이 모은 우표 수를 알아보면
민호: 42장, 연아: 24장, 예은: 15장입니다.
➡ (준혁이가 모은 우표 수)
＝129－42－24－15＝48(장)

19 例 10상자를 나타내는 그림의 수가 가장 적은 과수원을
찾으면 달콤 과수원입니다.
따라서 배를 가장 적게 생산한 과수원은 달콤 과수원
입니다.

평가 기준	배점(5점)
10상자를 나타내는 그림의 수가 가장 적은 과수원을 찾았나요?	3점
배를 가장 적게 생산한 과수원을 찾았나요?	2점

20 例 싱싱 과수원: 60상자, 달콤 과수원: 33상자
새콤 과수원: 51상자, 풍년 과수원: 42상자
따라서 네 과수원에서 생산한 배는 모두
60＋33＋51＋42＝186(상자)입니다.

평가 기준	배점(5점)
각 과수원별 배 생산량을 구했나요?	3점
네 과수원에서 생산한 배는 모두 몇 상자인지 구했나요?	2점

다시 점검하는 **수시 평가 대비** Level ❷
39~41쪽

1 ✕

2 35, 22, 24, 44, 125

3 과학책, 22권

4 위인전

5 例 10개 / 1개

6 제과점별로 팔린 빵의 수

제과점	빵의 수
맛나	🍞🍞🍞🍞🍞 🍞🍞🍞
행복	🍞🍞🍞🍞🍞🍞
기쁨	🍞🍞🍞🍞 🍞🍞
사랑	🍞🍞 🍞🍞🍞🍞

🍞 10 개 🍞 1 개

7 맛나 제과점

8 그림그래프

---

9 과수원별 배나무의 수

과수원	배나무의 수
해	◎◎◎○○○
달	◎○○○○○○
별	◎◎○○○○○○
구름	◎◎◎○○○○

◎ 10그루
○ 1그루

10 2배

11 구름 과수원

12 별 과수원, 3그루

13 좋아하는 운동별 학생 수

운동	학생 수
축구	◎○○○○○○○○○○
농구	◎○
피구	◎○○○○○○○
배구	◎○○○○
야구	◎◎○○

◎ 10명
○ 1명

14 41명

15 33명

16 39, 27

17 24그루

18 떡볶이

19 12마리

20 서쪽, 14마리

---

2 (합계)＝35＋22＋24＋44＝125(권)

3 📘의 수가 가장 적은 과학책과 영어책 중에서 📘의
수가 더 적은 것은 과학책입니다.

4 과학책 수가 22권이고 22×2＝44이므로 책의 수가
44권인 것은 위인전입니다.

7 큰 그림이 가장 많은 제과점은 맛나 제과점입니다.

8 그림그래프는 빵의 수를 그림으로 나타내었으므로 어느
제과점에서 판 빵의 수가 더 많은지 한눈에 비교할 수 있
습니다.

10 구름 과수원은 34그루이고 달 과수원은 17그루이므로
34÷17＝2(배)입니다.

11 34＞26＞23＞17이므로 배나무의 수가 가장 많은 과
수원은 구름 과수원입니다.

12 해 과수원과 별 과수원의 배나무 수의 차가
26－23＝3(그루)로 가장 적습니다.

13 (야구를 좋아하는 학생 수)

$=85-19-11-17-16=22$(명)

14 남학생 수를 □명이라고 하면

여학생 수는 (□-3)명이므로 □$+$□$-3=85$,

□$+$□$=88$, □$=44$입니다.

따라서 조사한 여학생은 $44-3=41$(명)입니다.

15 가장 많은 학생이 좋아하는 운동: 야구(22명)

가장 적은 학생이 좋아하는 운동: 농구(11명)

➡ $22+11=33$(명)

16 (햇살 과수원과 사랑 과수원의 사과나무 수의 합)

$=114-33-15=66$(그루)

사랑 과수원의 사과나무의 수를 □그루라 하면

햇살 과수원의 사과나무의 수는 (□$+12$)그루이므로

□$+12+$□$=66$, □$+$□$=54$, □$=27$입니다.

➡ 사랑 과수원: 27그루

햇살 과수원: $27+12=39$(그루)

17 가장 많은 과수원: 햇살 과수원(39그루)

가장 적은 과수원: 보람 과수원(15그루)

➡ $39-15=24$(그루)

18 짜장면: $18+13=31$(명)

김밥: $10+15=25$(명)

피자: $12+9=21$(명)

떡볶이: $15+25=40$(명)

따라서 남학생 수와 여학생 수의 합이 가장 많은 떡볶이를 준비하면 좋을 것 같습니다.

서술형

19 예 가 마을: 16마리, 나 마을: 14마리,

다 마을: 18마리, 라 마을: 26마리

따라서 강아지가 가장 많이 태어난 마을은 라 마을이고 가장 적게 태어난 마을은 나 마을이므로 두 마을의 강아지 수의 차는 $26-14=12$(마리)입니다.

평가 기준	배점(5점)
각 마을에서 태어난 강아지의 수를 구했나요?	3점
가장 많이 태어난 마을과 가장 적게 태어난 마을의 강아지 수의 차를 구했나요?	2점

서술형

20 예 (강의 동쪽)$=16+14=30$(마리)

(강의 서쪽)$=18+26=44$(마리)

따라서 강의 서쪽에서 태어난 강아지가

$44-30=14$(마리) 더 많습니다.

평가 기준	배점(5점)
강의 동쪽과 서쪽에서 태어난 강아지의 수를 각각 구했나요?	3점
어느 쪽에서 태어난 강아지의 수가 몇 마리 더 많은지 구했나요?	2점

서술형 50% 기말 단원 평가
42~45쪽

1 (1) 3 (2) 4

2 31그루

3 라 학교

4 ⓒ

5 ④

6 ⓒ, ⓛ, ⊙

7 340 kg

8 마을별 감자 생산량

마을	생산량
가	◎◎◎◎◎ ○○○
나	◎◎◎◎ ○○○
다	◎◎ ○○○○○
라	◎◎ ○○○○○○

◎100 kg ○10 kg

9 6개

10 55분

11 1 kg 200 g

12 $3\dfrac{1}{2}$

13 42 kg 400 g

14 44

15 서진, 500 mL

16 하루 동안 팔린 치킨의 수

종류	치킨의 수
양념치킨	🍗🍗 🍖🍖🍖🍖
프라이드치킨	🍗🍗🍗🍗 🍖🍖
간장치킨	🍗🍗 🍖🍖🍖🍖
마늘치킨	🍗 🍖🍖

🍗10마리 🍖1마리

17 $\dfrac{18}{5}$

18 6 L 800 mL

19 700 g

20 400 kg

1 (1) 25를 5씩 묶으면 15는 5묶음 중 3묶음이므로 15는 25의 $\dfrac{3}{5}$입니다.

(2) 30을 6씩 묶으면 24는 5묶음 중 4묶음이므로 24는 30의 $\dfrac{4}{5}$입니다.

2 큰 그림이 3개, 작은 그림이 1개이므로 31그루입니다.

3 가: 31그루, 나: 24그루, 라: 21그루, 라: 32그루이므로 나무를 가장 많이 심은 학교는 라 학교입니다.

4 의자의 무게에 가장 가까운 것은 ⓒ입니다.

5 ① $\dfrac{13}{5}=2\dfrac{3}{5}$ ② $\dfrac{7}{2}=3\dfrac{1}{2}$ ③ $\dfrac{21}{10}=2\dfrac{1}{10}$

④ $\dfrac{14}{3}=4\dfrac{2}{3}$ ⑤ $\dfrac{25}{7}=3\dfrac{4}{7}$

6 ⓒ 4 L 500 mL$=$4500 mL, ⓒ 5 L$=$5000 mL 이므로 들이가 많은 것부터 차례로 기호를 쓰면 ⓒ, ⓒ, ㉠입니다.

7 예 (가, 나, 라 마을의 감자 생산량의 합)
$=430+520+250=1200$(kg)
따라서 다 마을의 감자 생산량은
$1540-1200=340$(kg)입니다.

평가 기준	배점(5점)
가, 나, 라 마을의 감자 생산량의 합을 구했나요?	3점
다 마을의 감자 생산량을 구했나요?	2점

9 자연수 부분이 2이고 분모가 7인 대분수는 $2\dfrac{1}{7}$, $2\dfrac{2}{7}$, $2\dfrac{3}{7}$, $2\dfrac{4}{7}$, $2\dfrac{5}{7}$, $2\dfrac{6}{7}$으로 모두 6개입니다.

10 예 1시간의 $\dfrac{1}{4}$은 15분, 1시간의 $\dfrac{2}{3}$는 40분이므로 두 사람이 수학 공부를 한 시간은 모두
$15+40=55$(분)입니다.

평가 기준	배점(5점)
1시간의 $\dfrac{1}{4}$, 1시간의 $\dfrac{2}{3}$를 각각 구했나요?	3점
두 사람이 수학 공부를 한 시간을 구했나요?	2점

11 예 (가방 속에 들어 있는 물건의 무게의 합)
$=1$ kg 300 g$+2$ kg 500 g$=3$ kg 800 g
따라서 (더 담을 수 있는 무게)
$=5$ kg-3 kg 800 g$=1$ kg 200 g입니다.

평가 기준	배점(5점)
가방 속에 들어 있는 물건의 무게의 합을 구했나요?	3점
더 담을 수 있는 무게를 구했나요?	2점

12 분모가 2인 가장 큰 가분수는 $\dfrac{7}{2}$입니다.
$\dfrac{7}{2}$을 대분수로 나타내면 $3\dfrac{1}{2}$입니다.

13 예 (오늘 캔 고구마의 무게)
$=20$ kg 500 g$+1$ kg 400 g$=21$ kg 900 g
(어제와 오늘 캔 고구마의 무게)
$=20$ kg 500 g$+21$ kg 900 g$=42$ kg 400 g

평가 기준	배점(5점)
오늘 캔 고구마의 무게를 구했나요?	3점
어제와 오늘 캔 고구마의 무게를 구했나요?	2점

14 예 $2\dfrac{3}{8}=\dfrac{19}{8}$, $3\dfrac{1}{8}=\dfrac{25}{8}$이므로 □ 안에 들어갈 수 있는 수는 20, 21, 22, 23, 24입니다.
따라서 가장 큰 수인 24와 가장 작은 수인 20을 더하면 $24+20=44$입니다.

평가 기준	배점(5점)
□ 안에 들어갈 수 있는 수의 범위를 구했나요?	2점
□ 안에 들어갈 수 있는 가장 큰 수와 가장 작은 수의 합을 구했나요?	3점

15 예 (서진이가 산 주스)
$=1$ L 300 mL$+1$ L 700 mL$=3$ L
(재희가 산 주스)$=900$ mL$+1$ L 600 mL
$=2$ L 500 mL
따라서 서진이가 산 주스가 3 L-2 L 500 mL
$=500$ mL 더 많습니다.

평가 기준	배점(5점)
서진이와 재희가 산 주스의 양을 각각 구했나요?	3점
누가 산 주스가 몇 mL 더 많은지 구했나요?	2점

16 (프라이드치킨)$+$(간장치킨)$=34+25=59$(마리)
(양념치킨)$+$(마늘치킨)$=95-59=36$(마리)
마늘치킨의 수를 □마리라 하면 양념치킨의 수는
(□$\times2$)마리이므로 □$+$□$\times2=36$, □$\times3=36$,
□$=12$입니다.
따라서 마늘치킨의 수는 12마리이고 양념치킨의 수는
$12\times2=24$(마리)입니다.

17 예 분자를 □라고 하면 분모는 □-13입니다.
분자와 분모의 합이 23이므로 □$+$□$-13=23$,
□$+$□$=36$, □$=18$입니다.
따라서 분자가 18이고 분모가 18$-13=5$인 가분수는
$\dfrac{18}{5}$입니다.

평가 기준	배점(5점)
분모와 분자를 구하는 식을 세웠나요?	2점
조건을 만족하는 가분수를 구했나요?	3점

18 ⑩ (3분 동안 받은 물의 양)

$= 2\,\text{L}\ 500\,\text{mL} + 2\,\text{L}\ 500\,\text{mL} + 2\,\text{L}\ 500\,\text{mL}$

$= 7\,\text{L}\ 500\,\text{mL}$

700 mL의 물이 넘쳤으므로 어항의 들이는

$7\,\text{L}\ 500\,\text{mL} - 700\,\text{mL} = 6\,\text{L}\ 800\,\text{mL}$입니다.

평가 기준	배점(5점)
3분 동안 받은 물의 양을 구했나요?	3점
어항의 들이를 구했나요?	2점

19 ⑩ (당근 3개의 무게)$= 3\,\text{kg}\ 500\,\text{g} - 2300\,\text{g}$

$\qquad\qquad\qquad\quad = 1200\,\text{g}$이므로

(당근 1개의 무게)$= 400\,\text{g}$입니다.

(당근 7개의 무게)$= 400 \times 7 = 2800(\text{g})$

(그릇만의 무게)$= 3\,\text{kg}\ 500\,\text{g} - 2800\,\text{g} = 700\,\text{g}$

평가 기준	배점(5점)
당근 7개의 무게를 구했나요?	3점
그릇만의 무게를 구했나요?	2점

20 ⑩ (나와 다 마을의 사과 수확량의 합)

$= 700 - 220 - 140 = 340(\text{kg})$

다 마을의 수확량을 $\square\,\text{kg}$이라 하면 나 마을의 수확량은 $(\square + 20)\text{kg}$이므로 $\square + \square + 20 = 340$,

$\square + \square = 320$, $\square = 160$입니다.

따라서 나 마을의 수확량은 $160 + 20 = 180(\text{kg})$이므로 도로의 위쪽 마을인 가와 나 마을의 사과 수확량은 모두 $220 + 180 = 400(\text{kg})$입니다.

평가 기준	배점(5점)
나와 다 마을의 사과 수확량을 각각 구했나요?	3점
도로의 위쪽 마을의 사과 수확량의 합을 구했나요?	2점

사고력이 반짝   46쪽

38

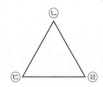

삼각형의 각 꼭짓점에 놓이는 수를 ㉡, ㉢, ㉣이라 하면 삼각형 안에 있는 수는 ㉡÷㉢을 계산한 값에 ㉣을 더하는 규칙입니다.

따라서 ㉠에 알맞은 수는 $256 \div 8 = 32$, $32 + 6 = 38$입니다.

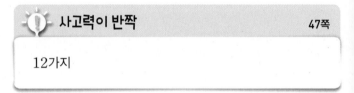

사고력이 반짝   47쪽

12가지

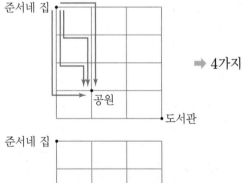

➡ 4가지

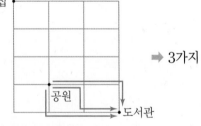

➡ 3가지

(준서네 집에서 공원을 지나 도서관까지 가는 가장 짧은 길의 가짓수)

$=$ (준서네 집에서 공원까지 가는 가장 짧은 길의 가짓수)

$\qquad \times$ (공원에서 도서관까지 가는 가장 짧은 길의 가짓수)

$= 4 \times 3 = 12(\text{가지})$

고등 입학 전 완성하는 독해 과정 전반의 심화 학습!
디딤돌 생각독해 Ⅰ~Ⅴ

· 생각의 확장과 통합을 위한 '빅 아이디어(대주제)' 선정 및 수록
· 대주제 별 다양한 영역의 생각 읽기 및 생각의 구조화 학습

수능국어 실전대비 독해 학습의 완성!
디딤돌 수능독해 Ⅰ~Ⅲ

· 글쓴이의 작문 과정을 추론하며 생각을 읽어내는 구조 학습
· 출제자의 의도를 파악하고 예측하는 기출 속 이슈 및 특별 부록

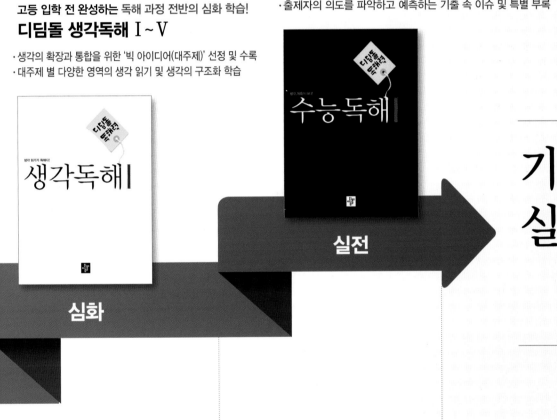

기초부터
실전까지

독해는

심화

실전

중등   고등(예비고~고2)

다음에는 뭐 풀지?

STEP 4 Book
최상위로 가는
'맞춤 학습 플랜'

다음에 공부할 책을 고르기 어려우시다면, 현재 성취도를 먼저 체크해 보세요.
최상위로 가는 맞춤 학습 플랜만 있다면 내 실력에 꼭 맞는 교재를 선택할 수 있어요!
단계에 따라 내 실력을 진단해 보고, 다음 학습도 야무지게 준비해 봐요!

첫 번째, 단원평가의 맞힌 문제 수 또는 점수를 모두 더해 보세요.

단원		맞힌 문제 수 OR	점수 (문항당 5점)
1단원	1회		
	2회		
2단원	1회		
	2회		
3단원	1회		
	2회		
4단원	1회		
	2회		
5단원	1회		
	2회		
6단원	1회		
	2회		
합계			

※ 단원평가는 각 단원의 마지막 코너에 있는 20문항 문제지입니다.